DIANLI DASHUJU YINGYONG ANLI JIEXI

电力大数据应用案例解析

主　编　张素香　徐家慧

副主编　王东升　高德荃

参　编　袁彩霞　张　东　陈　芳

阎　博　曹津平　曹　宇

王靖然　陈方正

中国电力出版社
CHINA ELECTRIC POWER PRESS

内 容 提 要

本书共7章，内容包括电力数据交互技术与应用、电力调控系统大数据应用、智能配用电大数据应用、电力信息通信运维大数据应用、人机对话及电力智能客服系统及新能源大数据应用，将视角放到大数据在电力企业应用的不同环节，通过介绍大数据实际案例来阐述在大数据研究过程中的技术路线以及贡献，不仅为读者提供了该领域的基础性知识，还提供了应用实践指南。

本书可供电力行业从事大数据统计挖掘的学习者和实践者阅读和学习，也可为其他行业广大数据分析从业人员提供参考。

图书在版编目（CIP）数据

电力大数据应用案例解析/张素香，徐家慧主编. —北京：中国电力出版社，2019.5（2020.3重印）

ISBN 978－7－5198－1061－0

Ⅰ. ①电…　Ⅱ. ①张…②徐…　Ⅲ. ①数据处理—应用—电力工程　Ⅳ. ①TM7-39

中国版本图书馆CIP数据核字（2019）第041437号

出版发行：中国电力出版社
地　　址：北京市东城区北京站西街19号（邮政编码100005）
网　　址：http：//www. cepp. sgcc. com. cn
责任编辑：王杏芸（010-63412394）
责任校对：王小鹏
装帧设计：赵姗姗
责任印制：杨晓东

印　　刷：三河市航远印刷有限公司
版　　次：2019年5月第一版
印　　次：2020年3月北京第二次印刷
开　　本：710毫米×1000毫米　16开本
印　　张：13
字　　数：243千字
印　　数：2001-3500册
定　　价：50.00元

前言

大数据时代，电力工业从发电、输电、配电、用电、调度以及信息通信支撑各环节带来了巨量的生产控制、经营管理的历史数据和实时数据。

本书定位于电力行业从事大数据统计挖掘的学习者和实践者，将视角放到大数据在电力企业应用的不同环节，通过介绍大数据实际案例来阐述在大数据研究过程中的技术路线以及贡献，不仅为读者提供了该领域的基础性知识，还提供了应用实践指南。

全书共7章。第1章介绍了电力大数据以及价值发现、电力大数据技术面临的挑战、电力大数据应用趋势以及大数据与云计算的关系；第2章以智能配用电信息系统为基础，依托IEC 61850 、IEC 61970 、IEC 61968标准，阐述了信息交互总线、公共信息模型、配用电信息模型形式化建模方法以及相应案例；第3章介绍了电力调度领域大数据应用的关键技术及案例，包括监控大数据分析、智能搜索、检修计划编排及调控机器人等；第4章介绍了智能配用电数据采集与处理及配用电大数据应用场景，包括负荷预测、用户行为分析、有序用电等案例；第5章介绍了电力信息通信运维大数据应用，包括系统运行状态检测、通信告警分析、通信网状态评估、线路覆冰分析等；第6章介绍了人机对话与电力智能客服系统关键技术与应用案例；第7章为新能源大数据应用，着重介绍了新能源大数据处理特点以及在风电设备异常、风电功率预测等应用场景。

本书第1章由张素香、高德荃编写；第2章由张素香、曹津平编写；第3章由徐家慧、阎博、曹宇、王东升编写；第4章由张素香、张东编写；第5章由陈芳、高德荃、陈方正编写；第6章由袁彩霞、高德荃、张素香编写；第7章由王东升、王靖然、徐家慧编写，本书由张素香、高德荃统稿。同时感谢张翼英教授、郑蓉蓉处长在本书编制过程中提出了大量宝贵意见和指导。

希望本书能够对从事数据分析的高校师生、科研工作者能有所帮助，为我国大数据处理与人工智能发展贡献绵薄之力。

由于笔者水平有限，书中难免会有局限性和诸多不足之处，欢迎各位专家和读者指正。

作　者

2019年5月

目 录

前言

第 1 章　概述 ……………………………………………… 1

1.1　电力大数据 ……………………………………………… 1

1.2　电力大数据的价值发现 ……………………………… 3

1.3　电力大数据处理与分析的挑战 ……………………… 4

1.4　电力大数据分析应用领域 …………………………… 10

1.5　大数据与云计算的关系 ……………………………… 13

1.6　小结 ……………………………………………………… 14

参考文献 ……………………………………………………… 14

第 2 章　电力数据交互技术与应用 ……………………… 16

2.1　数据模型 ………………………………………………… 16

2.2　电力企业信息系统发展带来的问题 ………………… 17

2.3　国内外电力行业数据交互规范 ……………………… 19

2.4　信息交互关键技术 …………………………………… 24

2.5　一体化数据平台 ……………………………………… 45

2.6　小结 ……………………………………………………… 47

参考文献 ……………………………………………………… 48

第 3 章　电力调控系统大数据应用 ……………………… 50

3.1　电力调控数据概述 …………………………………… 50

3.2　电力调控数据应用面临的挑战及大数据发展需求 … 52

3.3　电力调控大数据技术体系 …………………………… 54

3.4　典型应用案例 ………………………………………… 57

3.5　小结 ……………………………………………………… 71

参考文献 ……………………………………………………… 72

第4章　智能配用电大数据应用 …… 74
4.1　概述 …… 74
4.2　Hadoop以及并行计算框架 …… 76
4.3　系统拓扑结构 …… 81
4.4　数据采集与处理 …… 84
4.5　系统功能设计 …… 91
4.6　配用电大数据应用场景 …… 97
4.7　小结 …… 116
参考文献 …… 116

第5章　电力信息通信运维大数据应用 …… 118
5.1　概述 …… 118
5.2　电力信息通信运行数据采集 …… 119
5.3　电力信息通信运行大数据分析 …… 125
5.4　电力信息通信运行大数据应用场景与案例 …… 131
5.5　小结 …… 151
参考文献 …… 151

第6章　人机对话及电力智能客服系统 …… 153
6.1　概述 …… 153
6.2　人机口语对话系统 …… 154
6.3　自然语言理解 …… 157
6.4　对话管理 …… 158
6.5　自然语言生成 …… 162
6.6　电力智能客服应用场景 …… 165
6.7　电力智能客服系统构建 …… 169
6.8　小结 …… 177
参考文献 …… 177

第7章　新能源大数据应用 …… 180
7.1　概述 …… 180
7.2　新能源基本知识 …… 181
7.3　新能源大数据 …… 183
7.4　新能源数据价值挖掘 …… 185
7.5　应用案例解析 …… 188

7.6　小结 …………………………………………………………………… 196
参考文献 …………………………………………………………………… 196

第1章 概　　述

本章导读

智能电网的最终目标是建设成为覆盖电力系统整个生产过程，包括发电、输电、变电、配电、用电及调度等多个环节的新一代电力系统。而支撑智能电网安全、自愈、绿色、坚强及可靠运行的基础是电网实时数据采集、传输和存储，以及累积的海量多源数据快速分析。大数据的意义并不在于大容量、多样性等特征，而在于我们如何管理和分析电网，以及挖掘其价值。实现大数据驱动的智能电网，需要具备对电力大数据更强的决策力、洞察力和流程优化能力。如果在分析处理上缺少相应的技术支撑，大数据应用无从谈起。

● **本章将学习以下内容：**

电力大数据及其价值发现。

电力大数据技术面临的挑战。

电力大数据应用趋势。

1.1　电力大数据

近年来，互联网、物联网、社交网络等技术的突飞猛进，引发了数据规模的爆炸式增长，大数据已经普遍存在，能源、交通运输业等领域都积累了 TB 级、PB 级乃至 EB 级的大数据。数据的迅猛增长预示着以数据驱动的“数据科学”时代到来，国内外都制定和启动了大数据研究计划，投入大量资金支持大数据研究。2012 年，美国政府宣布启动“大数据研究与开发计划”。2013 年美国电力科学研究院（EPRI）启动了两项大数据研究项目：输电网现代化示范项目和配电网现代化示范项目。德国联邦经济和技术部启动了未来能源系统技术促进计划，在 6 个示范项目中，普遍利用了大数据技术，分别从促进可再生能源发展、开发商业模式、能源服务、能源交易及传统的化石能源如何融入能源互联网等方面推出了能源互联网初步解决方案。加拿大实施了 Power Shift Atlantic 项目，其目的是通过控制热水器、空调等跟踪风力发电的变动，从而保持电力需求实时平衡，是对信息与能源交互的进一步探索。2012 年，中国在国家层面提出把“大数据”

作为科技创新主攻方向之一，打造以大数据驱动的智能电网。《“十三五”数据中国建设下智能电网产业投资分析及前景预测报告》分析认为智能电网大数据结构复杂、种类繁多，具有分散性、多样性和复杂性等特征，这些特征给大数据处理带来极大的挑战。智能电网是以物理电网为基础，将现代先进的传感测量技术、通信技术、信息技术、计算机技术和控制技术与物理电网高度集成而形成的智能电网，如图 1-1 所示。

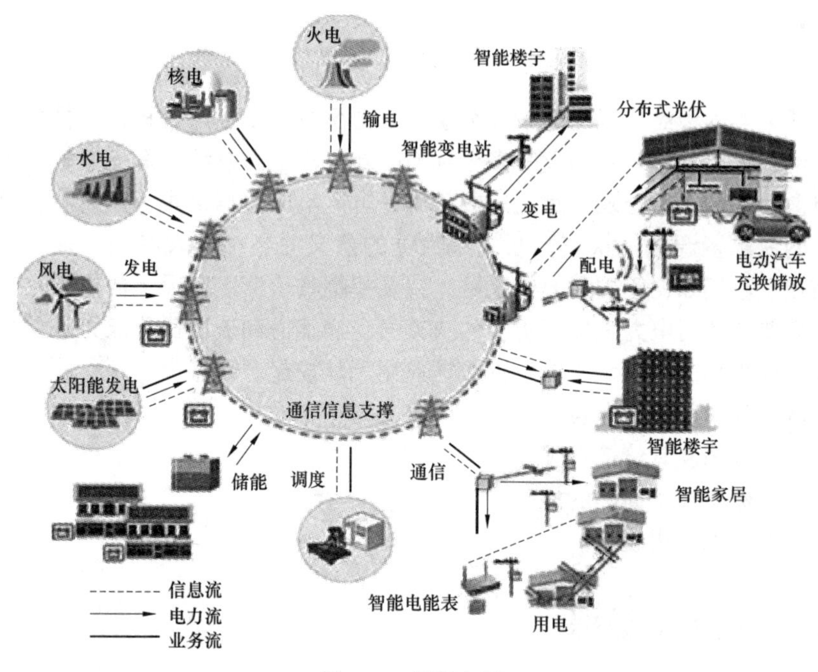

图 1-1　智能电网

智能电网建设的最终目标是成为覆盖发、输、变、配、用及调度等过程的灵活新一代电力系统，而支撑系统得以准确、安全、实时及可靠运行的基础是电力系统多源异构大数据的快速采集、响应和分析。未来智能电网既要支持个人终端用户与电网系统的交互，也要满足控制系统对电网安全稳定性的需求，智能电网中的多数应用需要海量数据处理技术的支撑。随着智能电网建设在广度和深度上的不断推进，在智能电网运行过程中会收集到系统内外的海量全景数据，形成电力大数据。从 2013 年开始，国家电网公司在输变电运行管理、智能配电网、用电与能效、电力信息与通信、决策支持等专业领域开始开展大数据应用关键技术研究，启动了多项智能电网大数据应用研究项目。2014 年国家电网公司启动了大数据应用试点研究，在电网设备状态监测、营配贯通、用电信息、客户服务信息等 7 个方面开展大数据研究和示范应用，并启动了营销大数据应用场景分析和应用规划研究。

在电力领域，其大数据具有以下特征：

(1) 数据体量巨大。智能电网部署了大量的智能电能表和其他监测设备，产生了大量的历史数据且在迅速增长，从TB级别，跃升到PB级别。常规数据采集与监视控制（Supervisory Control and Dada Acquisition，SCADA）系统10 000个遥测点，按采样间隔3~4s计算，每年产生1.03TB数据。

(2) 数据结构复杂，种类繁多。电网数据具有显著的分布式和异构特性，数据广域分布、种类众多，包括实时数据、历史数据、文本数据、多媒体数据、时间序列数据等各类结构化、半结构化数据，以及非结构化数据，各类数据查询与处理的频度和性能要求也不尽相同。比如，电力设备状态监测数据中的油色谱数据0.5h采样一次，而绝缘放电数据的采样速率高达几百kHz，甚至GHz。

(3) 实时性要求（速度）高且增长快。能源生产、转换和消费要求瞬间完成，电网大数据中包含着很多实时性数据，数据的分析结果也往往具有实时性要求。

(4) 数据价值高。大数据应用贯穿电力发、输、配、用、调度等各个环节，通过大数据技术应用可对各个阶段进行预测，及时发现潜在风险，保证电网的安全性和电价的经济性；大数据应用催生了更多的互联网商业模式，甚至将影响不同区域一次能源的价格体系。

1.2　电力大数据的价值发现

电力大数据大致可分为3类：电力系统运行和设备检测、实时状态数据，电力企业营销数据和电力企业管理数据。其中，电力企业营销数据又包括交易电价、售电量、用电客户等方面的数据。随着我国智能电网以及能源互联网的建设越来越深入，大数据技术已成为支撑智能电网安全运行最重要的方法，因此要充分挖掘电力大数据的价值。

(1) 辅助电源系统协同运行决策。电力多源系统协同优化决策的前提是对大量、翔实、可靠的信息进行及时处理，缺乏全面的信息资源将会造成决策的偏差、失误，以及管理效率的低下。具体而言，在电源端，包含了大量分布式电源、微网、储能装置，还需实现电力与供热（冷）、供气和交通系统的互动，只有建立起电力与其他能源的营、配、调一体化数据融合系统，利用大数据技术进行分析，才能保证多种能源的智能生产与配送。

(2) 支持电力安全稳定经济运行。电力系统本身是一个动态实时变化的系统，因此必须实时监测系统的运行状态，快速处理各种情况，保证系统的安全稳定运行。统计发现，大多数电网故障主要是设备故障问题引发的，通过收集设备的全寿命周期数据（实验数据、运行数据及气候环境数据等），建立设备运行模型，有利于实时评估设备状态，从而避免由于设备故障造成的电网事故。

（3）催化新商业模式的形成。在构建能源互联网过程中，数以百亿计的设备需要与网络互联互通，不断累积的海量数据有待于挖掘和运用的同时，在各国电网广泛互联状态下，电力价格属性将会催生更多的互联网商业模式，甚至将影响不同区域一次能源的价格体系。同时将涌现出基于开放的电源端、售电端活跃市场，以及在节能增效的大背景出现的新型能源公司。这一概念下的“能源互联网”，呈现的是前所未有的互联网激情和各行各业的主动融合。“互联网+”和用电市场的大力结合，将全力带动相关产业健康发展。

（4）提高能源管理水平。利用数理统计、模式识别、神经网络、机器学习、人工智能等技术，可从海量数据中挖掘出能源生产和消费中能量损失的原因，为能源生产和消费效率提升找到方向。基于天气数据、环境数据、能源互联网设备监控数据，可实现动态定容、提高设备利用率，并提高设备运检效率与运维管理水平；通过搜集、整理、分析、检索各能源消费终端、生产链等能源信息，最快地传输能源需求和能源供给，在整个能源互联网中实现能源调配，满足用户、企业、生产商、运营商等各方的需求，可最大限度地避免能源浪费与低效利用。

（5）提高调度精益化水平。根据电力生产发、供、用必须同时完成的瞬时平衡规律及电能不能大规模有效存储的特点，需要科学调度，保持电网正常运行。电力系统调度当前主要应用 SCADA 系统，以实现数据采集、设备控制、测量、参数调节，以及各类信号报警等各项功能。但随着大规模间歇性能源的接入，电力系统的结构更加复杂多变，海量、分散、异构的实时信息大量涌入数据中心，面对大量实时信息时，传统调度系统的实时性和合理性很难满足要求，无法实现电网的精益化调度。因此，基于大数据的调度技术关键问题是设计基于大规模多源细节数据的电力系统调度模型和实时流数据分析处理技术，实现电力系统调度从粗放型向集约型的转变。

电力大数据的价值发现需要处理好数据采集、数据聚合和集成、数据建模、大规模数据分析和高效计算、数据决策、确保数据安全等过程。

1.3 电力大数据处理与分析的挑战

海量数据的使用正成为电力企业在业绩方面超越其同行的一种重要方式，而持续、爆炸式增长的数据量对多源、异构、高维、分布、非确定性的数据及流数据的采集、存储、处理及知识提取提出了挑战。电力大数据的管理和分析中存在的这些挑战，需要新的方法和技术来支撑。

1.3.1 数据集可用性方面

一个正确的大数据集合至少应满足以下5个性质：

（1）一致性。数据集合中每个信息都不包含语义错误或相互矛盾的数据。

（2）精确性。数据集合中每个数据都能准确表述现实世界中的实体。

（3）完整性。数据集合中包含足够的数据来回答各种查询和支持各种计算。

（4）时效性。信息集合中每个信息都与时俱进，不陈旧过时。

（5）实体同一性。同一实体在各种数据源中的描述统一。

一个数据集合满足上述5个性质的程度是该数据集合的可用性。

确保数据可用性是一项十分困难的任务，考虑到大数据的数据量大、数据产生速度快、数据类型复杂、价值大密度低4个特点，确保大数据可用性将变得难上加难，我们需要针对大数据的4个特点，解决如下大数据可用性的5个挑战性研究问题：

（1）数据采集与传输问题。能源的生产、传输、消耗过程的数据呈爆炸性增长趋势，势必给数据传输、存储和分析带来挑战，同时，冗余的数据在一定程度上影响了系统的性能，因此，需要确保对有效数据的可靠采集。能源互联网中，电网在传输效率等方面具有无法比拟的优势，将来仍然是能源互联网中的“主干网”，能源互联网的数据传输需要依托电力通信网络作为主要工具。

（2）数据融合问题。各业务部门的信息化系统由不同研发团队、围绕不同应用需求设计开发，采集的各类数据存在种类交叉、数据冗余、数据不一致、采集频率和存储频率差异性大、数据格式不统一等问题；同时，由于电力行业缺乏行业层面的数据模型定义与主数据管理，存在较为严重的数据壁垒，业务链条间尚未实现充分的数据共享，这为数据融合带来了很大的技术挑战。

（3）数据质量问题。数据在体量上越来越大，但信息缺乏、数据质量低、防御脆弱、基础不牢、共享不畅等瓶颈依然存在。目前，电力领域数据可获取的颗粒程度，以及数据获取的及时性、完整性、一致性和数据源的唯一性、及时性、准确性有待提升，且缺乏完整的数据管控策略和组织管理流程。

（4）数据识别和挖掘问题。相对于其他行业而言，电力行业的大数据资源更为丰富，对于海量数据处理难度更大。电力大数据应用是一项跨学科、跨专业的复杂性技术，现在的研究方式主要是基于团队的试验性研究方法，没有系统方法论的指导。

（5）数据隐私和信息安全问题。大数据由于涉及众多用户的隐私，对信息安全提出了更高的要求。电力行业各单位防护体系建设不平衡，信息安全水平不一致，安全性有待提高。需引入新的防护措施，提升安全传输、安全存储的防护水平，安全防护手段和关键防护措施需要进一步加强。

1.3.2 技术方面

大数据平台作为大数据技术的一个综合载体，集成数据采集、存储、处理、分析等功能，为大数据应用提供支撑。

电力大数据平台总体上包括数据采集、数据存储、数据计算、数据分析、平台服务五个层次以及安全管理、数据管理、平台管理、广域分级协作四个保障功能，提供数据存储、计算、分析、展现能力，支撑业务应用建设，如图 1-2 所示。

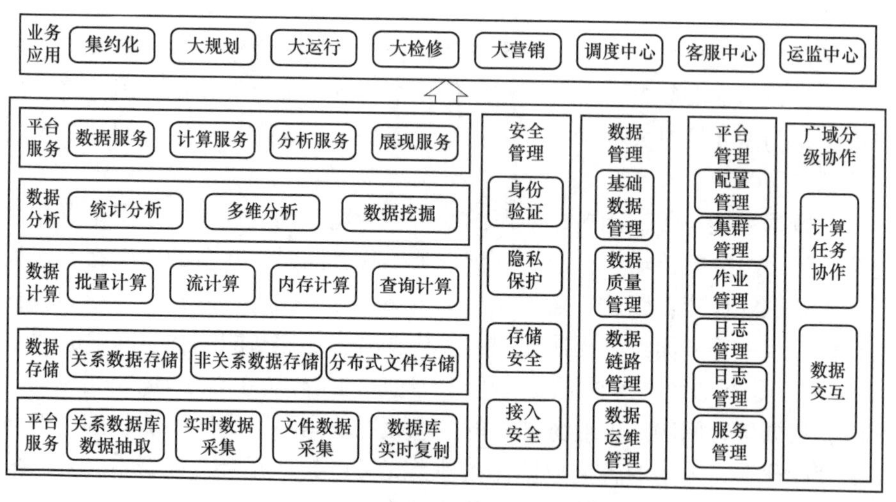

图 1-2　大数据平台功能架构

（1）数据采集。提供关系数据库数据抽取、实时数据采集、文件数据采集、数据库实时复制等整合方式，从外部数据源导入结构化数据（关系库记录）、半结构化数据（日志、邮件等）、非结构化数据（文件、视频、音频、网络数据流等）等不同数据类型、不同时效的数据。

（2）数据存储。负责进行大数据的存储，针对全数据类型和多样计算需求，以海量规模存储、快速查询读取为特征，提供关系数据存储、非关系数据存储、分布式文件存储三种存储方式，存储来自外部数据源的各类数据，支撑数据处理层的高级应用。通常情况下，非结构化数据存放在分布式文件存储中；半结构化数据存放在非关系数据存储中，采用列式数据库或键值数据库进行存储；结构化数据存放在关系数据存储中；实时性高、计算性能要求高的数据存储在内存数据库或实时数据库中。

（3）数据计算。对多样化的大数据提供流计算、批量计算、内存计算、查询计算等计算功能，允许对分布式存储的数据文件或内存数据进行查询和计算，对实时数据流进行实时分析处理，实现实时决策、预警等。

（4）数据分析。对多样化的大数据进行加工、处理、分析、挖掘，产生新的业务价值，发现业务发展方向，提供业务决策依据。

（5）平台服务。提供数据服务、计算服务、分析服务、展现服务，将底层存储、计算、算法等能力以服务的形式，为业务系统大数据应用提供技术支撑。

（6）数据管理。提供基础数据管理、数据质量管理、数据链路监测、数据运维管理等功能，从接入、存储、使用等方面对大数据平台中的数据进行全生命周期管理。

（7）平台管理。必备功能模块，实时监测大数据处理全过程中的整体运行状态、资源使用情况和接口调用情况等性能指标并对关键系统险情进行告警，支持大数据组件安装、配置和状态管理，可快速扩展应用功能和能力，可实时性监控和调度任务计划。

（8）安全管理。解决从大数据环境下的数据采集、存储、分析、应用等过程中产生的诸如身份验证、授权过程和输入验证等大量安全与隐私问题。

（9）广域分级协作。可选功能模块，在总部与省（市）大数据平台集群间建立计算任务协作、数据交互机制，将地理上分散的、集群节点闲置的平台计算资源通过广域网络连接起来，集成为一个统一的计算环境，用来解决一些用传统的计算方法与计算环境无法解决或者解决起来较困难的计算问题。

面向电力大数据的处理与分析还存在以下挑战：

（1）性能操作方面。目前主流的 Hadoop 批处理方式可以适应电力大数据的历史数据分析，但 Hadoop 采用先存储后计算的模式，且需要频繁的磁盘操作，难以满足对生产系统的快速响应需求。因此，电力大数据分析平台面临着严重的性能挑战，具体而言主要包括如下两个方面：

1）利用大规模复杂细节多源数据的电力系统分析算法。在智能电网环境下，PMU（Phasor Measurement Unit，相量测量单元）、AMI（Advanced Metering Infrastructure，高级电表架构）及 IED（Intelligent Electronic Device，智能电子设备）提供了大规模可利用的复杂细节数据，这些数据为提高电力系统的操作水平、建模技术和计划调度提供了机遇。通过现代计算机高并行计算平台，设计快速、高精度的安全稳定分析算法，能够提高数据利用率，并保证系统的实时性要求。

2）大规模实时流数据调度、分析技术为了保证监测、调度等关键业务的时效性，大规模实时流数据的接入和分析性能至关重要。将常用数据存储在分布式内存中，并充分利用多核或众核处理器的并行技术和大内存的缓存技术以及高效的调度算法，以保证流数据的实时处理效率。

3）缺乏对非结构化数据的处理能力。传统的关系型数据库对数据的处理只局限于某些数据类型，比如数字、字符、字符串等，对非结构化数据的支持较差。然而随着用户应用需求的提高、硬件技术的发展和互联网上多媒体交流方式的推广，用户对多媒体处理的要求从简单的存储上升为识别、检索和深入加工，面对日益增长的处理庞大的声音、图像、视频、E-mail 等复杂数据类型的需求，传统数据库已显得力不从心。

（2）内存计算。在电力系统中多项业务处理任务需要高性能计算技术的支撑。内存计算主要用于数据密集型计算的处理，面向数据量大且需要实时分析处理的情况。针对电力大数据价值密度低的特点，依据数据的使用频率，将电力大数据分为热数据和冷数据，热数据存储在内存中，冷数据存储在磁盘上。

目前比较成熟的内存计算平台包括 HANA 和 Spark 等。HANA 是由 SAP 提出的基于内存计算技术的高性能实时数据计算平台，采用的主要技术包括内存数据读取和处理、行列混合存储、并行计算、数据压缩等。

在流数据分析平台包括 Storm、S4 方面，Storm 是具有分布式和高容错的实时计算系统，以简单、高效、可靠的方式处理流式数据，并保证消息不丢失，处理严格有序。其主要特征包括编程模型简单、支持多种编程语言、作业级容错、水平扩展、快速消息计算等。但其资源分配策略并没有考虑系统拓扑结构，任务调度机制过于简单，因此很难直接应用于电力大数据处理。电力系统中各种监测、采集装置的流数据和极端天气情况下的报警数据构成了电力流式大数据。电力流式大数据具有实时性、突发性、无序性等特征，并要求在有限时间内处理完成，不能遗漏数据，因此，流式大数据的实时处理对系统提出了更高的要求。

1.3.3 管理层面

（1）数据管理模式有待创新。电力数据存储于不同系统中，而这些系统由不同企业和部门开发和运维管理，未考虑数据跨系统、跨部门共享和交互的需求，这给数据在跨部门、各业务环节的顺畅流通带来了困难。而大数据分析需要开展跨部门、跨业务的分析，为更好地发挥数据资产的价值，需要建立数据交互与共享机制，创新数据管理模式。

（2）新型跨专业合作模式需要探索。大数据是交叉学科，需要电力领域专家、数据分析专家、信息通信技术专家、社会学专家等协作开展研究，但目前各专业人员还存在交流上的知识壁垒，跨专业的复合型人才较少，需要探索新型联合攻关机制。

（3）大数据价值评估方法和体系缺乏。大数据需要大量人员和资金的投入，而大数据价值评估方法的缺失，将导致大数据价值不清晰，影响能源行业领域对大数据分析的决策。

（4）数据集成管理机制缺乏。在电力互联网框架下，能源类型既有传统的煤

电、大型水电，又有各种可再生分布式能源，在能源传输方面既有电网与输配电线路，又有智能化的气、热管道，同时考虑信息传输通道、气象、政策等因素，数据来源广泛且结构繁杂。因此，采用集成管理方法实现对能源互联网数据的妥善保管非常必要。

1.3.4　安全方面

电力系统涉及国家能源安全，电力大数据安全是一项包括技术层面、管理层面、法律层面的社会系统工程，其保障体系的框架由组织管理、技术保障、基础设施、产业支撑、人才培养、环境建设组成。安全方面应该是研究数据源和传输的可靠性，研究信息系统故障或受到攻击时的行为，以及信息的阻塞、淹没、丢失和出错对大能源可靠性的影响。

1.3.5　应用方面

电力大数据应用必须结合具体的业务场景和目标问题，大数据研究应该遵循问题导向、需求牵引及数据共享的原则。电力大数据的应用场合涵盖发、输、变、配、用、调等电力行业的各个环节，在风电场选址、降低网损、风电并网、电网安全监测、大灾难预警、电力企业精细化运营、电力设备状态监测等领域有非常强的可实现性。随着智能电网建设的进一步推进，大数据技术在智能电网中将发挥越来越大的作用。

目前，电力大数据典型业务应用见表1-1。

表1-1　　电力大数据典型业务

序号	业务	业务模型
1	输电	故障量预测
		负荷预测
		中期/短期配变重过载预测
		变压器油温预测
		欠费风险预测
		违约用电风险预测
2	配电	防窃电异常分析
		配网投入产出分析
		设备运行年限与故障关系分析
		电能表状态监测
		停电优化模型
		抢修效率分析

续表

序号	业务	业务模型
3	用电	用电行为分析
		用户感知度
		负荷特性分析
		物资合理供货周期分析
		设备健康状况分析

电力大数据分析的商业价值，根据服务对象的不同，可以分为以下 4 类：

（1）提高电网智能，提高电网运行可靠性，改善电网规划精度。

（2）提高资产智能，提高资产利用率。

（3）提高用户智能，了解用户用电行为，创新服务模式，为用户提供定制化服务。

（4）提高社会智能，为全社会节能减排提供定量化服务。

电网各信息系统大多是基于本业务或本部门的需求，存在不同的平台、应用系统和数据格式，导致信息与资源分散，异构性严重，横向不能共享，上、下级间纵向贯通困难，例如，电力系统中存在监控、能量管理、配电管理、市场运营等各类信息系统，大多相互独立，数据信息不能共享。使用云平台实现各独立系统的集成，可实现这些分散孤立系统之间的信息互通。另外，智能电网的基础设施规模庞大，数量众多且分布在不同地点。如何有效管理这些基础设施、减少数据中心的运营成本是一个巨大的挑战。

信息交互方面，在电网异构多源信息融合和管理中，建立类似 IEC 61968 或 IEC 61970 的信息互操作模型是必要的，研究异构数据融合与挖掘的集成方案，以及实时挖掘算法是非常急需的，但是目前由于系统及数据质量、挖掘算法等各方面因素，实用化程度不高。

可视化方面，可视化方法已被证明是解决大规模数据分析的有效方法，并在实践中得到广泛应用。智能电网各类应用产生的大规模数据集，如何从这些庞大复杂的数据中快速而有效地提取有用的信息，成为智能电网应用中的一个关键技术难点。

1.4 电力大数据分析应用领域

1.4.1 电力系统监控运行

电网监控运行数据具有多源、高维、先验、异构的特点，传统依靠人工经验的电网监控运行分析技术已无法满足大电网集中调控、一体化运行的发展要求，需要实现电网监控运行全过程信息的高效汇集和智能挖掘分析，以提高监控人员对电网实时运行状态的主动感知能力。

电力系统监控大数据源是调控中心唯一具备从大电网运行管理角度对电网实时运行态势，实现主动感知的数据资源。随着无人值守变电站建设的推进，实时汇集的监控信息量剧增，需要实时分析的告警信息业务激增，迫切需要降低传统监控业务对专责、监控员人工经验的过度依赖，提升监控业务智能分析水平。

在数据处理方面，规范化数据接入和全过程数据处理技术，对主站端设备模型、缺陷、故障、告警及电压越限等多源数据，以及子站端的故障录波、设备全景模型和状态点招等历史数据的关联大数据存储及监控特征的标签化处理。

在业务分析模型方面，应用大数据因果分析技术，实现对主变压器油温异常侦测、变电站直流系统异常侦测、电力设备缺陷性故障预警、连锁跳闸故障诊断预测等业务分析模型的构建及应用。

在监控业务管理方面，实现日常监控运行由完全依赖人工经验向大数据辅助研判的转变，监控工作模式由单一统计分析至多维数据挖掘的优化，加强对监控专业的管理力度，提升监控工作效率。

1.4.2 电力系统仿真计算

大数据技术与电网仿真计算相结合可用于两个方面的工作：一是解决传统的电力系统问题，如通过对电网历史数据的分析获得系统稳定性的指标或规则，用于快速判稳；二是解决电网仿真自身的问题，如推进计算算法研究。虽然大数据技术本身强调发现关联关系，但对于电力系统仿真而言仍应进一步开展理论研究，提出或改进与仿真计算分析相关的理论、算法及指标，回归对电力系统特性本质的探索，最终推动系统仿真分析技术的进步。

1.4.3 用能预测和协同调度

利用大数据技术进行用能宏观变化趋势和局部用能精细化预测，能够提高用能预测精准度。通过分析用能数据与其他数据之间的关联关系及宏观经济指标与用能之间的关系，并将这些抽象关系进行量化表征，建立用能预测模型，实现对用能量宏观变化趋势的整体把握与感知。利用机器学习、模式识别等多维分析预测技术，分析能源生产的影响因素，可更准确地对能源生产进行预测和管理。基于能源生产和用能预测结果，通过错峰资源聚类分析和错峰影响要素关联度分析，量化评估可调度资源错峰潜力，探究不同类型能源和用能负荷的优化组合原则及方法，实现错峰资源的分层优化及自动分配，完成能源生产与用能的协同调度。

1.4.4 混合可再生能源预测

结合大数据分析和天气建模技术，可进行混合可再生能源预测。例如，针对安装于涡轮机上传感器监测到的风速、温度和方向数据，利用大数据分析技术，可较为精准地预测风电场所在区域在未来一段时间的天气情况，并预测每个单独的风力涡轮机的性能，进而估算可产生的发电量。混合可再生能源预测使能源电力公司能更好地管理风能和太阳能的多变特性，更准确地预测发电量。

1.4.5 在配用电方面的应用

(1) 在用电预测方面，总结用户用电与气温变化、人流迁徙、经济发展之间的相关性，挖掘和发挥电力公司数据资产价值，以大数据指导供需形势分析，合理分配抢修资源，提升优质服务水平。随着配电网信息化的快速发展和电力需求影响因素的逐渐增多，用电预测的大数据特征日益凸显，传统的用电预测方法已经不再适用。由于智能预测方法具备良好的非线性拟合能力，因此，近年来用电预测领域出现了大量的研究成果，遗传算法、粒子群算法、支持向量机和人工神经网络等智能预测算法开始广泛地应用于用电预测中。为规划设计、电网运行调度提供依据，提升决策的准确性和有效性。

(2) 在运行状态评估与预警方面，对配电网进行安全性评价，如电力系统的频率、节点电压水平、主变压器和线路负载率等；对配电网的供电能力进行评价，如容载比、线路间负荷转移能力等。当供电能力不能满足负荷需求时，根据负荷重要程度、产生的经济社会效益，以及历史电压负荷情况，进行甩负荷。

(3) 在电能质量监测和评估方面，伴随着分布式电源的功率波动，配电网中的电能质量经受着较大的冲击。通过收集配电网中的运行数据、负荷数据、分布式电源运行等数据，能够开展配电网中的电能质量分析和评估研究，从而得出精细化的配电网网架和无功源的调节方案等。

(4) 在停电优化方面，配电网停电优化是建立在配电网调度自动化系统、配电自动化系统、用电信息采集系统、配网设备管理系统、配电设备检修管理系统、电网图形及地理图形信息和营销管理系统等的基础上，综合分析配电网运行的实时信息、设备检修信息等，以找出最终的最优停电方案。

(5) 在用电方面，用户的用电数据中隐藏着用户的用电行为习惯，对这些用电数据进行挖掘并研究用户类型，可以帮助电网了解用户的个性化、差异化服务需求，从而使电网公司进一步拓展服务的深度和广度，为未来的电力需求侧响应政策的制定提供数据支撑。

1.4.6 电动汽车充放电运行与管理

电动汽车充放电设施建设和运行管理研究电动汽车充电设施的空间优化规划，根据道路交通信息及配电网现状将快速充电站、充电桩规划在合理位置。利用地理信息技术，在选定的区域内，可将电动汽车充电桩布点规划状况及地理、气象、道路等方面的数据进行整合，并分层次、多视角地加以展现，以更优的可视化效果反映区域经济状况及各群体的行为习惯，识别电网薄弱环节，辅助电动汽车充电桩布点规划。通过电动汽车的聚合和分层式调控构架，将电动汽车充放电调控纳入能源互联网调度体系，发挥电动汽车的灵活性和储能潜力，提高电网运行的经济性和对大规模新能源发电的消纳能力。

1.4.7 检修计划安排与事故处理

随着以小型化、分布式为特征的新能源的发展，设备数量将呈几何级数增长，设备状态数据体量大、类型繁多。通过采用时间序列分析、马尔可夫模型、分类算法，寻找设备信息间的关联关系，结合多元状态量的历史数据与当前数据，研究消缺、检修、运行工况、气象条件等因素对设备状态的影响，评估设备运行的风险水平，利用并行计算等技术实现检修策略优化，能够克服传统阈值判定方法难以准确检测设备状态异常的局限性，有效提高设备异常检测的准确性和状态评价的正确率，为解决现有状态检修问题提供有效的技术支撑。

1.5 大数据与云计算的关系

云计算是一种利用互联网实现随时、随地、按需、便捷地访问共享资源池（如计算设施、应用程序、存储设备等）的计算模式，大数据与云计算是相辅相成的，如图1-3所示。从技术上看，大数据根植于云计算，云计算的数据存储、管理与分析方面的技术是大数据技术的基础。利用云计算强大的计算能力，可以更加迅速地处理大数据，并更方便地提供服务；通过大数据的业务需求，可以为云计算的发展找到更多更好的实际应用。大数据的特色在于对海量数据的挖掘，无法用单台计算机进行处理，必须采用分布式计算架构，所以要依托云计算的分布式处理、分布式数据库、云计算和虚拟化技术实现。

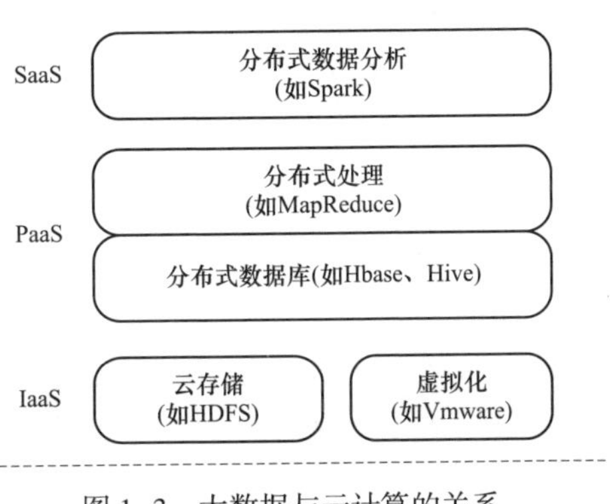

图1-3 大数据与云计算的关系

电力行业大规模数据分析的趋势已经清晰，需要提升大数据存储管理和分布式系统的使用能力，在数据中心利用云计算和 Hadoop、Spark 之类的技术执行大规模的分析处理。云计算以数据为中心，以虚拟化技术为手段来整合服务器、存储、网络、应用等在内的各种资源，并利用 SOA（Service Oriented Architecture）架构为用户提供安全、可靠、便捷的各种数据服务，完成了系统架构从组件走向资源池的过程，实现了 IT 系统不同平台层面的通用化，突破了物理障碍，达到集中管理、动态调配和按需使用的目的。

1.6 小结

本章简要介绍了电力大数据的特点以及价值发现，详细阐述了在电力应用领域面临的挑战，并简单列举了大数据在电力分析方面的应用，并解释了大数据和云计算的关系。

参 考 文 献

[1] 崔立真，史玉良，刘磊，等. 面向智能电网的电力大数据存储与分析应用 [J]. 大数据，2017，(6)：42-54.

[2] 李建中，刘显敏. 大数据的一个重要方面：数据可用性 [J]. 计算机研究与发展，2013，50 (6)：1147-1162.

[3] 冷喜武，陈国平，白静洁，等. 智能电网监控运行大数据分析系统总体设计 [J]. 电力系统自动化，2018，42 (12)：160-166.

[4] 刘广一，朱文东，陈金祥，等. 智能电网大数据的特点　应用场景与分析平台 [J]. 南方电网技术，2016，10 (5)：102-110.

[5] 刘科研，盛万兴，张东霞，等. 智能配电网大数据应用需求和场景分析研究 [J]. 中国电机工程学报，2015，35 (1)：287-293.

[6] 刘世成，张东霞，朱朝阳，等. 能源互联网中大数据技术思考 [J]. 电力系统自动化，2016，40 (8)：14-21.

[7] 美国国家学术院国家研究委员会组编. 海量数据分析前沿 [R]. 北京：清华大学出版社，2015.

[8] 彭小圣，邓迪元，程时杰，等. 面向智能电网应用的电力大数据关键技术 [J]. 中国电机工程学报，2015，35 (3)：503-511.

[9] 宋亚奇，周国亮，朱永利. 智能电网大数据处理技术现状与挑战 [J]. 电网技术，2013，37 (4)：927-935.

[10] 陶皖，主编. 云计算与大数据 [M]. 西安：西安电子科技大学出版社，2017.

[11] 王广辉，李保卫，胡泽春，等. 未来智能电网控制中心面临的挑战和形态演变 [J]. 电网技术，2011，35 (8)：1-5.

[12] 薛禹胜，赖业宁. 大能源思维与大数据思维的融合一大数据与电力大数据 [J]. 电力系统

自动化，2016，40（1）：1-8.
[13] 袁晓如，张昕，肖何，等. 可视化研究前沿及展望 [J]. 科研信息化技术与应用，2011，2（4）：3-13.
[14] 张东霞，苗新，刘丽平，等. 智能电网大数据技术发展研究 [J]. 中国电机工程学报，2015，35（1）：2-12.
[15] 张文亮，刘壮志，王明俊. 智能电网的研究进展及发展趋势 [J]. 电网技术，2009，33（13）：1-11.
[16] 周国亮，吕凛杰，王桂兰. 电力大数据全景实时分析关键技术 [J]. 电信科学，2016，（4）：159-166.
[17] 周晓方，陆嘉恒，李翠平，等. 从数据管理视角看大数据挑战 [J]. 中国计算机学会通讯，2012，8（9）：16-20.
[18] 朱朝阳，王继业，邓春宇. 电力大数据平台研究与设计 [J]. 电力信息与通信技术，2015，13（6）：1-7.
[19] 赵晶，马宁，王桂茹，等. 调度数据网与配网数据传输网的统一数据交换机制 [J]. 企业改革与管理，2015，（2）：166-167.
[20] 王德文，阎春雨，毕建刚，等. 输变电状态监测系统的分布式数据交换方法 [J]. 电力系统自动化，2012，36（22）：83-88.
[21] 祁晓笑. 数据挖掘在电力系统暂态稳定评估中的应用 [D]. 西安：西安理工大学，2005.
[22] 曹军威，杨明博，张德华，等. 能源互联网——信息与能源的基础设施一体化 [J]. 南方电网技术，2014，8（04）：1-10.

第 2 章　电力数据交互技术与应用

本章导读

电力企业已建成大量信息系统，但由于分别面向不同业务应用领域，以及系统建设初期没有形成统一规范，缺乏数据标准化规范和统一的业务模型，很难实现系统间的数据交互及共享。为了从根本上解决上面问题，20 世纪 90 年代中期开始，国际电工委员会（International Electrotechnical Commission，IEC）就开始进行了相关技术和标准的研究，陆续发布了 IEC 61970、IEC 61850、IEC 61968 等标准，为实现电力企业遗留的、新建的或不同软件提供商的应用软件之间的信息集成提供了可能。

- **本章将学习以下内容：**

数据模型基本概念。

国内外数据交互规范。

信息交互总线。

数据一体化平台。

2.1　数据模型

数据模型是指在信息系统建设过程中，根据系统的目标和范围，对其所涉及的物理对象和概念、管理活动和事件进行抽象的基础上所形成的形式化描述，再经过转化形成数据模型。

数据模型包括数据结构和数据约束条件。数据结构是数据模型的基础，它描述了数据的类型、性质、内容，以及数据间的联系等。数据约束建立在数据结构基础上，指的是数据结构内数据间的语法、制约和依存关系，以及数据动态变化的规则，以保证数据的正确和完整有效。

电力企业数据模型根据表示的方式不同可分为关系数据模型和面向对象数据模型；按照属性可分为私有数据模型和公共数据模型；按业务应用范围可以分为业务系统数据模型、企业公共信息模型、企业级数据仓库模型及企业全局数据模型。

电力企业全局数据模型是指从企业的全局战略出发，描述电力企业中所有生产、经营、管理活动对象的数据模型。电力企业全局数据模型对应于电力企业架构，与电力企业架构描述的业务相一致。电力企业全局数据模型由语言进行可视化描述，包括以下两个层面上的描述：

一个层面是包层面上的描述，将电力企业按照业务主题划分成不同的包，包中再划分二级包，用包及其之间的关系来描述电力企业不同业务领域间的联系；另一个层面是实体层面上的描述，用类图来表示，包括实体、属性及实体间旳继承、关联、聚合等联系，是对电力企业具体业务的描述。简而言之，电力企业全数据模型就是包与实体间关系的集合。

电力企业全局数据模型是对电力企业资源的抽象化描述。模型的建立和应用范围是针对整个电力企业而不是一个或几个业务应用，电力企业可以在其他数据模型的基础上形成，同时，电力企业全局数据模型指导其他数据模型的建立和完善。它与其他数据模型的关系如图 2-1 所示。

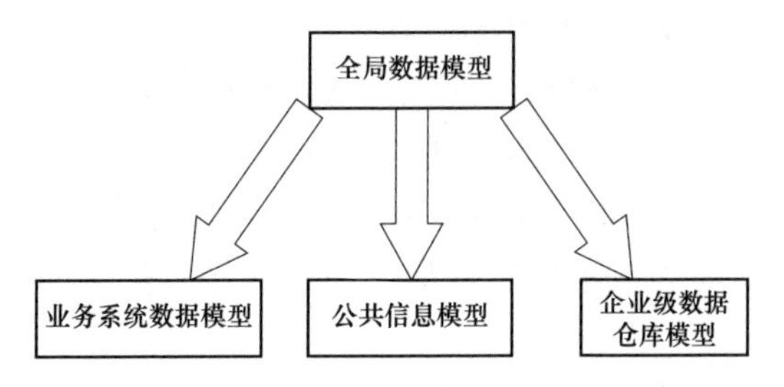

图 2-1　全局数据模型与其他数据模型之间的关系

2.2　电力企业信息系统发展带来的问题

20 世纪 90 年代以来，电力企业在信息化建设方面投入了大量人力物力，建立了配电管理系统（Distribution Management System，DMS）、能量管理系统（Energy Management System，EMS）、95598 系统、营销信息化系统、输配电生产管理系统（Production Management System，PMS）和计量自动化系统等。但是这些系统大多数都是相互独立，分别面向不同领域，由于系统建设没有形成统一规范，缺乏数据标准化规范和统一的业务模型，从而导致数据共享性差，系统集成度不高，出现多个“信息孤岛”。现有通信规约无法满足电网复杂多变的通信要求，必须建立统一的信息模型交换标准，以实现系统间的数据交互及共享。

国外的电力公司同样存在上述的“信息孤岛”问题。因为各个应用系统是由不同的软件供应商提供的，为不同的业务部门服务，在不同的运行环境下，它们的信息模型都是各应用系统私有的，应用系统间无法进行信息交互，这也是整个电力企业普遍面临的信息化建设难题。以配电领域为例，配电网设备较多、信息模型很复杂、信息量较庞大，且信息都分散在不同系统当中，配电网自动化管理系统是建立在现有的地理信息系统、生产管理系统、能量管理系统、用电信息采集系统、95598 系统、营销管理系统等系统的数据之上的。但是各个系统的数据库是私有的，实现数据的共享与应用是很困难的。

为了从根本上解决上面问题，20 世纪 90 年代中期开始，国际电工委员会（International Electrotechnical Commission，IEC）就开始进行了相关技术和标准的研究，陆续发布了 IEC 61970、IEC 61850 和 IEC 61968 等标准。IEC 61970 系列标准由 IEC 第 57 技术委员会第 13 工作组负责制定，它定义了能量管理系统的应用程序接口，主要包括公共信息模型（Common Information Model，CIM）和组件接口规范。其目的是使不同 EMS 系统之间可以进行模型交换。IEC 61850 系列标准规范了变电站通信网络与系统协议体系，作为变电站通信体系中完整解决方案，在国内新建变电站中获得了广泛的应用，以 IEC 61850 技术为基础的智能变电站，成为智能电网建设的重要环节。在智能变电站的推广实施中发现，目前遇到较普遍的问题是设备信息模型不规范，从而影响了设备间的互操作及集成调试。IEC 61968 系列标准由 IEC 第 57 技术委员会第 14 工作组负责制定，定义了针对配电网管理的电力企业内部各应用系统间的集成方式和接口规范，这为实现电力企业遗留的、新建的或不同软件提供商的应用软件之间的信息集成提供了可能。

IEC 61850 标准和 IEC 61970 标准都是采取面向对象的方式建立各自的数据模型及信息模型，这些模型均可描述变电站自动化系统的结构和数据，因此，两标准之间存在一定的映射关系，但要实现两种标准的模型融合，需要建立两个模型之间的映射关系。通过构建一定的映射规则，实现 IEC 61850 定义的变电站自动化模型和 IEC 61970 定义的调度自动化模型的映射，从而实现调度中心和变电站的信息共享。在配电自动化中，配电 CIM 是在遵循 IEC 61970 基础上针对配网特点做了扩展，在这方面具有很强的继承性。但是，IEC 61970 是针对能量管理系统内部应用模块的集成和接口，而 IEC 61968 是针对配电管理系统与电力企业内其他应用系统间的集成和接口。

因此，整合信息资源是毋庸置疑的，也是势在必行的，其整合的目的就是采用最新的信息技术和标准，实现现有和新建计算机应用系统之间的互联互通，信息共享；解决多数据源问题，实现数据的一处更新，多处使用，避免多点上报；保证数据的唯一性、准确性、完整性、规范性和实效性，提高数据的可用性和质量；最后，通过整合建立企业内部信息系统统一集成平台，如图 2-2 所示，作为电力企业信息资源整合的解决方案。

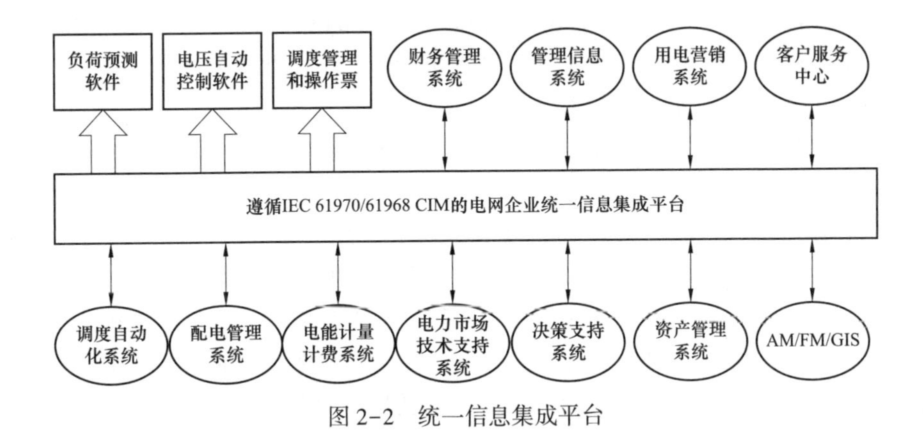

图 2-2　统一信息集成平台

2.3　国内外电力行业数据交互规范

信息系统是信息资源的载体，但是由于标准协议接口不统一和信息分散重复等问题的存在，信息系统难以互联，基础信息无法共享。

互操作（interoperability）是指分布的系统、装备或组件之间能够正确理解，在应用过程中相互协作，共同实现一个目标的能力，在智能电网建设过程中，良好的互操作性可以使得电力系统在统一的模型标准下能够有机地整合在一起，从而实现信息最大化利用，最终实现信息可控、能控和在控，因此，互操作性对解决电网信息孤岛问题具有十分重要的意义。

国际上已经在智能电网背景下就实现信息集成的技术开展了广泛的讨论和研究。国际电工委员会（IEC）制定了与智能电网相关的信息模型标准；美国电气和电子工程师学会（IEEE）推出了分布式电源并网的信息接口标准，美国电力科学研究院（Electric Power Research Institute，EPRI）提出了实现电力企业信息集成的技术方案。

IEC 重在建立企业开放式架构，实现系统或设备之间的互操作；以及通过先进的信息通信技术，融合能源技术，实现电力流、信息流和业务流的一体化，提升电网企业运行控制和管理水平。互操作是智能电网技术标准的核心，互操作标准中最重要的是语义和语法，对于语义需要在互操作双方或多方建立公共的语义模型或信息模型；语法上则需要规范系统设备间互操作的文档格式，一般采用表述交换文档；在语用语境的问题上，即信息交互的应用领域和场景问题上，针对电力企业对象的语境，上述的 IEC 61970/IEC 61968 互操作语义采用的是 IEC 61970 中定义的公共信息模型 CIM，并以此为元模型规范交互的电网模型和消息，以 IEC 61970 中定义的 CIM RDF（Resource Description Framework，RDF）的

Schema 文档描述电网模型，以 IEC 61968 中定义的基于 CIM 的 XML Schema 的 XSD（Xml Schema Definition）文档描述规范的消息。因此，公共信息模型对于电力企业系统互操作发挥关键作用。

IEC 61970 系列标准包括公共信息模型和组件接口规范两方面内容。其目的和意义在于：

（1）便于来自不同厂家的 EMS 系统内部各应用的集成。

（2）便于 EMS 系统与调度中心内部其他系统的互联。

（3）便于不同调度中心 EMS 系统之间的模型交换。因此，尽快将这些国际标准转化为我国标准并贯彻执行，实现异构环境下软件产品的即插即用，使 EMS 系统与其他系统能互联互通互操作，对提高我国电网调度自动化水平意义重大。标准包含以下部分，见表 2-1。

表 2-1　　IEC 61970 系列标准

IEC 61970-1	Guidelines and General Requirements	导则和一般要求
IEC 61970-2	Glory	术语
IEC 61970-301	Common Information Model（CIM）Base	公共信息模型基础
IEC 61970-302	Common Information Model（CIM）：Financial，Energy Scheduling，and Reservation	公共信息模型：财务、能量、计划、检修
IEC 61970-303	Common Information Model（CIM）：SCADA	公共信息模型：数据采集与监视控制系统
IEC 61970-401	Component Interface Specification（CIS）Framework	组件接口规范框架
IEC 61970-402	Common Service	公共事务
IEC 61970-403	Generic Data Access	通用数据访问
IEC 61970-404	High Speed Data Access	高速数据访问
IEC 61970-405	Generic Eventing and Subscription	通信事件和订阅
IEC 61970-407	Time Series Data Access	事件访问序列
IEC 61970-408	—	模型交换接口
IEC 61970-450	—	信息交换模型 IEM 的描述
IEC 61970-451	—	SCADA 应用的 CIS 接口
IEC 61970-501	Resource Description Framework（CIM RDF）Schema	资源描述框架
IEC 61970-502	—	CDA 映射到 CORBA

IEC 61970 第3××部分负责规定这一标准 API 的语义，而标准的第4××和第5××部分规定 API 的语法。

IEC 61970 的 CIM 是采用面向对象的方法来定义的，并使用统一建模语言（Unified Modeling Language，UML）描述。CIM 所建模的是实体对象（Entity objects）包括了电力变压器、发电设备和负荷等表示电力系统物理部件的类；也包括公司、业务单位、控制区域操作员等电力系统组织管理部分的类；以及计划表和测量等表示电力系统运行事项的类。从 CIM 所包含的类可知其目标问题域的范围。实际上 CIM 问题域超出了 EMS，覆盖了整个控制中心的应用。

IEC 61970 的 CIM 部分由若干包组成，包是将相关模型元件人为分组的方法。301 包括 Core（核心包）、Topology（拓扑包）、Wires（线路包）、Outage（停运包）、Protection（保护包）、Meas（量测包）、LoadModel（负荷包）、Generation（发电包）和 Domain（域包）共9个包。CIM 中每一个包是一组类的集合，每个类包括类的属性和与此类有关系的类。CIM 中存在三种关系：继承、简单关联和聚合。聚合是一种整体和局部特殊的关联，继承是隐式表示的，简单关联和聚合是要显式表示的。继承不仅包括继承属性而且包括继承类的关联关系。简单关联是 CIM 中最多的一种关联，它表示类和类之间要相互作用，这种多样性使得建模时既要检验是否符合 CIM 语法，又要检查模型本身物理含义的正确性。

IEC 61970-401 是组件接口规范 CIS 的总体框架说明，402 是接口用到的标识、名字空间和连接等公共服务。403 是公用数据访问接口 GDA（Generic Data Access），用于非实时或准实时的数据访问，在 OMA（Object Management Group）的 DAF（Data Access Facility）接口的基础上进行了扩展，增加了写服务和带过滤条件的读服务，加强了服务端主动上送数据的订阅机制的访问方式。404 是高速数据访问接口 HSDA（High Speed Data Access），用于对实时数据的访问，在 OMG 的工业系统数据获取 DAIS 接口和 OPC（OLE for Process Control）的数据访问接口 DataAccess 的基础上进行了扩展，包括同步和异步的读写服务、数据订阅服务等。405 是事件和报警的接口服务 GES（Generic Eventing and Subscription），同样以 OMG 的 DAISAlarms 和 Events 接口和 OPC 的 Alarm&Event 处理为基础进行扩展。407 是历史数据访问服务，408 是模型交换接口，450 是信息交换模型 IEM 的描述，451 是针对 SCADA 应用的 CIS 接口。501 是 CIM 模型从 UML 转换成 XML RDF 格式，用于模型的语法校验，502 是 CDA（委员会草案）映射到 CORBA（Common Object Request Broker Architecture，公共对象请求代理体系结构），503 是互操作实验的 CIM XML 数据交换格式。

IEC 61850 标准应用于变电站内智能电子设备（Intelligent Electronic Devices，IED）的通信标准，目的是实现不同厂商产品之间的互操作性，并采用自上到下的方式对系统进行分层，功能定义和对象建模进行了详细定义，见表2-2。

表 2-2　　IEC 61850 标准内容

分类	部分	名称	主要内容
系统	IEC 61850-1	概述	IEC 61850 的介绍和概貌
	IEC 61850-2	术语	
	IEC 61850-3	一般要求	包括质量要求、环境条件、辅助服务，其他标准和规范包括工程要求、系统使用周期、质量保证
	IEC 61850-4	系统和工程管理	
	IEC 61850-5	功能和装置模型的通信要求	包括逻辑节点的访问途径、逻辑通信链路、通信信息片 PICOM 的概念，功能的定义等
配置	IEC 61850-6	变电站自动化系统配置语言	介绍基于 XML 的变电站配置描述语言 SCL
抽象通信服务接口	IEC 61850-7-1	变电站和馈线设备的基本通信结构—原理和模型	
	IEC 61850-7-2	变电站和馈线设备的基本通信结构—抽象通信服务接口 ACSI	包括抽象通信服务接口的描述、抽象通信服务的规范等
数据模型	IEC 61850-7-3	变电站和馈线设备的基本通信结构—公共数据类 CDC	包括与变电站自动化功能相关的公共数据类及其属性的详细定义
	IEC 61850-7-4	变电站和馈线设备的基本通信结构—兼容逻辑节点 LN 和数据对象 DO	包括兼容逻辑节点、数据对象的定义以及详细的语义说明
特殊通信服务映射	IEC 61850-8-1	特殊通信服务映射—映射到制造报文规范 MMS	定义了变电站层和间隔层内以及变电站层和间隔层之间的通信映射方法
	IEC 61850-9-1	特殊通信服务映射—通过单向多路点对串行通信连接实现模拟采样	定义了基于点对点方式实现的过程层模拟量采样映射方法
	IEC 61850-9-2	特殊通信服务映射—通过 ISO/IEC 8802-3 实现模拟采样	定义了基于过程总线的模拟量采样映射方法
测试	IEC 61850-10	一致性测试	

IEC 61850 主要包括设备模型、变电站配置语言（Substation Configuration Language，SCL）、抽象服务通信服务接口（Abstract Communication Service Interface Service，ACSI）、公共数据类、兼容逻辑节点和数据类、特殊通信服务

映射（Special Communication Service Mapping，SCSM）等几部分。同时，把变电站分成了过程层、间隔层和变电层。每一层与下一层都有数据交换接口。过程层是一次设备与二次设备的结合面，主要采集实时数据，执行操作等功能；间隔层主要是汇总本间隔层实时数据信息等功能；变电站层主要是汇总全站的实时数据信息。

IEC 61850 配置模型数据的文件格式是变电站配置描述语言 SCL（Substation Configuration Language），它定义了集合元素和属性的 XML（Extensible Markup Language）文件形式，它包含了运行时需要的所有智能电子设备 IED 的数据信息。

如图 2-3 所示，依据变电站的体系结构，SCL 描述了变电站、通信系统和智能电子设备三种对象模型，并且对象都是分层的。

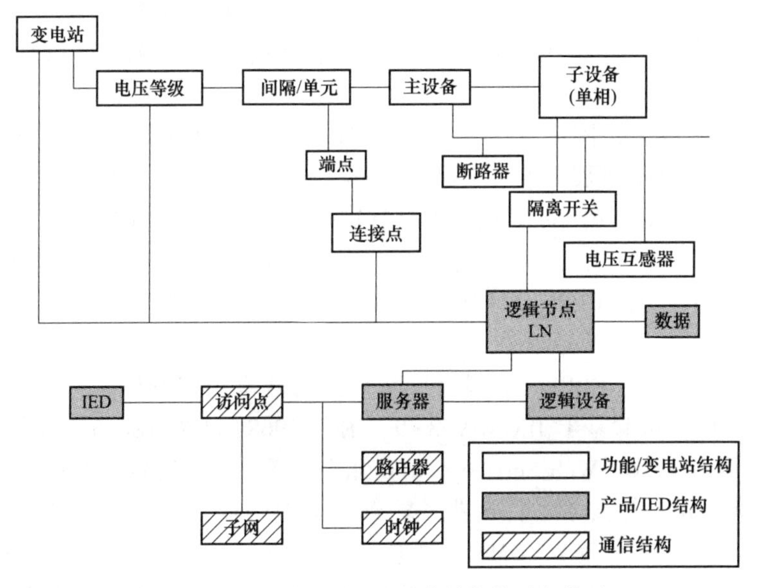

图 2-3　SCL 用于描述边站点结构的对象模型

IEC 61968 主要是针对配电网，包括计量与控制、运行计划与优化、台账与资产管理、配网规划、维护与建设、客户支持、配网运行接口、配电管理系统外部业务功能等主要几大类业务。IEC 61968 Application Integration at Electric Utilities—System Interfaces for Distribution Management 是“电力企业应用集成—配电管理系统接口”的通用标准集合，目前主要包含如下 15 个部分的内容：IEC 61968-1（接口体系与总体要求）、IEC 61968-2（术语）、IEC 61968-3（电网运行接口）、IEC 61968-4（台账与资产管理接口）、IEC 61968-5（运行计划与优化接口）、IEC 61968-6（维护与建设接口）、IEC 61968-7（电网规划接口）、IEC 61968-8（客户支持接口）、IEC 61968-9（抄表与控制接口）、IEC 61968-10（电网管理系统外部接口)、IEC 61968-11(配电网扩展的信息交换模型 CIM)、IEC 61968-12(用例)、IEC 61968-13(RDF 模型交换格式)、IEC 61968-14(定义 XML 命名与设计原则)及 IEC 61968-100(实施协议子集)。IEC 61968 系列标准提出的集成架构、信息模型和接口规范是电力系统交互设计和测试的关键基础。

IEC 61968 标准致力于方便各分布式系统软件的互应用整合，而传统标准主要着眼于自应用整合。所谓自应用整合，就是针对同一个系统中的不同程序通过包含在其自身的基础运行时间环境中的中间件实现互通。自应用整合对实时、封闭、同步连接、交互式请求应答或会话式的通信模型具有较好的优化作用，而 IEC 61968 标准却相反，它对那些需要连接全异的应用程序的企业或机构具有很好的支持，这些全异的应用程序可能是已有的或新增的，而且各自有不同的运行时间环境。因此，IEC 61968 标准适用于松耦合的、数据交换事件驱动为基础的应用程序的系统，这些应用程序所使用的语言、操作系统、协议和管理工具都可能不尽相同。

21 世纪初以来，国内外关于智能电网的大规模互操作试验主要基于 IEC 61970 和 IEC 61850 开展，致力于提升 EMS、智能变电站等系统或者设备间的互操作能力。由于 IEC 61968 系列标准具有较高的复杂性且颁布较慢，国外一些知名厂商虽然在互操作上进行了一些尝试，但至今还没有开展全面的互操作试验。近年来，国内在 IEC 61968 应用的推进力度很大，相关的互操作需求变得十分迫切。

2009~2010 年，EPRI(美国电科院)先后两次组织开展了基于 IEC 61968 的互操作试验。试验基于 IEC 61968-9、IEC 61968-11 及 IEC 61968-100 展开，通过企业服务总线、Web Service(Web 服务)和 JMS(JAVA Message Service，JAVA 消息服务)等技术对特定业务场景下电力企业的 GIS(地理信息系统)、DMS(配电网管理系统)、OMS(停电管理系统)、AMI(高级计量体系)及 MDMS(计量数据管理系统)间的互操作能力进行了测试，为标准和互操作模式的研究与应用奠定了基础。

2.4 信息交互关键技术

2.4.1 面向服务架构的企业应用集成

在企业应用集成领域，企业整合的需求不断地变化和丰富。从信息的整合到功能与流程的整合，从企业内部的应用整合到跨企业边界的整合。解决方案也在不断地发展，从早期的点对点集成到中心一辐条式集成(集成)，再到现在基于企业服务总线式集成，如图 2-4 所示。

（1）传统企业应用集成。传统企业应用集成分以下几个层面：

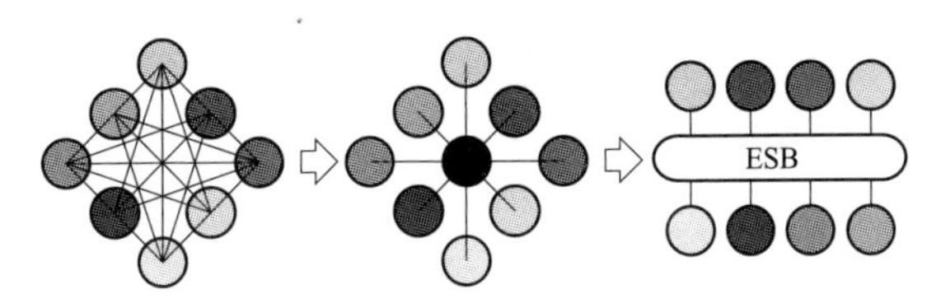

图 2-4　企业应用集成演化过程

1）数据级集成。即通过访问数据库的方法来实现系统间的数据集成。这种方案对应用资源的重复使用率低，引起了系统内的功能冗余。

2）应用接口级集成。这类方法通过应用接口对应用系统实现集成，提供一个接近于实时的集成。但是调用的接口开发是一对一的，不利于大系统开发。同时，功能调用的逻辑顺序不能灵活修改。

3）业务过程集成。业务过程集成的实现通常通过使用一些高层的中间件来完成。在这种方案下，服务代理只能对不同应用的功能调用进行管理，不会对整个业务的执行流程进行管理。同时，代理层的实现对开发技术的要求比较高，不同的中间件技术在技术上受到限制。

上述 3 种方式是非功能层的集成方式，属于紧耦合的应用系统集成方式。这种紧耦合的集成方式会影响系统的灵活性和扩展性，阻碍业务的流程调整和优化，不利于企业的业务发展。电力行业也面临着架构需要适应业务需求不断变化的挑战，需要更加灵活的企业软件架构，因此集成需要引入面向服务架构 SOA（Service Oriented Architecture）。

（2）基于 SOA 的企业应用集成。基于 SOA 面向服务架构的企业应用集成提供一种面向企业业务功能层的集成模式。该模式不仅能保证原有系统的数据安全性和逻辑安全性，而且还能够实现各系统之间的松耦合，方便系统业务流程的重组和优化，基于 SOA 的应用集成系统具有更好的扩展性和灵活性，用户可以在对已有系统影响很小的情况下开发应用新的业务模块（服务）或修改已有模块，从而快速满足业务需求的变化。

面向服务架构（SOA）是一个将企业软件的所有功能均被定义成精确定义的、可调用的、独立的服务，且能被有序编排构建业务流程的应用架拘。独立于平台、松散耦合、粗粒度服务、良好的封装性和灵活性是 SOA 的典型特征。

在面向服务架构中主要有服务请求者、服务提供者和服务注册中心三种角色。角色间主要有三个操作：发布、查找和绑定，如图 2-5 所示。

服务提供者提供服务的具体实现，服务请求者从服务注册中心那里获取它必须从服务提供者那里收发的消息结构以及访问该服务所用的协议；而服务请求者无需了解服务提供者的服务内部实现方式。

SOA 把 IT 架构分为组件层、Web 服务层和业务流程层等。组件层使用具体的分布式组件技术实现业务功能，Web 服务层则为组件层提供了一种技术无关的通用

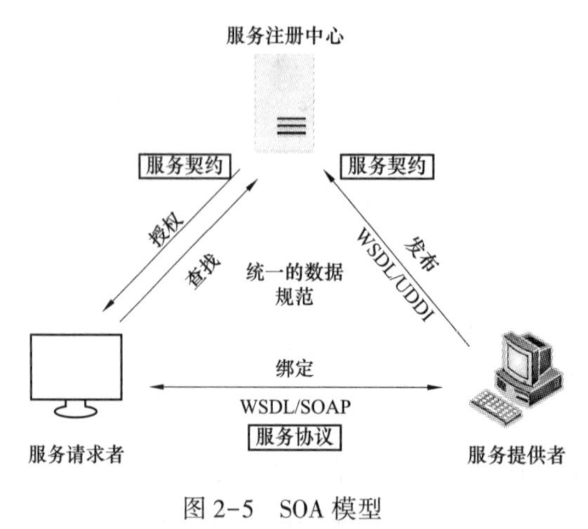

图 2-5　SOA 模型

访问方式，屏蔽组件层具体技术之间的差异，突出业务逻辑的封装性。组件层中的业务组件和 Web 服务层的 Web 服务构成了企业 IT 架构的主要可重用部件，它们应该保持相对的稳定，业务流程层则通过对服务进行编排，来适应业务需求的变化。将组件层的业务组件映射为 Web 服务层的服务是成功实现 SOA 的关键步骤，目前对于特定的业务组件，业界广泛使用具体于分布式组件技术内建的支持 Web 服务的功能来实现组件与服务的映射。这种映射方法高度依赖于具体分布式组件技术本身，并且在使用和定制的过程中缺乏灵活性，当某个 Web 服务的实现需要多个分布式组件技术中的业务组件实现时，这种映射方法就会无法支持。

针对国内电力企业已经存在的电网“信息孤岛”，智能电网建设中尤其强调建立信息交互总线，实现企业级信息集成。信息交互总线为多个系统之间的强强互联运行提供了强大的技术支撑，高度整合以往相对分散的调度业务基础数据，进行统一管理和维护，提供了基础数据服务，为各个业务的高效快速运行提供了很好的基础支撑，为多个业务的联合高效运行打造出了全面而强大的平台。

2.4.2　信息交换总线

IEB（Information Exchange Bus）信息交换总线是基于 SOA（Service Oriented Architecture）架构建立的服务总线，可以方便地实现各类业务系统的集成，即将应用封装成用于业务流程的可重用组件，应用之间的互操作将更加容易，应用之间是松耦合的，服务请求者不知道提供者实现的技术细节，比如程序设计语言、部署平台等，这大大方便了跨平台、跨语言的应用接入。目标是实现各类系统以松耦合的原则实现共享，实现各种服务快速整合和组合式应用。

(1) IEB 总线系统功能简介。作为新一代业务系统集成的基础架构平台，IEB 提供了完整的技术实现框架，为未来在此之上挂接应用系统提供以下服务功能。IEB 具有以下特点：

1) 符合面向服务架构（SOA）。SOA 是一个组件模型，它将应用程序的不同功能单元（称为服务）通过这些服务之间定义良好的接口和契约联系起来。接口是采用中立的方式进行定义的，它应该独立于实现服务的硬件平台、操作系统和编程语言。这使得构建在各种这样的系统中的服务可以以一种统一和通用的方式进行交互。

2）遵循 IEC 61968/61970 标准。IEB 信息交换总线基于 IEC 61968（电力行业信息系统接口规范）和 IEC 61970（电力行业公共信息模型）的系统集成标准，从元模型管理平台、消息管理、消息语义校验、数据交互等方面准确、完整地实现了其所要求的系统功能和性能。

3）支持多种传输协议、通信方式。

①支持各种消息通信方式，如同步、异步、发布/订阅、请求/应答等方式。

②支持各种传输协议，如 FILE。

③FTP（File Transfer Protocol，文件传输协议），支持标准的 FTP 文件传输方式，还支持基于 XML 脚本方式的 FTP 传输，提供更多的灵活性。

④JMS（Java Message Service，Java 消息服务）。支持 JMS 队列和 JMS 主题方式，能提供可靠的消息传递机制。

⑤HTTP（S）。采用安全 HTTP 协议，即 Web Service。

⑥SMTP（Simple Mail Transfer Protocol，简单邮件传输协议）/POP3（Post Office Protocol 3，邮局协议的第 3 版本）/IMAP（Internet Mail Access Protocol，交互式邮件存取协议），可以收发 Email。

⑦TCP/IP。支持基本的套接字通信。

4）支持对不同消息格式间的透明转换。具备强大的消息格式转换功能。即支持标准的 XSLT（Extensible Stylesheet Language）语言，也支持基于 XML（eXtensible Markup Language）的转换语言［支持循环、条件、递归、基于 JDBC（Java DataBase Connectivity，java 数据库连接）的数据库操作等］，可以通过拖拽工具方便地实现不同应用间的消息格式转换，可以实现 XML 格式和 XML 格式之间、XML 格式和非 XML 格式之间的消息格式转换。

5）具备粗粒度的业务封装能力。服务使用者和服务提供者之间的耦合程度由它们能够独立发展的程度决定。粗粒度组件体现的是松散耦合，而细粒度组件经常是紧密耦合的。例如，如果重新编译使用者和提供者导致交互出现问题，则两个组件之间存在紧密耦合关系。接口耦合的多个方面对独立性程度都有影响。这包括数据、版本控制、传输独立性、交互模式、对话和中介。

6）设计了跨区安全服务代理组件。建立跨安全区的服务总线，为各安全区系统接入提供统一的接入规范。设计了专门的安全区代理组件，在遵循二次安全防护总体方案的前提下，屏蔽跨安全区的底层数据转换，接入应用只需要开放合适的服务，不需要任何编码工作即可通过文件的方式传送到三区或者二区的相应请求端。跨区安全服务组件支持各种服务接入方式，包括 Web Service、CORBA（Common Object Request Broker Architecture，公共对象请求代理体系结构，通用对象请求代理体系结构）、EJB（Enterprise JavaBean）、JMS（Java Message Service）等各种主流方式。支持消息的跨区追溯功能。

7）提供了清晰的系统监视管理界面。面向系统管理，基于可视化技术提供了便捷的管理界面进行系统所需的管理、监视工作。主要功能包括集中配置和管理IEB信息交换总线；监控IEB信息交换总线上各种事件，日志，以及各个服务器的性能，实现安全的统一管理和监控等。

8）对总线上的模型信息进行规范校验。为了实现符合规范的消息在各个应用系统间传输，达到共享数据资源的最大利用率，总线提供消息规范校验功能，可根据实际需求来配置是否对运行数据进行规范化校验，以及校验结果的可视化显示、是否拦截不规范消息传递等功能。

（2）IEB总线技术架构。通过IEB信息交互总线建设，搭建综合数据交互平台，规范相关系统信息接口，夯实源端系统基础数据，将配电主站、EMS（调度自动化系统）、PMS（生产管理系统）、GIS（地理信息系统）、营销管理系统、95598客服系统、用电信息采集、负控系统等系统进行集成，实现了配网图模异动和调度审核、微电网接入和控制、基于配变信息的高级应用、计划停电发布、故障停电自发现、故障停电95598报修信息接入、分析，停电范围展示等过程的可视化管理，通过对信息流清晰的系统监视管理界面，实现了消息流监控和业务流的可视化管理。

基于ESB的IEB平台架构，如图2-6所示，分为数据服务层、业务服务整合层和复合应用层，并由服务基础环境支持系统的运行。

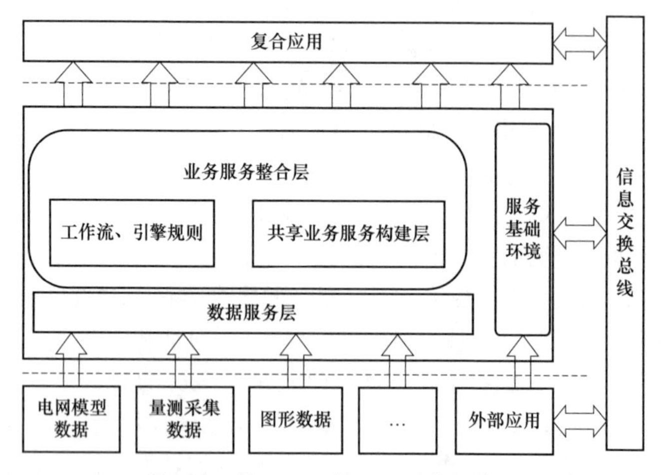

图2-6　基于ESB的IEB平台架构图

数据服务层：建立统一的业务数据模型，为整个信息数据提供一个统一的数据视图，隔离应用与底层数据源，以标准存取方式提供服务给其他层服务或用户调用，使得应用界面与各数据源是松耦合的。需要统一的业务数据包括：电网模型数据、量测采集数据、图形数据等，一般以XML数据形式建立业务数据模型。

业务服务整合层：根据业务逻辑，对核心业务进行梳理和整合，为上层应用提供相对独立的业务服务，同时从业务活动分离抽象可共享的、基于标准的服务。业务服务整合层中又包括工作流和规则引擎服务，以及可共享的服务构件库。

复合应用层：根据业务流程的实时变化，面向客户需要和复合应用，通过调用下层的业务服务，最后展示给用户。

服务基础环境：提供服务交互所需的消息传输、转换和路由，对服务进行集中管理和监控。

通过 IEB 架构的目标是实现生产、营销等部门各个业务系统的信息服务，不论是旧有系统还是新建系统，能够通过服务的包装，成为随取即用的 IT 资源，通过服务的形式向外发布，以松耦合的原则实现共享，并能将各种服务快速整合，开发组合式应用，从而达到整合即开发的目的，实现对电网业务需求的快速响应。

（3）信息交互总线中的消息格式。IEC 61970/61968 选用通用模型语言 UML 来描述公共信息模型 CIM，以可扩展标记语言 XML 作为系统之间交换传输数据的载体，CIM/XML 语言是 CIM、RDF Schema、RDF 语法规则有机结合的产物。只要 XML 文档遵循 IEC 61970/61968 规定的 CIM RDF Schema（资源描述框架模型），就能够被系统解析，并获得该文档中的信息。信息交互总线遵循 IEC 61970/61968 的标准，将电网资源数据进行一体化设计和统一建模，实现数据的统一表达和信息共享。

1）信息传输方式。IEC 61968-1 描述了信息交互时在动词、名词和消息体方面的说明。图 2-7 描述了消息在客户端、服务器和信息交互总线之间的传输。

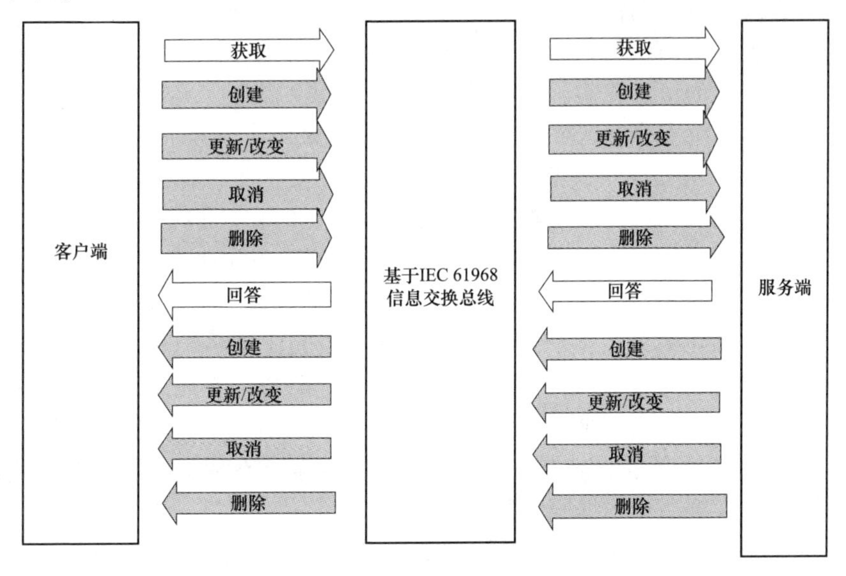

图 2-7　信息在客户端、服务器和信息交互总线之间的传输

2）通用消息结构。为了在信息交互总线中能够顺利地传输，除了特殊情况，所有的消息都要进行消息的封装，这个封装好的消息结构是遵循 IEC 61968-1 标准的，包括四个部分，如图 2-8 所示。

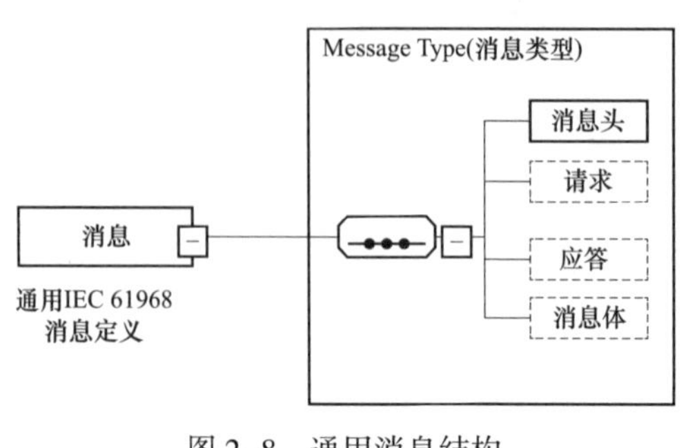

图 2-8　通用消息结构

消息头（Header）：为了使消息符合服务接口，所有的消息（除了错误的应答消息）都要加上消息头，使用一个通用的消息结构。

请求（Request）：主动向系统发送“get”“delete”“cancel”or“close”等请求。

应答（Reply）：响应发过来的请求消息，只是用来说明请求消息的成功、失败或者发生错误。

消息体（Payload）：消息的载体。

由于消息头、请求和应答的规则在 IEC 61968-1 中有详细的叙述，信息在信息交互总线中传输时，信息交互总线会自动对消息进行封装。

Payload 是要根据特定的 XML Schema 来确定，有了这个约束，就可以将电网信息转化为 XML 格式的文档。

（4）建立配用电统一融合的全模型和信息交换服务模型。通过制定跨生产控制大区与信息管理大区、符合 IEC 61968/IEC 61970 标准的企业信息总线数据规范及接口，通信网关加密机制，正向从生产大区传输管理大区的应用，可以采用报文方式传输，反向以 E 语言文件为载体，由消息邮件穿过隔离装置进行传输，实现了跨安全区的信息传输，为配用电信息集成实践提供了标准支撑。

根据电力系统安全分区要求，信息交互总线采用了总线加总线网关的结构，如图 2-9 所示，由安全Ⅰ、Ⅱ区信息交互总线、安全Ⅲ、Ⅳ区信息交互总线网关、总线间防火墙和方向安全隔离三部分组成。安全Ⅰ、Ⅱ区总线和安全Ⅲ、Ⅳ区总线网关分别构建，结构基本相同，并通过专用服务代理组件完成跨区信息交互。该结构预留与 SG186 系统总线进行信息交互的接口，实现上一级调度自动化系统、配电自动化系统、生产管理系统、营销相关应用系统等系统之间信息交互。两条总线之间建设总线间防火墙和方向安全隔离，实现总线的跨区信息交互，安全Ⅰ、Ⅱ区向安全Ⅲ、Ⅳ区进行信息传输，限制较少，速度较快；反之，交互信息需要经过严格的审查，并且控制传输速度。在建立信息交互总线的同时，将数据保存到历史数据服务器。

信息交换总线实现生产控制大区与信息管理大区的信息交互集成平台，支持跨安全区的业务流，为配用电信息集成实践提供了平台支撑，实现了配用电信息

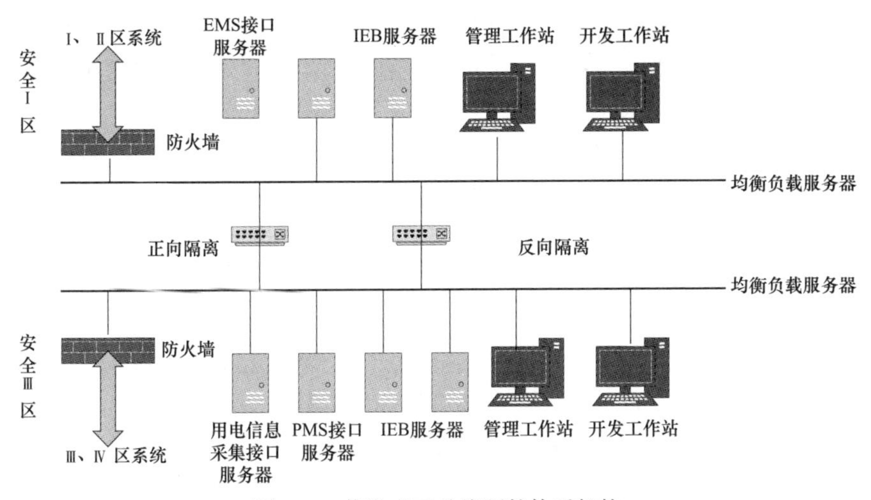

图 2-9　信息交互总线硬件体系架构

集成与交换。本方案具备了应用层服务封装能力，可以在不修改现有系统架构的情况下迅速将旧系统和应用转换为服务。图 2-10 展示了不符合 SOA 架构的旧业务进行粗粒度封装以接入 IEB 服务总线的流程。

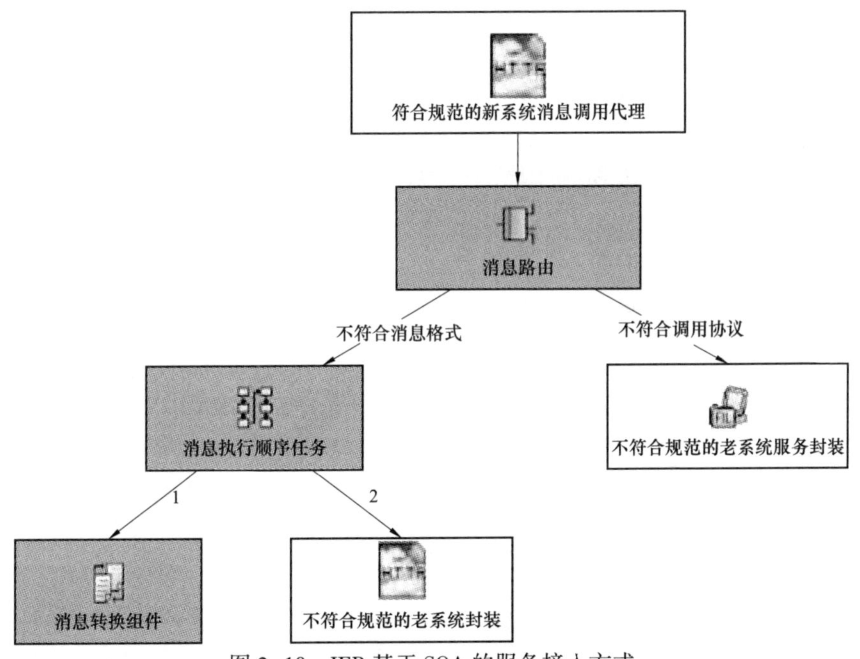

图 2-10　IEB 基于 SOA 的服务接入方式

IEB 在系统服务层引入了流程化的概念，基于业界标准的、具有条件分支和合并并行流转功能的 BPEL4WS 流程引擎，可以实现综合的、复杂的业务逻辑编排。这个流程引擎支持子流程、条件脚本、路由节点等功能。通过灵活的流程定义，按照即时的业务需求，将单个离散服务有机地组合起来，达到服务重组的目的，完成集成的业务需求。

1）消息交换模式。IEB 组件可以作为服务消费者，服务提供者或两者兼具。服务提供者通过端点（endpoint）提供 WSDL（Web Services Description Language）描述的服务；服务消费者发送消息交换调用特定的操作来使用服务。服务（service）实现了 WSDL 接口，WSDL 接口是通过交换抽象定义的消息来描述的一组相关的操作。

服务消费者和服务提供者之间松耦合的。一个 WSDL 接口可以具有多个服务实现，服务消费者在查找实现了某个接口的提供者时，可能会查找到多个实现了该接口的服务提供者（服务和相关联的端点）。

服务消费者使用消息交换工厂创建一个新的消息交换实例，并使用以下提供者可能需要的信息（这些信息为了增加特定性）初始化这个实例：接口名称、服务名称、端点名称。下面给出了每种地址类型的详细信息。如果消息交换实例中有多种地址类型，实现时必须使用最特定化的那个地址类型而忽略其他。

① 接口名称。如果在一个消息交换中指定了接口名称，实现必须使用隐式端点选择。

② 服务名称。实现必须选择一个属于给定服务名称的服务提供者端点，使用隐式端点选择。

③ 端点名称。实现必须使用给定的端点作为服务提供者，可以使用直接或间接路由。

如果消息交换指定的服务可以通过不止一个端点来实现（当使用接口名称或服务名称来查询交换时是有可能的），必须只能选择一个服务提供者端点。这里不再讨论如何选择端点。

当服务提供者发出一个交换消息之后，总是先将它发送到触发交换过程的组件。而随后从服务的消费者返回给提供者的交换消息会被发送到一个在交换过程的初始化阶段就已经确定了的服务提供者端点。

当一个消息交换被发送到一个指定的服务提供者端点，实现必须把消息交换传输到激活给定端点的组件的传输通道。

当一个消息交换被返回给一个服务消费者组件，实现必须把消息交换传输到消费者组件的传输通道。

2）消息路由。消息的规范化过程是将环境相关的信息映射为中立于环境的、抽象的、标准的格式，以便在 IEB 中传输。所有由规范化消息路由格式化消息路由处理的消息都需规范化处理。

规范化消息由如下的三个主要部分构成：

① 消息内容，亦即荷载，是符合 WSDL 消息格式的 XML 文档，不包含针对传输协议或者信息格式的编码。

② 消息属性，或元数据，是消息携带的额外信息，可以包含安全信息、事务上下文信息、组件特定信息等。消息属性是消息上下文的第一部分。

③ 消息附件，是由消息荷载引用的，包含在一个可以解析处理附件内容的信息处理器内，可以是非 XML 信息，附件是消息上下文的第二部分。

IEB 系统内消息交换依赖于格式化消息路由在服务者和消费者之间路由消息交换对象（message exchange objects）。针对应用的不同需求以及消息本身特性，格式化消息路由提供不同服务质量的消息传输服务。

格式化消息路由并不寄宿于任何一个具体的对象中，它被抽象成一套应用程序接口、服务提供者接口、组件接口等。格式化消息路由 API 包括：消息接口、服务接口、消息交换对象工厂接口、服务描述接口、消息交换模式接口、端点引用接口。

3）消息格式转换功能。信息交换服务模型具备强大的消息格式转换功能。即支持标准的 XSLT（Extensible Stylesheet Language）语言，也支持基于 XML 的转换语言（支持循环、条件、递归、基于 JDBC 的数据库操作等），可以通过拖拽工具方便地实现不同应用间的消息格式转换。可以实现 XML 格式和 XML 格式之间、XML 格式和非 XML 格式之间的消息格式转换。

图 2-11 展示了 IEB 服务总线的消息格式转换流程、消息格式转换前后的样式。

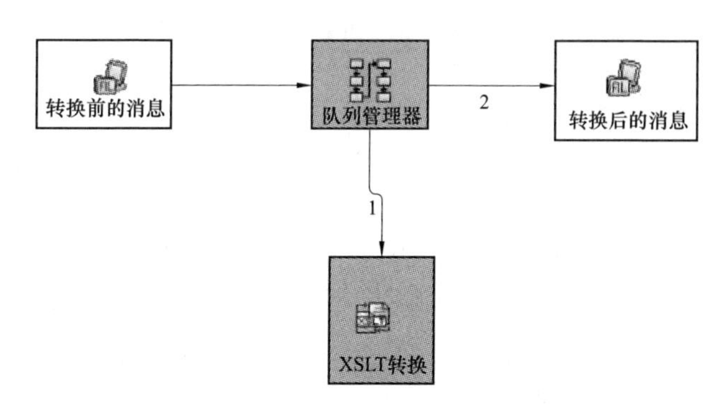

图 2-11　IEB 协议转换

2.4.3　关键技术实现

（1）建立公共信息模型。通过电力系统资源（Power System Resource）及其广泛化定义了电网元素的功能，用于满足在控制中心应用及系统范围内的信息交换需求，并增加了一些关键类，用以支持：①对电网元件的物理描述；②计量领域的完整模型；③在整个电力企业应用（包括停电、用户及工作票管理）中和电网运行、规划及计量管理及控制相关的信息交互。图 2-12 显示了模型中的关键类。

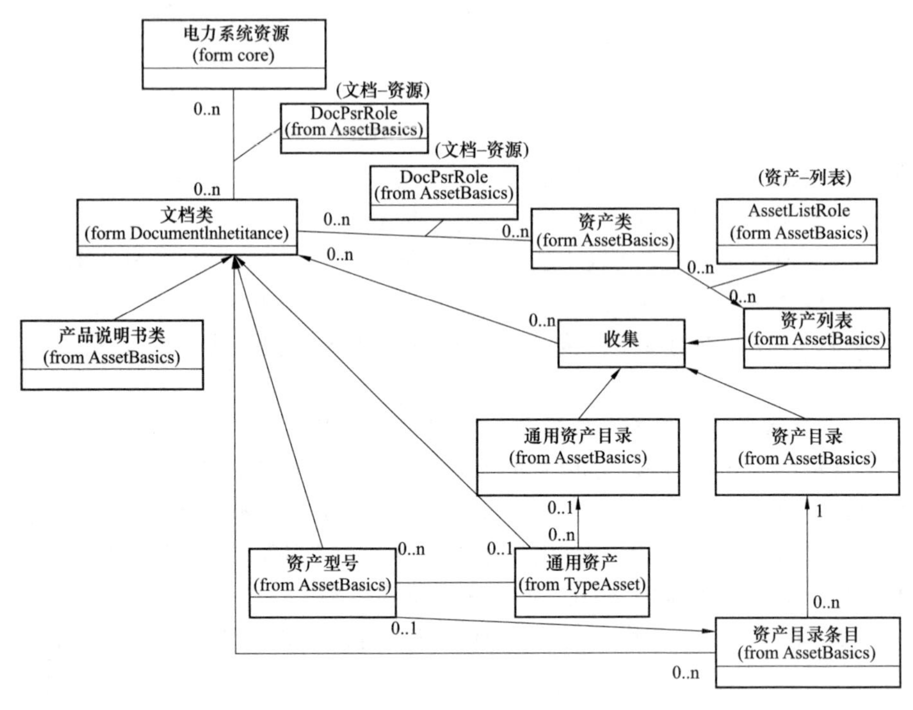

图 2-12　IEC CIM

（2）配用电信息模型形式化建模方法。2006 年 12 月，EPRI 发表了《Harmonization of IEC 61970，61968 and 61850 Models》。报告中指出：使调度中心和变电站之间的配置信息相互可读，实现源端维护，通过信息模型映射实现运行时信息的交互。在此技术报告中，其中建议之一是使用 Web 本体语言（Web Ontology Language，OWL）表达语义对应关系，因为 OWL 比 UML 的语义精确度更高，表达更准确，所以它可以解决不匹配问题，从此引入本体技术，采用本体匹配方法可以解决模型协调问题，如图 2-13 所示。

OWL 本体模型用于知识表达，往往需要囊括一个领域中所有的知识，强调知识的完备性。UML 类图中的关联可以是多元关系，但 OWL 本体中的对象属性总是二元关系；UML 类图中属性的作用范围仅限于拥有它的类，关联的作用范围仅限于参与关联的各类组合，但在 OWL 本体中数据类型的属性和对象类型的属性都是“第一类对象”，它们不依赖于其他元素而单独存在；UML 中用来表示

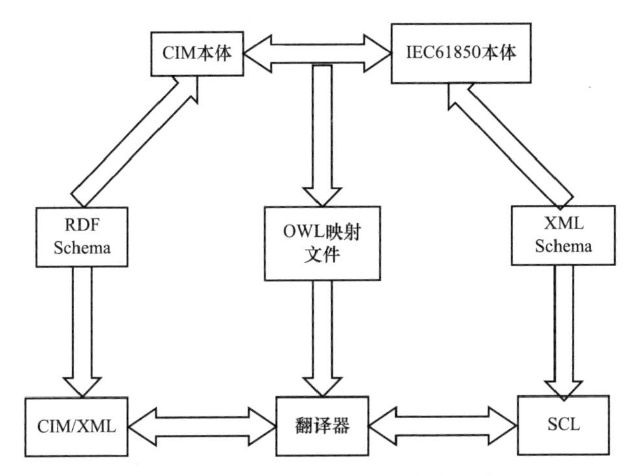

图 2-13　本体语义模型协调方案示意图

时间和空间上动作的行为特征和表示复杂事物的复杂对象在 OWL 中找不到对应的元素。

UML 模型和本体模型之间的相似点如下：

1）UML 和 OWL 中都有类（class）的概念，UML 中类的实体对象也与 OWL 中个体相对应。UML 中的属性虽然与 OWL 中的属性不完全一致，但两者之间存在对应关系。

2）两种语言都支持继承关系，在 UML 中，这个关系被定义为泛化并且只在类之间存在，OWL 中既有类的继承，也有属性的继承。UML 和 OWL 都允许一个类为多个类的子类，在 UML 中称为多重继承。一个类的子类可以定义为不相交的，也允许声明为父类的覆盖，即父类的每个实例至少在它的一个子类中。

3）两种语言都支持模块化结构，UML 与 OWL 有很多特征元素是相当接近的，使现有的 UML 类图转换为 OWL 成为可能。

（3）建立特定配用电业务应用的公共信息模型子集。通过对配用电领域的业务应用梳理，并整合到业务场景，参照 IEC CIM 的分层参考架构，根据业务场景的需求，从全集公共信息模型抽取相关类、属性、并增加特定的约束组成业务场景子集。业务场景子集（Profile）是基于 OWL 元模型交换协议抽取的，并按照不同的应用需求，形成多种输出方式，如图 2-14 所示。例如，RDF、XSD 等，包含所有服务交换需要的前置条件和后置条件、属性、方法和参数。它具有良好的互操作性，具体体现在：与编程语言无关，接口与实现分离。

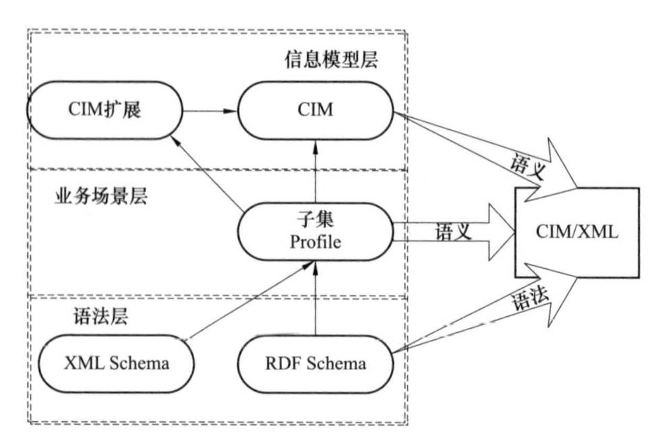

图 2-14　IEC CIM 分层参考架构

（4）CIM 和 IEC61850 模型融合。

1）模型相似概念。IEC 61850 和 IEC 61970 模型对变电站自动化系统（Substation Automation System，SAS）内部的很多数据模型定义都非常相似，都是对同一种对象或功能进行描述，只是建模方法略有不同，如 SAS 内部的间隔的定义、变压器模型等。对于这种数据模型，可以较容易地建立它们之间的映射关系，在系统中建立兼容 IEC 61850 和 IEC 61970 标准的数据模型，图 2-15 简单描述了两模型间的映射关系，左边为 IEC 61970 CIM 的数据模型，右边为 IEC 61850 SCL 的数据模型。

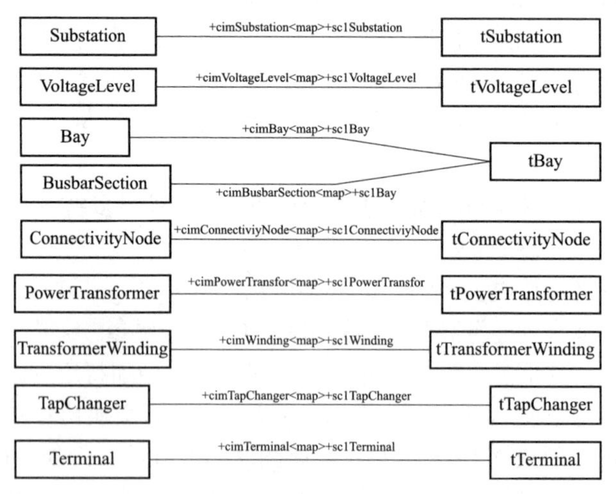

图 2-15　IEC 61970 CIM 与 IEC 61850 SCL 两种数据模型的映射关系

这种数据模型建立过程中，有些类型的映射关系是一一对应的，如电压等级、分接头开关。然而，对于 CIM 确定的其他主要设备（如断路器、隔离开关、

发电机等），SCL 中只定义了 t ConductingEquipment（导电设备）一个类型，但其含有枚举属性。SCL 中的 t ConductingEquipment 枚举属性决定对象是隔离开关（type=DIS）或是电抗器（type=REA）等。但是，有些模型间的映射关系为一对多或是多对一，如在 CIM 模型中的 CircuitSwitch 类对应了多个 IEC 61850/SCL 描述的具体设备，包括隔离开关、断路器、接地开关和补偿器等，如图 2-16 所示。

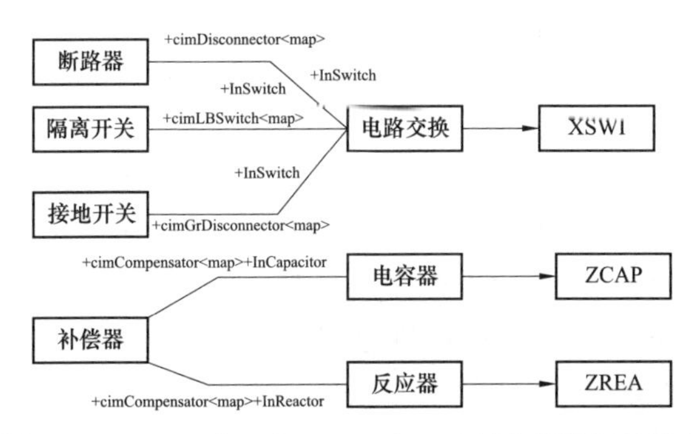

图 2-16 CIM（左）与 LNs（右）映射之间的相似概念

2）CIM 和 IEC 61850 模型差异。基于面向对象的信息模型，由类、类内聚属性、通过建立与其他类关系的关联三个基本部分组成。以下从类、关联、属性三个方面详细分析模型间的差异。

① 类型差异。

（a）导电设备类差异。在描述方式方面，在 IEC 61970 中，若干不同类型的导电设备都继承于 Conducting Equipment（导电设备类），且以子类对象实例化。在 IEC 61850 模型中，若干不同类型的导电设备以 t Conducting Equipment 对象实例化，依据属性 type 所取导电设备枚举值的不同来定义不同类型的导电设备。

在描述粒度方面：在 IEC 61970CIM 模型中，Conducting Equipment 中的 ConformLoad、EnergySource、EquivalentBranch、FaultIndicator、Fuse、Jumper、Junction、Load、WaveTrapper 等类，没有 IEC 61850 SCL 定义的 type 与之对应。而在 IEC 61850 中，CON、FAN、PSH、BAT、BSH、RRC、SAR、SCR、TCR、TCF 等导电设备类型，也没有合适的 CIM 类与之对应。

（b）对象标识方式差异。基于 CIM 描述的电网模型，用统一资源标识符（Uniform Resource Identifier，URI）标识其中的对象。因为每个对象都有唯一的标识，所以利用 URI 可以直接定位特定对象。CIM10 版本中，有名对象都是 Naming 类的子类，Naming 类有四个属性，分别是 name（名字）、path Name（路径名）、alias Name（别名）、description（描述），属性 name 在父对象中唯一。

CIM11 中 IdentifiedObject 代替了 Naming 类，并且增加主资源描述符 mRID 属性来唯一标识对象。在 CIM/XML 文件中，rdf：ID 的属性值是每个对象的唯一标识，并且对象间的关联关系也可通过 rdf：ID 的引用来表示。而在 SCL 文件中，没有 rdf：ID 的属性，并且对象间的关联关系一般通过扩展标记语言（XML）对象的层次关系来表示。

简言之，IEC 61850 中主要是通过 namespace（命名空间）加 pathName 的方式来唯一标识对象，而 CIM 中可以通过采用 URI、m RID 及完整路径名来标识对象。在 IEC 61850-7-4 Ed2.0 中，通过向所有一次设备相关的逻辑节点增加 mRID 属性，以解决标识符之间的差异，从而实现 SCL 与 CIM 之间建立公共的对象标识符体系。

（c）量测体系描述差异。在电力系统信息化应用中对量测体系的描述是至关重要的。在 CIM 模型中，量测通过面向对象的方式描述，并可通过导电设备的端子关联。一个测量包含若干不同数据源的量测值。量测存在于任何设备中，例如，变电站有温度量测等，断路器有开关位置量测等，变压器有油温量测等。在 CIM10 中，量测值的表示方式是通过 Numeric 联合数据类型。而在 CIM11 中特定类型的量测是通过较明确地数字量 Discrete、模拟量 Analog、累加量以及字符串型量测来表示。

② CIM 和 IEC 61850 模型融合。CIM 和 SCL 模型中导电设备类型的差异，必然会导致在模型转换中丢失信息。CIM 与 SCL 模型间的根本区别是：CIM 集中描述变电站内一次设备模型，很少涉及变电站的实际功能模型；IEC 61850 则是集中对二次 IED 进行描述，且通过 LN 提供了变电站内实际功能模型，SCL 可以定义变电站一次设备，只是比 CIM 简单很多，表 2-3 描述了两个数据模型之间的关键差异。

表 2-3　IEC 61970 CIM 与 IEC 61850 SCL 两个数据模型之间的关键差异

关键差异	IEC 61850 SCL	IEC 61970 CIM
描述机制	采用语法描述层面的工具语言—可扩展标记语言（XML）Schema 描述 SCL 文件规范	采用建模原语和资源描述框架（RDF）描述 CIM 文件规范
对象标识方式	主要是通过命名空间（namespace）加路径名（pathname）的方式来唯一标识对象	允许通过采用统一资源标识符（URI）、主资源描述符（MRID）以及完整路径名来标识对象
量测、状态信息表达方式量测单位值域	量测信息和状态信息最终是关联在 IED 的 LN 上，几乎全部采用了 ISO 1000 国际单位制	量测信息和状态信息关联在一次设备上，没有采用那么多的单位
类关联关系	变电站类结构整体上是层次化的树，SCL 对象之间只定义了单向关联	CIM 复杂得多，类结构之间的双向关联对应关系普遍使用，整体呈网状
对于对象描述地详细程度，描述统一电力系统对象的类对象属性	给出了详细的保护、控制、采集、通信等变电站内功能模型描述在 SCL 中是大量的可选属性（optional attributes）	对于一次设备的描述更为详细 CIM 中对应的类中可能是强制属性（mandatory attributes）

通过 OWL 语言，可清晰表达词汇表中词条的含义和词条之间的关系。相比 XML、RDF 和 RDFS，OWL 拥有更多的机制来表达语义，还超越了 XML、RDF 和 RDFS 仅仅能够表达机器可读文档内容的能力，如图 2-17 所示。

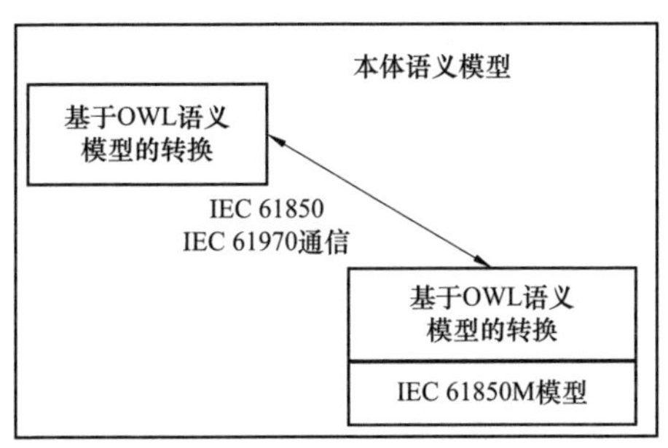

图 2-17　IEC 61850 和 IEC 61970 模型融合方案

2.4.4　配用电建模案例

（1）配网建模。组织角色涉及的参数名称见表 2-4。

表 2-4　　组织角色涉及的参数名称

序号	参数名称	字段类型	参数内容选项	说明
1	施工单位	字符		
2	监理单位	字符		
3	所属调度	字符	国调、网调、省调、市调、县调	根据调度单位自动获取
4	调度单位	字符		

经对照分析，由于 CIM 包中不包含施工、监理等组织角色，因此无映射，直接对所需要的几个角色进行扩展，需要扩展的类及属性如图 2-18 所示，表 2-5 给出了扩展类以及属性的字段特性，图 2-19 给出了不同类的组织关系子集图。

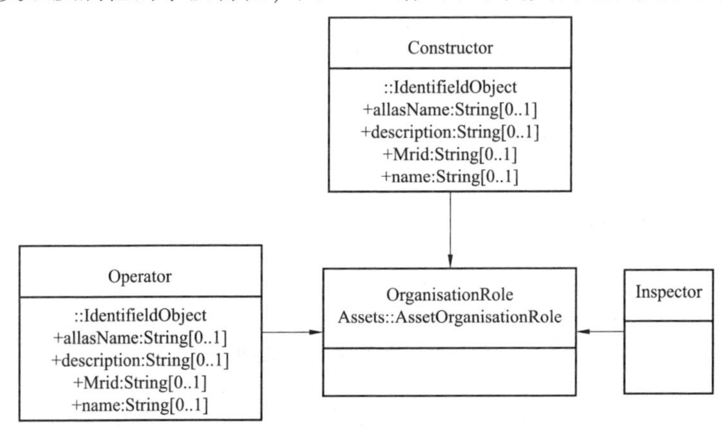

图 2-18　AssetsExt

表 2-5　　　　AssetsExt 包扩展类及对应字段

AssetExt：Operator	IdentifiedObject. aliasName	String	调度单位
	IdentifiedObject. description	String	
	IdentifiedObject. mRID	String	
	IdentifiedObject. name	String	
AssetExt：Constructor	IdentifiedObject. aliasName	String	施工单位
	IdentifiedObject. description	String	
	IdentifiedObject. mRID	String	
	IdentifiedObject. name	String	
AssetExt：Inspector	IdentifiedObject. aliasName	String	监理单位
	IdentifiedObject. description	String	
	IdentifiedObject. mRID	String	
	IdentifiedObject. name	String	

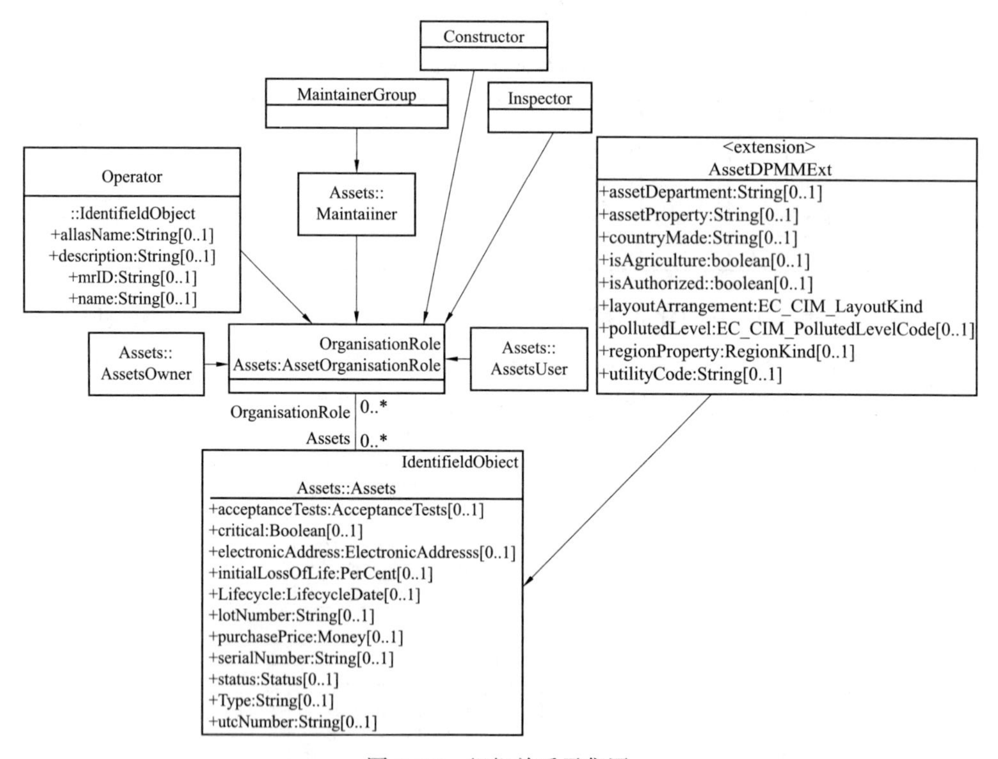

图 2-19　组织关系子集图

（2）配电线路。配电线路涉及的参数名称及内容见表 2-6。

表 2-6　　　名 称 及 内 容

参数名称	字段类型	计量单位	参数内容选项	填写说明
运行编号				根据本单位线路的编号规则进行维护
所属地市				
运维单位				含县、县级市
维护班组				
起点电站				起点类型为间隔时填写
起点类型			间隔，杆塔，电缆 T 接头，电缆小间	
起点位置				
起点开关编号				
架设方式			架空，混合，电缆	
线路性质			主线，支线，分支线	
所属主线				
电压等级			交流 20kV，交流 10kV，交流 6kV	参见《设备（资产）运维精益管理系统数据编码规范》中电压等级代码
投运日期				
设备状态				参见《设备（资产）运维精益管理系统数据编码规范》中设备状态代码
架空接线方式			单辐射，单联络，多联络	可自动生成，架空线路必填。单辐射：无联络开关；单联络：1 台联络开关；多联络：2 台以上联络开关
电缆接线方式			单辐射，双辐射，单环网，双环网，多联络	手工填写，电缆线路必填
是否农网			是，否	默认否
是否代维			是，否	
地区特征			市中心区，市区，郊区，县城，农村，牧区，林区	

续表

参数名称	字段类型	计量单位	参数内容选项	填写说明
线路总长度				如该线路为主干线，线路总长度包含下属支线长度
架空线路长度				如该线路为主干线，架空线路长度包含下属支线长度
电缆线路长度				如该线路为主干线，电缆线路长度包含下属支线长度
线路色标				
施工单位				
监理单位				
所属调度			国调，网调，省调，地调，县调	根据调度单位自动获取
调度单位				
资产性质			省（直辖市、自治区）公司，子公司，用户	参见《设备（资产）运维精益管理系统数据编码规范》中资产性质代码
资产单位				资产卡片所属单位
资产编号				
设备增加方式			基本建设，技术改造，投资者投入，融资租入，债务重组取得，接受捐赠，无偿调入，盘盈，其他	参见《设备（资产）运维精益管理系统数据编码规范》中设备增加方式代码
重要程度			一般，重要，特别重要	默认一般
设备主人				

（3）模型映射。与标准CIM模型进行差异化分析、属性映射后，涉及的主要类及其属性见表2-7~表2-13。

1）Assets包中的Asset类。

表 2-7　　**Asset 类映射对照表**

原始 CIM 类属性		对应数据字段	
属性	类型	数据字段	字段说明
Asset. type	String		
Asset. utcNumber	String		
Asset. serialNumber	String	assetID	资产编号
Asset. lotNumber	String		
Asset. purchasePrice	Money		
Asset. critical	Boolean	criticalCode	重要程度
Asset. electronicAddress	ElectronicAddress		
Asset. lifecycle	LifecycleDate	installationDate ManufactureDate	投运日期 出厂日期
Asset. acceptanceTest	AcceptanceTest		
Asset. initialCondition	String		
Asset. initialLossOfLife	PerCent		
Asset. status	Status	equipmentStatus	设备状态

2）Assets 包中的 AssetOwner 类。

表 2-8　　**AssetOwner 类映射对照表**

原始 CIM 类属性		对应数据字段	
属性	类型	数据字段	字段说明
IdentifiedObject. aliasName	String		
IdentifiedObject. description	String		
IdentifiedObject. mRID	String		
IdentifiedObject. name	String	assetOwner	设备主人

3）Assets 包中的 AssetManufacturer 类。

表 2-9　　**AssetManufacturer 类映射对照表**

原始 CIM 类属性		对应数据字段	
属性	类型	数据字段	字段说明
IdentifiedObject. aliasName	String		
IdentifiedObject. description	String		
IdentifiedObject. mRID	String		
IdentifiedObject. name	String	assetManufacturer	制造厂家

4）Core 包中的 BaseVoltage 类。

表 2-10　　**BaseVoltage 类映射对照表**

原始 CIM 类属性		对应数据字段	
属性	类型	数据字段	字段说明
nominalVoltage	Voltage	nominalVoltage	电压等级

5）Assets 包中的 ProductAssetModel 类。

表 2-11　　**ProductAssetModel 类映射对照表**

原始 CIM 类属性		对应数据字段	
属性	类型	数据字段	字段说明
modelVersion	String	modelVersion	型号

6）Assets 包中的 Maintainer 类。

表 2-12　　**Maintainer 类映射对照表**

原始 CIM 类属性		对应数据字段	
属性	类型	数据字段	字段说明
IdentifiedObject. aliasName	String		型号
IdentifiedObject. description	String		
IdentifiedObject. mRID	String		
IdentifiedObject. name	String	assetMaintainer	运维单位

7）Common 包中的 Location 类。

表 2-13　　**Location 类映射对照表**

原始 CIM 类属性		对应数据字段	
属性	类型	数据字段	字段说明
mainAddress	StreetAddress	StationAddress	站址

（4）CIM 模型扩展。经对照分析，需要扩展的类及属性如图 2-20 和图 2-21 所示，对应的扩展类及对应字段见表 2-14。

1）DistributionStationInfo 类。

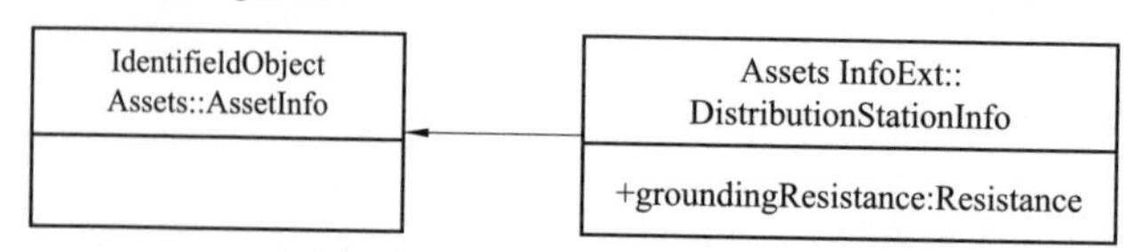

图 2-20　DistributionStationInfo 类

表 2-14　　DistributionStationInfo 扩展类及对应字段

groundingResistance	Resistance	接地电阻

2）RingMainUnit 类。

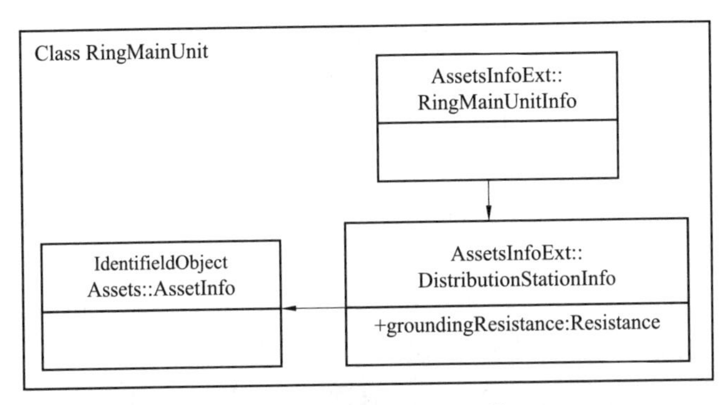

图 2-21　RingMainUnit 类

2.5　一体化数据平台

2013 年，国家电网公司在 IEC 61970/61968 公共信息模型（CIM）的基础上，根据我国电网运行和管理的需要，提出了 SG-CIM（State Grid-CIM），方便了不同系统和应用间的信息集成。根据业务分类，SG-CIM 划分为 12 个主题域，包括客户、产品、市场、设备、电网、安全、财务、资产、人员、物资、项目和综合。每个主题域下包含若干元素，如设备域下包含输电设备、变电设备、配电设备、保护设备和自动化设备等。

SG-CIM 采用类描述各电力系统对象，通过类之间关系描述电力系统各对象之间的关系，包括继承、关联和聚集等。目前配电网 SG-CIM 还不够完善，相关模型缺乏，部分信息在现有的 SG-CIM 中并没有对应描述，需要增加新的类来进行补充，例如：现有模型缺少对投诉信息、故障报修、监控终端设备、受电点的描述。在已有 SG-CIM 模型的基础上，根据配电网业务需要，扩展了模型的类、属性以及相互关系。配电网管理主要涉及设备、电网、客户以及物资等主题域，通过增加 CstComPlain（投诉）类、CstFaultRpt（故障报修）类、SupCtrDevice（监控设备）类、CstAcceptPowerSite（受电点）类，以及为每个类添加相应属性来完善信息模型。有些信息模型在现有模型中已经存在，但模型之间的没有关联，对信息描述能力不强，通过增加相应类的关联关系使得对某些信息的描述更加完整。

配电网中构建了基于“消息”的配电网信息交互机制，地理信息图、拓扑信息、单线图、设备台账信息等基础信息主要来自 PMS 系统、地理信息系统等；配电网开关变位、实时状态等信息主要来自配电自动化等。基础信息（如设备台账信息、拓扑信息、地理信息）传输数据量大，对数据传输速度要求较高，但对实时性的要求不高，可通过通用数据访问接口（GDA）输入；开关变位信息等具有一定的实时性，但数据量不大，可通过事件和订阅的方式（GES）进行传输；设备属性数据量少，实时性要求不高，在查询的情况下才进行数据传输，采用松耦合的“消息”传输机制，通过系统间交换标准的“消息”来完成。配电网的实时数据查询和历史数据查询数据量大，但数据结构固定，可以通过 HSDA 和 TSDA 进行查询。新建的配电网通信架构中一般都建有 IEB 总线，用于不同系统和应用间的交互。

SG-CIM 很好地解决了信息集成和互操作中的语义问题，在电力行业的应用越来越广泛，已成为业内公认的企业公共信息模型。

同时，为克服电力系统安全分区对信息交互的影响，在安全Ⅲ区建立了数据汇聚平台。如图 2-22 所示，数据汇集平台设置于Ⅲ区，数据汇聚平台有利于提高数据的存储和查询效率。需要说明的是，数据汇聚平台不是替代原有各系统和应用的数据，而是对原有数据的补充，以方便后续应用的开发。

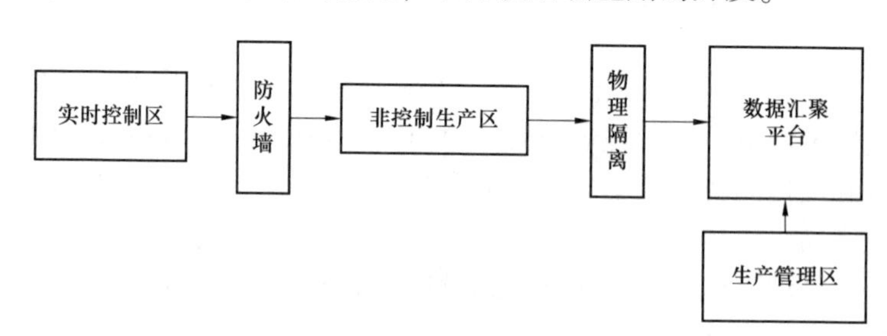

图 2-22　数据汇聚平台

在统一数据源的基础上，构建了一体化数据平台。一体化数据平台的架构设计采用了开放分布式的体系结构、面向对象的技术、基于 SG-CIM 的数据结构、遵循标准的接口模型等，总体架构如图 2-23 所示。

分为三层结构：

1）数据源层，获取应用的原始数据，包括拓扑信息、设备台账信息、地理位置信息、客户信息等。

2）平台支撑层，进行数据聚合，进行聚合对象分析、抽取，并提供相应的共享服务。

3）应用开发层，根据推送的各类主数据、实时数据等信息，进行故障报修抢修、供电方案辅助编制、业扩管理、业务受理可行性分析等各类高级应用开发。

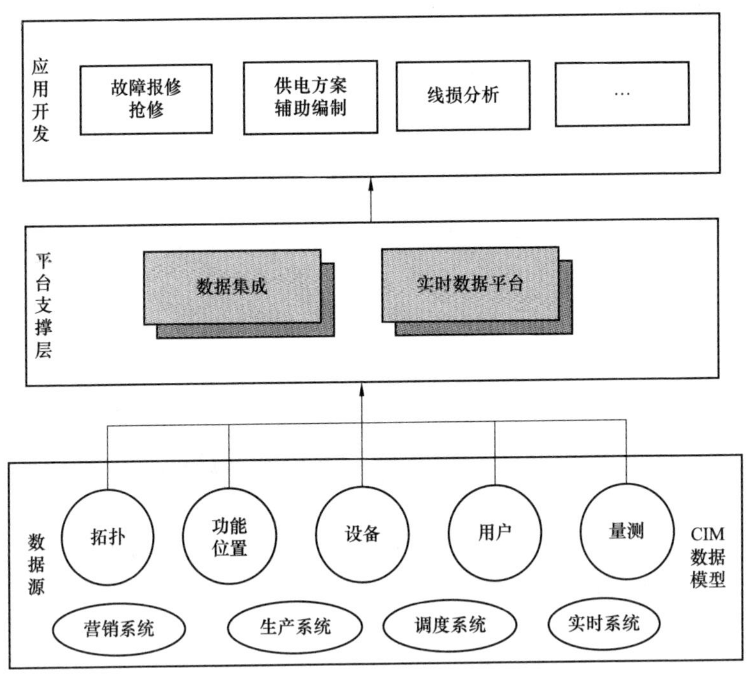

图 2-23　一体化平台架构

实时数据平台主要包括量测值服务、遥信数据变化接收服务、数据存储管理服务，通过统一的数据访问接口，反映配电网中量测信息、设备开关的状态及拓扑结构的变化情况。其采用“广播”机制根据用户订阅推出实时数据，提高了实时数据的传播速度和效率。

2.6　小结

自 21 世纪初开始，新能源、分布式发电、大规模储能等技术一起将传统电网带入了全新的发展时代。配用电环节是衔接用户和电网的关键环节，承担着生产数据采集和用户信息反馈等多层面海量数据的采集、分析、处理工作，是智能电网中互动性要求最高的环节。但是，智能配用电信息系统具有点多、面广、技术复杂的特点，而且配用电各业务信息系统分别建设，未实现全面集成，部分环节存在信息“孤岛”。与此同时，智能家居、分布式电源、电动汽车的广泛应用更对服务型电网的数据实时处理响应提出新的挑战。信息处理、交互与互操作是实现数据管理企业的基础性、关键性技术。以海量分布式数据处理、信息交互技术等先进技术为核心的新技术，通过构建信息传递共享通道，推动电网生产由分散向集中、由自发向可控、由孤岛向共享转变。为智能配用电业务的信息化、自动化和互动化水平的提升提供了技术支撑。

参 考 文 献

[1] 王继业. 电力企业数据中心建立及其对策 [J]. 中国电力, 2007, 4 (40): 69-73.

[2] 李郁博. 电力企业数据中心全局数据模型的研究与应用 [D]. 北京: 华北电力大学硕士学位论文, 2013.

[3] 王松波, 徐奇, 陈海东. IEC 61850 /61970 信息模型协调的研究 [J]. 智能配电系统, 2011, (17): 39-42.

[4] 何金陵. 基于 SG-CIM 的统一配电网信息模型研究 [D]. 北京: 华北电力大学硕士论文, 2015.

[5] 韩书娟. 基于 OWL 的 IEC 61850 与 IEC 61970 模型融合研究 [D]. 北京: 华北电力大学硕士学位论文, 2013.

[6] 沈兵兵, 张子仲, 张伟伟. 基于 IEC 61968 的电力系统互操作体系构建思路 [J]. 南方电网技术, 2015, 9 (11): 13-17.

[7] 于洋, 刘东, 陆一鸣, 等. 基于本体的 IEC 61968 标准信息模型一致性校验 [J]. 电力系统自动化, 2012, 36 (14) : 46-51.

[8] 钟一俊. 基于 IEC 61968 和企业服务总线的配电网信息系统研究 [J]. 电气应用, 2015: 113-117.

[9] 侯新叶. 基于信息交互总线的配电网多源信息集成与利用技术研究 [D]. 北京: 华北电力大学硕士学位论文, 2013.

[10] IEC 61968-1. Application Integration at Electric Utilities System Interfaces for Distribution Management Part1 Interface Architecture and General Requirements [S].

[11] 郝思鹏, 楚成彪, 方泉, 等. 基于 SG-CIM 的配电网数据平台及应用开发 [J]. 电力系统保护与控制, 2014, 42 (23): 138-141.

[12] 黎灿兵, 杜力, 曹一家, 等. 信息模型拓展及在配网中应用 [J]. 电力系统及其自动化学报, 2012, 24 (3): 59-65.

[13] 牛德雄, 武友新, 江恭和. 基于统一信息交换模型的信息交换研究 [J]. 计算机工程与应用, 2005, 41 (21): 195-197.

[14] 姜彩玉, 叶锋, 许文庆, 等. IEC 61850 的变电站模型与 IEC 61970 主站模型转换 [J]. 电网技术, 2006, (30): 209-213.

[15] 罗建, 朱伯通, 蔡明, 等. 基于 CIM XML 的 CIM 和 SCL 模型互操作研究 [J]. 电力系统保护与控制, 2011, 39 (17): 134-138.

[16] 张丽胜, 陈世杰. IEC 61850 变电站与 IEC 61970 主站无缝连接的研究与实现 [J]. 电气技术, 2010, (11): 47-50.

[17] 刘东, 张沛超, 李晓露. 面向对象的电力自动化 [M]. 北京: 中国电力出版社, 2009.

[18] 胡靓, 王倩. 基于 IEC 61850 与 IEC 61970 的无缝通信体系的研究 [J]. 电力系统通信, 2007, 28 (12): 15-19.

[19] 孟小峰, 慈祥. 大数据管理: 概念、技术与挑战 [J]. 计算机研究与发展, 2013, 50

(1)：146-169.
[20] 彭小圣，邓迪元，程时杰，等. 面向智能电网应用的电力大数据关键技术［J］. 中国电机工程学报，2015，35（3）：503-511.
[21] 刘鹏，吕广宪，康先果，等. 基于 IEC 61968 的配电网信息交互一致性测试技术应用［J］. 电力系统自动化，2017，41（6）：142-146.
[22] 韩国政，徐丙垠，索南加乐，等 . 基于 IEC 61850 的配网自动化通信技术研究［J］. 电力系统保护与控制，2013，41（2）：62-66.

第3章　电力调控系统大数据应用

本章导读

随着特高压交直流互联大电网建设、大规模新能源的集中接入和电力市场化改革的深入推进，电网一体化运行特征愈发明显，电力调控运行中产生了大量数据，大数据技术在电网调控领域的应用需求不断增加。本章将解读大数据技术在发掘调控系统海量数据价值、增强驾驭大电网安全稳定运行的能力、提升电网调控运行智能化水平和调控管理精益化水平等方面的应用实践。

● **本章将学习以下内容：**

电力调控数据概述。

电力调控数据应用面临的挑战及大数据发展需求。

电力调控大数据技术体系。

电力调控大数据典型应用案例。

3.1　电力调控数据概述

电力调控机构作为电网运行的指挥中枢，职责是维持电力系统发电、输电、变电、配电环节的电力电量平衡，保证电力系统的安全、稳定、经济、优质运行，使其更好地服务国家各个领域的经济社会发展。

调度自动化系统作为电力调控机构的重要技术支持系统，在电力调控安全、稳定运行中发挥着重要作用。调度自动化系统从早期的CC2000、OPEN3000，到现在运行的智能电网调度控制系统（D5000），再到未来规划中的新一代调控系统，历经多代发展，产生了能量管理系统（EMS/SCADA）、广域相量测量系统（WAMS）、电能量计量系统（TMR）、调度计划系统（OPS）、仿真培训系统（DTS）、调度管理系统（OMS）、调控云等多个子系统或功能模块，为调控机构内部的调度控制、调度计划、系统运行、继电保护、自动化、设备监控、新能源等各个专业提供技术支撑。这些系统在电力系统运行过程中产生了数据量庞大、增长快速、类型丰富的数据，这些数据满足大数据处理和挖掘分析的基本要求，是典型的调控大数据应用场景。

电力调控数据的数据内容丰富，主要包括基础数据、电网实时监控与预警类数据、电网准实时量测和应用类数据、调控管理类数据和外部环境类数据五大类。其中，基础数据包括电网模型和设备台账类数据；电网实时监控与预警类数据包括电网运行稳态（远动）数据、电网运行动态（PMU）数据、网络分析数据、在线安全稳定分析数据、设备监控预警数据等；电网准实时量测和应用类数据包括电量采集数据、故障录波数据、火电机组烟气排放数据、电力电量预测计划数据等；调控管理类数据包括检修流程、运行日志、操作票、统计报表和各类文件等；外部环境类数据包括气候气象数据、地理地貌数据、国民经济数据、人口风俗数据和用电类型数据等。电力调控数据分类如图3-1所示。

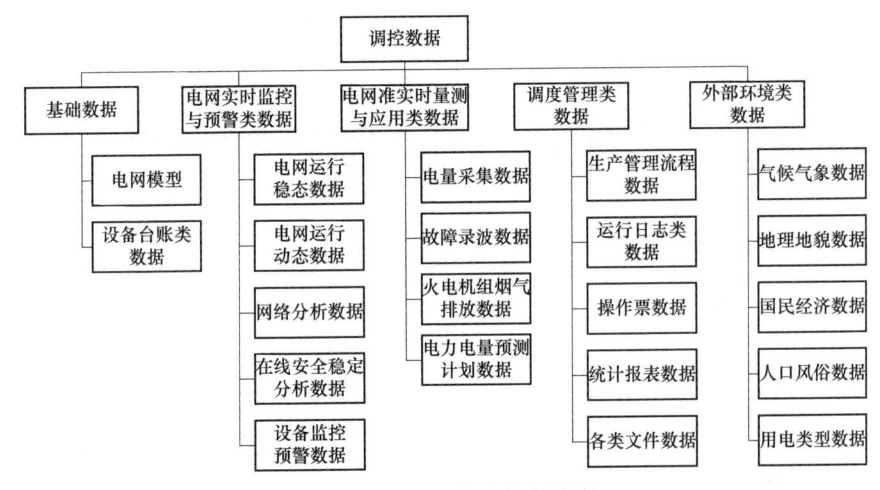

图3-1　电力调控大数据分类

电力调控数据主要具有如下特征：

（1）速度快（Velocity）。电力调控业务对数据采集和处理的速度时限要求高，需要实时处理，这也是电力调控大数据与传统商业大数据之间的根本区别。在电网调控领域，实时监控与预警类业务的重要等级最高，为了可以给电力调控运行人员提供足够的时间来响应紧急问题，将数据转化成信息用于快速决策，因此，调控领域对数据分析实时性的要求非常高。例如，远动装置采集的遥测、遥信等稳态数据需要进行秒级的实时处理，相量测量装置（PMU）采集数据的处理速度甚至可达到毫秒级。

（2）类型多（Variety）。电力调控大数据来自主站系统、外部环境（雷电、气象）、变电站、电厂、新能源场站等多个来源，类型包括电网模型、参数、量测等结构化数据，检修计划、运行日志、报表等半结构化数据，以及图片、声音、视频等非结构化数据，业务内容涉及调度控制、调度计划、系统运行、继电保护、自动化、设备监控、新能源、综合技术等各个专业，各类数据关联性强、复杂度高、耦合紧密，需要进行数据的关联梳理，将多种类型数据有机融合。

(3) 体量大（Volume）。电力调控大数据的数据量正在经历指数级的快速增长，经估算，一个中等电网规模的省份已投运的各类调度自动化系统产生的数据增长量可达3T/天、90T/月，1PB/年。传统数据存储和查询技术已无法从便捷性和响应时效性上满足对应电网调控运行专业对数据的查询和统计分析需求。

(4) 价值广（Value）。近几年随着电网运行数据体量持续呈现几何指数的增长，数据体现的电网运行特性也分散在更广泛丰富的数据中进行体现，单一维度数据价值随之不断降低的同时，多维度、多时空数据存在的内在联系和潜在价值则随之不断提升，而随着电网在能源领域应用效率的不断提升，电网调控运行数据能直接和间接反映的能源利用率、国民经济运行情况等方面的信息也随之增加。

3.2 电力调控数据应用面临的挑战及大数据发展需求

3.2.1 电力调控数据应用面临的挑战

随着特高压电网的快速发展和新能源装机的快速增长，电网结构和电源结构都发生了巨大改变，电网系统运行特性随之发生的深刻变化，为调控运行工作带来了新的问题与挑战，调控运行业务复杂度大幅提高，电网调控运行数据也以更复杂的数据结构和更庞大的数据体量进行呈现，关系型数据库存储方式在数据的存储、读取效率和分析应用响应效率方面都面临着严峻的挑战，而传统的IOE应用架构已无法满足调控数据管理模式在数据融合汇聚、广域共享、智能搜索、分析挖掘等方面的应用需求，海量调控数据的价值未能得到充分发挥，主要体现在以下几个方面：

(1) 数据融合汇聚方面。目前电力调控数据分散在不同层级调控机构、不同专业、不同安全区，缺乏统一的数据管理体系，缺乏数据质量识别与保障手段，数据对象标识不统一，关联性差，数据之间存在交互壁垒，难以有效实现多级电力调控机构之间的多源异构数据融合，影响了调控运行各类应用业务的有效开展。

(2) 数据服务化访问方面。各级电力调控系统仅具有基本的服务定位功能，缺乏面向多级电网调控广域实时协同的服务化设计，缺乏全面、有效的广域服务管理机制，难以有效支持多级调控机构之间的多源异构数据交互和共享，难以满足面向多级电网调控业务的智能搜索、多维分析和数据挖掘需要。

(3) 数据智能搜索方面。各级电力调控系统中存储的电力生产相关业务数据体量越来越大，结构越来越复杂，在数据的高效搜索定位及对搜索数据意图的分

析方面缺乏有效的技术手段。同时对用户搜索等行为缺乏智能化的分析，没有准确掌握用户搜索行为，形成“用户画像”，无法实现根据用户特征将不同业务需求的数据准确、快速发现并推送出来。

(4) 数据分析挖掘方面。现有电力调控系统的数据分析多限于指标计算与统计，单项指标仅涉及数据范围较小，分析方式也较为简单。由于缺乏从多源异构电力调控数据中建立分析挖掘模型的技术手段，无法从时间维度、空间维度、应用维度等方面建立多级电力调控系统间的数据关联，在根据电网设备属性和运行状态对其健康情况进行预判和评估方面面临较为严峻的挑战，难以充分挖掘各类业务数据的潜在价值，无法实现对电网运行和设备态势的深层次预判与感知。

3.2.2 电力调控大数据发展需求

电力调控大数据既有普通商业 IT 大数据的特点，也有其本身的独有特性，因此，IT 业界已有的一些相对成熟的大数据分析和应用技术难以直接移植到电力调控领域进行应用，需要针对电力调控业务的特点和需求，开展针对性的技术研究和应用探索，提高对电网调控大数据的分析挖掘能力进而提升对电网调控运行的技术支撑水平，主要体现在以下几个方面：

(1) 提升面向多级电网调控大数据的汇聚和融合处理能力。调控系统收集到的数据量越来越大，种类越来越多，结构越来越复杂，纵向涵盖国、分、省、地、县各级调控中心的电力调控系统数据，横向关联 EMS、OMS、PMS、TMR、OPS、气象监测、雷电监测、覆冰监测、山火预警、GIS 平台等系统中的数据信息，涉及电网设备模型及参数等结构化数据，检修计划、运行日志等半结构化数据，以及图片、声音、视频等非结构化数据，因此，需要提升调控系统对大规模多源异构数据的汇聚和融合处理能力，建立统一的模型框架，汇集各类数据，鉴别数据质量，为调控业务广域实时协同提供全面准确的底层数据支撑。

(2) 提升面向多级电网调控广域实时协同服务化能力。目前，各级调控系统收集到的大量数据分散存储在各自系统内部，这些数据间存在复杂的关联关系，但是数据交互、数据分析实时协同的机制较为有限，调控系统缺少面向多级电网调控广域实时协同的服务化框架，难以实现多级调控分析挖掘服务的广域协同和分析挖掘结论按需共享。需要提升调控系统面向多级电网调控广域实时协同的服务化能力，为数据交互、服务协同及专业管理提供技术支撑，提升多级调控中心间的信息共享和协同工作能力。

(3) 提升面向多级电网调控大数据的智能检索和分析挖掘能力。调控系统中的电网数据种类繁多、存储分散，调控系统现有的传统数据查询方式无法满足电力调控业务灵活的数据查询和分析需求，难以高效的从纷繁复杂的海量数据中得出有效的信息，需要提升面向多级电网调控大数据的分析挖掘和智能检索服务能力，充分挖掘各类业务数据的利用价值，提升调控系统对数据的深层次感知能力，为上层各类业务的决策分析提供理论依据与技术支撑，保障电网安全优质运行和调控管理业务精益高效运转。

3.3 电力调控大数据技术体系

3.3.1 平台架构

根据电力调控数据特点和业务应用需求，构建适用于典型应用的调控大数据平台架构，如图 3-2 所示。平台整体架构可以简单描述为“三层一保障”，具体分为数据采集存储层、数据分析挖掘层、应用服务层和数据安全保障，在整体数据隐私加密的安全平台基础之上，通过集成融合调控运行的多源海量异构数据，以调控实际生产业务需求为导向，构建数据分析挖掘算法库，并最终以服务的方式支撑各类调控大数据应用需求。

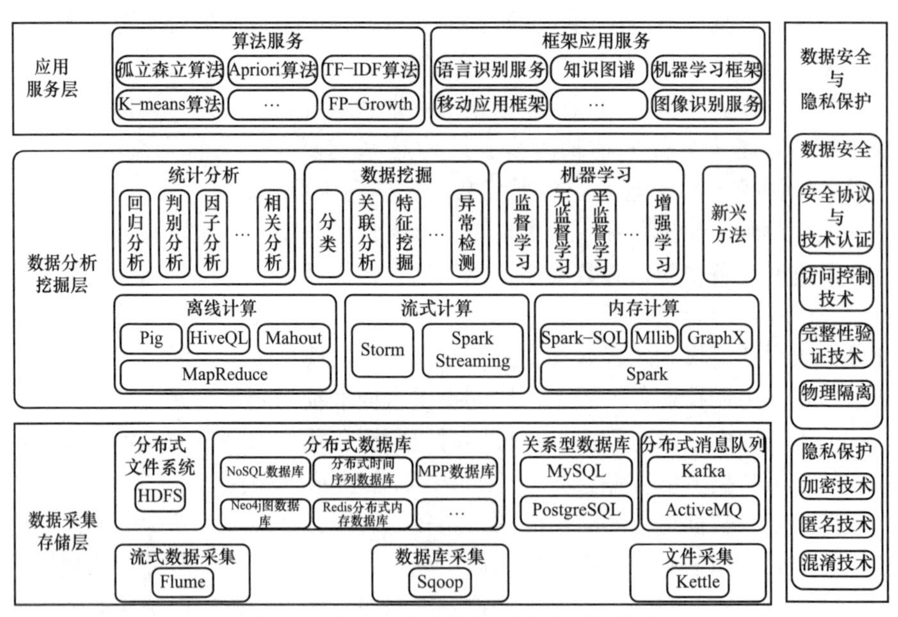

图 3-2 电力调控大数据平台典型架构图

数据采集存储层主要负责通过 Hadoop 生态圈中的数据采集组件对结构化及非结构化数据进行采集、加工、装配，完成整套 ETL 过程，其中外部数据按结构类型、数据量大小、使用频度等进行采集，以各应用系统（OMS、EMS、调控云）数据库为源头，通过数据同步方式自动将源数据库的全量快照和增量流式的

数据进行传输和交换。在采集过程中对各类多源异构数据进行数据清洗、数据转换、数据校验、数据修复、数据融合等预处理，然后统一存储到分布式文件系统或相关存储组件中。

数据分析挖掘层主要针对存储于分布式文件系统的海量异构电网调度相关数据进行整理、再加工以及特征分析等工作，通过设置工作流可以根据业务自定义分析算法及相关业务流程，在不同场景下实现差异化的多维数据分析，通过设备模型拓扑关联关系、业务内在联系、数据之间的相互引用逻辑等潜在的数据关联关系对融合之后的海量多源异构数据进行聚类、特征值提取、关联性分析等操作，发现之前分散数据之间深层次的关联关系，挖掘其在电网稳定运行、故障预警、辅助决策等业务方面的潜在价值。

应用服务层主要为大数据平台之上的多业务场景综合分析应用提供并行计算、分析算法、框架应用等方面的服务，以平台共享的方式，通过公共框架以高动态、可扩展、可复用的运行资源实现复杂数据业务逻辑的高频次迭代计算需求，从而降低了传统应用在运行资源和分析计算方面的重复投入，并通过统一的框架应用服务满足多业务应用场景在语音识别、机器学习、移动应用等方面对平台框架的个性化需求。

3.3.2 关键技术

大数据技术较传统技术相比在数据的存储方式、计算框架、消息服务及数据挖掘分析手段上都实现了技术上的创新。但应用大数据技术的意义不在于掌握庞大的数据信息，而在于对这些含有意义的数据进行专业化处理，在于提高对数据的加工提炼能力，通过“加工”和“提炼”实现数据的“增值”。本小节将对电力调控大数据平台中用到的大数据通用技术和针对电力调控应用的特有大数据技术进行介绍。

（1）分布式文件存储（HDFS）。分布式文件系统（HDFS）被设计成适合运行在通用硬件上的分布式文件系统。HDFS 有着高容错性的特点，并且设计用来部署在低廉的硬件上。而且它提供高吞吐量来访问应用程序的数据，适合那些有着超大数据集的应用程序。HDFS 放宽了 POSIX 的要求这样可以实现流的形式访问文件系统中的数据。

（2）分布式数据库（HBase）。分布式数据库 HBase 是一个高可靠性、高性能、面向列、可伸缩的分布式存储系统，利用 HBase 技术可在廉价 PC 上搭建起大规模结构化存储集群，是构建调控大数据平台的架构基础。

（3）分布式计算框架（MapReduce）。MapReduce 是面向大数据并行处理的计算模型、框架和平台，是一个基于集群的高性能并行计算平台。它允许普通的商用服务器构成一个包含数十、数百至数千个节点的分布和并行计算集群，是一个并行计算与运行软件框架。它是一个并行程序设计模型与方法，提供了一个庞大但设计精良的并行计算软件框架，能自动完成计算任务的并行化处理，自动划分计算数据和计算任务，在集群节点上自动分配和执行任务以及收集计算结果，将数据分布存储、数据通信、容错处理等并行计算涉及的很多系统底层的复杂细节交由系统负责处理，大大减少了软件开发人员的负担。它借助于函数式程序设计语言 Lisp 的设计思想，提供了一种简便的并行程序设计方法，用 Map 和 Reduce 两个函数编程实现基本的并行计算任务，提供了抽象的操作和并行编程接口，以简单方便地完成大规模数据的编程和计算处理。

（4）分布式消息订阅（Kafka）。Kafka 是一个开源流处理平台，是一种高吞吐量的分布式发布订阅消息系统，它可以处理消费者规模的网站中的所有动作流数据。这种动作（网页浏览、搜索和其他用户的行动）是在现代网络上的许多社会功能的一个关键因素。这些数据通常是由于吞吐量的要求而通过处理日志和日志聚合来解决。对于像 Hadoop 的一样的日志数据和离线分析系统，但又要求实时处理的限制，Kafka 是一个可行的解决方案。Kafka 的目的是通过 Hadoop 的并行加载机制来统一线上和离线的消息处理，也是为了通过集群来提供实时消息。

（5）知识图谱。构建由知识点相互连接而成的语义网络，通过对各类数据进行信息的采集、过滤、抽取，运用知识获取和知识表达手段，得出各个实体及其属性，以及各实体之间的关系，提供建立知识图模型中节点的功能，每个节点用属性—值来刻画实体的内在特性，提供建立知识图模型中节点间关系的功能，连接两个实体的关系用于刻画它们在知识图模型中的关联关系，建立特定领域的知识图谱。

（6）机器学习技术。基于人类认知的分层模型结构，建立含多隐层的神经网络结构，通过逐层特征变换，将样本在原空间的特征表示变换到一个新特征空间，利用大数据来学习提取从底层到高层的特征，从而通过组合低层特征形成更加抽象的高层以表示属性类别或特征，建立从底层信号到高层语义的映射关系，刻画出数据的丰富内在信息。通过利用原始领域和学习任务的知识的学习，提供从不同领域中学习对目标领域有用的跨领域知识能力，提供具有识别和应用先前任务中学习到的知识到新的跨任务学习能力，利用源域和目标域中具有一定程度的共享信息，提供将已有的源域知识迁移到仅有少量标签样本数据甚至没有标签样本数据的目标域的功能，实现跨领域、跨任务的知识学习能力。

（7）大数据标签化技术。基于大数据分析挖掘理论和大数据机器学习算法分析电网运行过程中的结构化数据，针对设备参数、电网结构、组织机构等电网静态参数进行结构化梳理，从数据库层面进行数据提取和标签化。对于故障异常、

运行参数、监控信息、检修缺陷、气象环境，以及其他多源样本数据，根据电网运行方式、信息类型、信息时序、信息地域等数据特点，通过对相关特征数据的标签化管理，建立基于监督学习的特征数据自适应模型；根据特征数据自适应模型从 EMS、OMS、PMS，以及气象监测等系统提取相关原始特征数据，分析信息之间的耦合关系，对原始特征元素进行分析归类、压缩与降维；最后结合电网结构、信息触发原理等因素，进一步对特征信息进行提炼，形成准确的标签标注及分类管理。

（8）调控多源异构大数据特征挖掘技术。由于调控数据来源广、数据多，需要根据多级调控系统大数据应用需求，从时间维度、空间维度、应用维度等维度组织应用视角，构建多源异构数据的统一模型架构。并挖掘上述数据特征，实现多级调控中心 EMS、WAMS、TMR、OPS、DTS、OMS、气象监测、雷电监测等各类调度自动化系统，以及 PMS、覆冰监测、山火预警、GIS 平台等各类外部业务系统的数据融合。针对数据异常情况，实现数据缺失检测、数据异常校验的快速预处理，满足智能电网调控大数据各应用对数据质量的要求。

（9）调控多源异构大数据分析技术。针对存储于分布式数据库或分布式文件系统的结构化或非结构化数据，应用各种数据统计及机器学习手段进行适合各业务场景的数据深度分析，实现对数据集的维度加工、衍生价值再造；对于电网中最常见的时序数据进行切片处理、趋势分析、相关性分析、稳定性分析、分布性分析等；利用大数据平台的多种机器学习算法实现稠密数据的高频迭代计算，提升业务数据模型的训练效率。

（10）调控大数据数理分析算法库。根据电网调控运行的特点，基于大数据平台对分类算法（朴素贝叶斯、决策树、随机森林、支持向量机等）、回归类算法（如逻辑回归、线性回归等）、聚类算法（K-means、高斯混合、层次聚类等）、降维算法（奇异值分解、主成分分析、独立成分分析等）、时间序列算法（ARIMA、DTW 等）、关联分析算法（Apriori、FP-Growth 等）、综合评价（层次分析法等）算法等进行算法服务封装，构建满足电网调控运行多业务场景应用需求的大数据数理分析算法库，并通过迭代更新等方式，结合算法训练的自适应优化，构建电网调控运行大数据数理分析算法体系，实现算法的自我学习、修正能力，提升算法自身的鲁棒性和对各类业务的适应性。

3.4　典型应用案例

在电网快速发展的新形势下，将大数据理念和思维引入电网调控运行领域，研究电网调控大数据的采集存储、融合共享、分析挖掘、综合应用等方面的关键技术，并在智能搜索、负荷预测、检修计划、电网分析、设备监控、在线监视、行为预测、专家决策、智能调度等场景进行应用，达到“分析规律、预测未来”的效果，更好地辅助电网调控各项工作和管理决策，增强调控机构驾驭大电网安全稳定的技术支撑和保障能力，提升电网调控运行的科学化、精益化和智能化水平，已成为电网发展的必然趋势。

以下将对电力调控大数据的若干典型应用案例进行介绍。

3.4.1 监控大数据分析

（1）业务需求及应用目标。电力调控中心设备监控专业负责对所辖变电站设备运行情况进行监视和管理。随着无人值守变电站建设的推进，实时汇集到电力调控机构的变电站监控信息量剧增，需要实时分析的告警信息业务激增，迫切需要降低传统电力监控业务对电网监控员人工经验的过度依赖，提升监控业务智能分析水平。结合大数据及云计算的技术优势，从监控全局角度分析数据多维多源特性，采用数据到模型、模型到应用的方式，设计电网监控运行大数据分析系统整体架构及功能体系，实现传统电力系统故障异常从被动接受向主动发现模式转变，全面提升电网设备监控管理水平。监控大数据分析作为电力大数据的一个分支，包含从大电网运行管理角度主动感知电网实时运行状态的数据资源，是在电力系统数据矿藏中“掘金”，也是调控大数据首次应用于电网调控运行管理。

（2）实现过程及应用成效。

1）应用架构。监控运行大数据分析系统总体架构可分为数据来源、大数据采集存储、分析挖掘和业务应用四部分，如图 3-3 所示。在大数据采集存储层，主要采用 ETL 整合技术实现对结构化数据和非结构数据的全面接入，并采用 Spark 对采集数据进行清洗、转换，然后采用 http 传输加密、分布式计算等技术，对海量多源异构数据根据其数据结构和读取效率的不同要求，分类通过 HBase、Hive、图数据库或传统关系型数据库进行存储，如使用 Redis 内存数据库存储电力词库，使用关系数据库存储基础数据，使用分布式文件系统 HDFS 存储索引文件，使用 Kafka、MQ 和 Flume 等多种方式整合存储电站设备数据、运行监控数据和调度管理类数据等信息。在分析挖掘层，基于大数据挖掘分析算法库对日志记录、历史数据、实时数据等监控信息进行分类提取、梳理，提升数据质量，建立数据之间的关联。然后采用聚类算法、K-means 算法、趋势分析等大数据分析挖掘算法，以设备模型为分析对象，以监控信号分析专家库为参考模型，对智能调度控制系统、调度管理系统、气象系统等包含的丰富变电站设备运行、台账、检修、缺陷等信息进行深度关联关系分析和潜在价值挖掘，实现数据对比统计分析、设备趋势性故障预警、全景展示和运行检索等应用功能。

2）基于语义分析构建监控信息决策专家库。如图 3-4 所示，基于大数据技

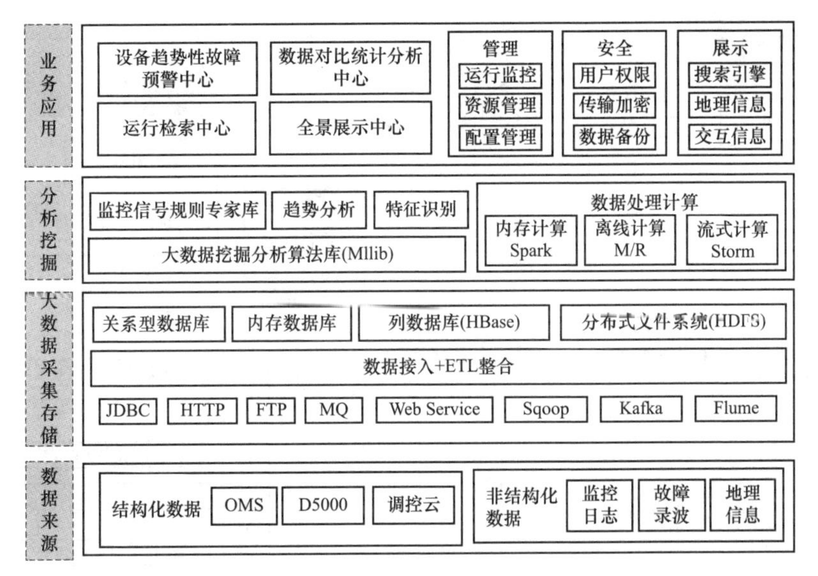

图 3-3　监控运行大数据分析系统功能体系框架

术的语义分析技术根据监控信号产生机理及所反映的输变电设备运行情况，对大量告警数据进行提取、梳理和迭代分析，并通过计算推理、逻辑推理及关联搜索方式，按照设备类型、信号名称、事故原因及处置建议，开展信息化建模，通过对信号名称建立索引，提升查询效率，结合搜索分词对其进行模糊查找匹配，对相应的事故给予处置建议，并融入监控人员异常事故处理经验，结合监控设备台账信息、设备故障、缺陷、检修等数据，采用分厂站、间隔、设备的模式，建立监控信息决策专家库。

依靠构建的监控信息决策专家库，对接入的实时告警信息进行全面分析，根据分析结果不仅可以自动推送即将发生的设备缺陷和告警等监控信息，而且可给出告警信息释义以及合理的处置决策建议，对监控人员提前感知设备运行状态提供辅助决策，提升调控中心集中监控的运行管控效率，规范调控员异常事故处理标准，提升异常事故处置的快速性和准确性，便于监控人员分析确认处理异常信号。

3）基于关联规则算法的告警信息挖掘分析。如图 3-5 所示，通过 Apriori 关联规则算法和趋势检索等方法，挖掘设备异常信号之间的潜在关联关系，实现对监控设备异常信号相关性分析；建立监控告警信息实时组合索引模型，并与电网运行设备故障事件规则集相关联，建立事件集合因子复合索引，建立电网运行设备故障异常与监控信息的强属性关联，实现高效组合实时检索电网监控运行事故，精准定位设备运行中的异常点，优化电网运行方式，提高设备可靠性和利用

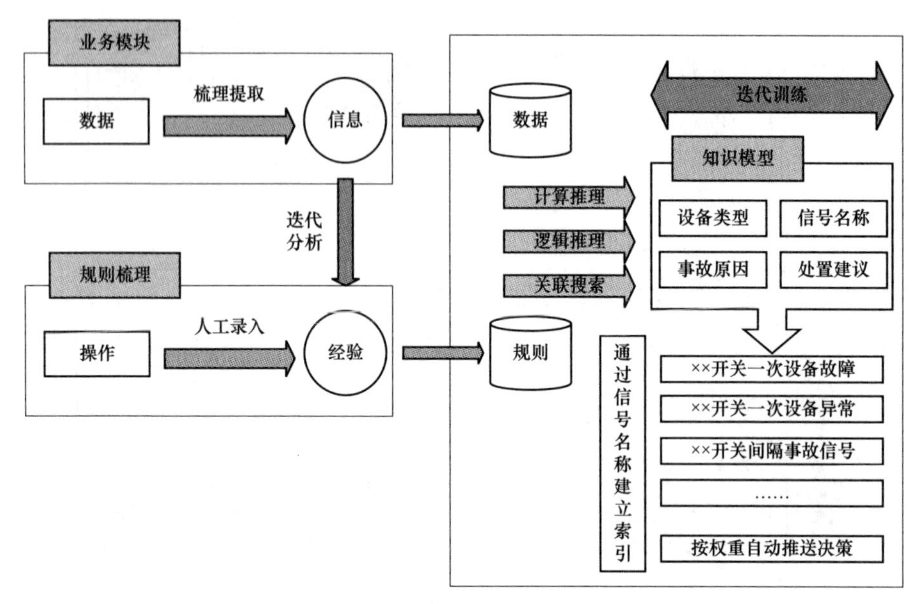

图 3-4　监控信息分析决策专家库模型

率，实现从被动监视向主动发现的转变，减少因设备缺陷带来的停电经济损失。

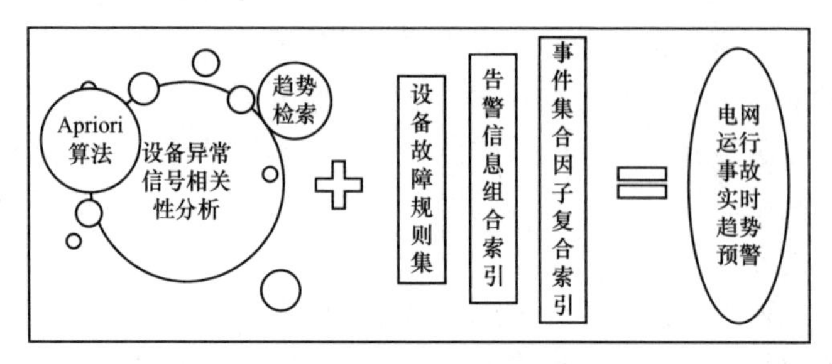

图 3-5　告警信息挖掘分析图谱

通过电网设备监控信息关联分析方法，对准实时告警数据进行分析，挖掘设备故障异常关联告警信息及异常频发告警内容，有针对性排查设备隐患，降低监控运行风险，对强关联监控告警信息组进行全面分析，以报告的形式生成分析结果，为监控人员处置决策提供技术支撑。

4）基于聚类算法的设备运行告警分析。基于聚类算法分析同聚类设备或变电站历史运行状况，根据不同变电站，分电网区域、分地区、分电压等级对单一变量（如设备缺陷数量、告警信号量、设备消缺时间、运维到站时间等）信息进行多曲线同列，过程中不断使用迭代方式进行移动聚类，将同类型设备或地区内变电站进行聚类分析。

以告警信号数据库中所有历史和实时告警信号为输入源，通过聚类算法对告警信号进行聚类匹配，通过不断改变时间滑步长短即选取不同的初始聚类中心来形成不同排序的告警簇，再通过不同的模块将这些告警簇展示出来，实现不同时间序列及显示内容的多情景对比展示。

通过将采集的设备历史信息或变电站历史信息数据进行不同维度的展示，将数据样本按照矩阵方式进行划分，通过聚类算法对设备运行告警信号数据发生的顺序以及时间区间，分析出信号之间的关联关系。以监控告警信息指标阶跃问题并列展示为例，将经过聚类分级着色及评估的监控业务指标数据，在时间轴上无损还原地区、变电站监控业务指标情况，将不同维度的监控业务指标进行同步展示，以反映真实电网监控运行情况，打开监控业务管理突破口，提高监控业务管理能力。

3.4.2 检修计划智能编排

（1）业务需求与应用目标。电网设备停电检修日前、月度、年度计划的编排是电力调控机构调度计划专业的一项重要职责。传统的停电计划编排工作步骤繁杂、效率较低，且计划编制的准确度和合理性高度依赖调度计划专业人员的业务水平。主要原因是电网中设备种类及数量众多且关系复杂，停电计划编制过程非常复杂，需要兼顾设备停电时间优化、负荷转移、不同停电任务之间的互斥性与协调性，以及停电计划编制过程中电网的安全约束和作业单位的作业能力，需要考虑停电设备特性及设备之间的关系等因素，并且需要预测停电后网架的安全稳定性。

由于计算整个网架的未来态运行指标，并根据网架约束得出最优解的过程在数学表达中为 NP 难问题，求解过程是高迭代、高稠密计算过程。需要通过大数据平台的并行计算框架提高运算效率。

（2）实现过程与应用成效。

1）应用框架。检修计划智能编排应用框架如图 3-6 所示。

智能检修应用框架以电力调控大数据平台中的并行计算框架 Spark 为基础，应用 Spark 提供的 Mllib 构建智能检修大数据挖掘分析层，该层为整个应用的核心，主要为人机应用提供对停电检修计划校验规则的自学习能力及相应的优化编排能力；基于智能检修大数据挖掘分析层，通过专家库自学习获得专家库校验规则，完成停电计划的校核及管控，采用优化编排功能完成对停电计划编排的量化评估及统计分析。

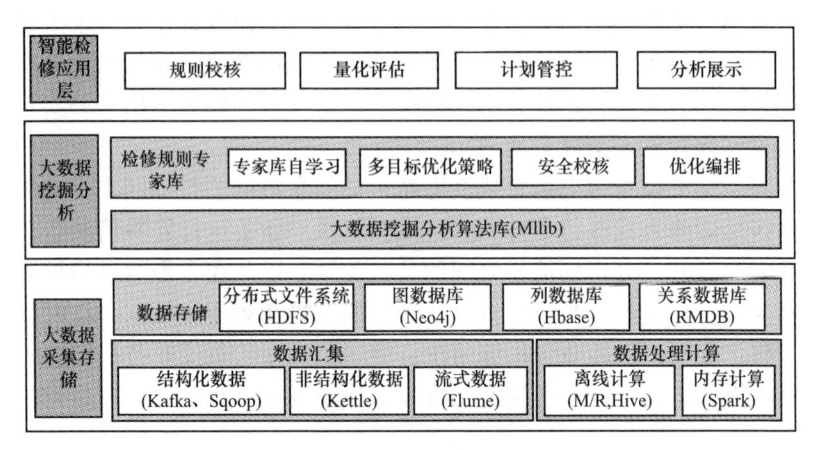

图 3-6 检修计划智能编排应用框架

2）基于 FP-Growth 算法的专家库自学习。智能检修专家库自学习逻辑流程如图 3-7 所示。

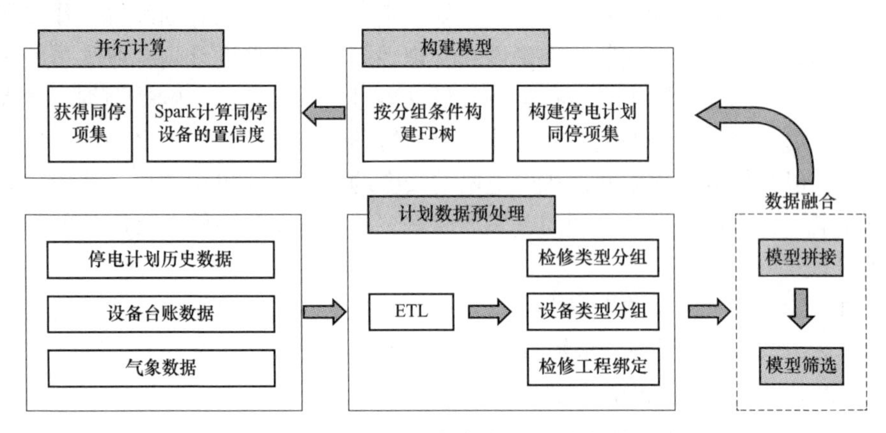

图 3-7 专家库自学习流程图

智能检修专家库自学习模块通过挖掘停电计划历史数据、设备台账数据、气象数据完成对设备同停规则的自学习过程。

①计划数据预处理。通过对关系库存储的停电计划历史数据和台账数据进行大数据 ETL 转换，得到清洗后可用的计划历史数据和匹配映射后的台账数据，再根据停电检修计划中涉及的检修类型、工程类型、主设备类型进行排列组合，为构建 FP 树分支做准备。

②数据融合。将分组排列后的预处理计划与计划时间段内的气象数据进行模型拼接，并根据检修规定及极端天气情况进行一些特例情况的分类筛选，最后可获得融合天气类型的停电计划组。

③构建模型。对数据融合后的分组计划构建同停项集，统计挖掘年份内的停电计划涉及的停电设备的停电频次，并以此作为基准构建 FP 树。

④并行计算。通过 Spark 平台实现对 FP 树迭代构建及剪枝的高迭代过程，利用内存计算的速度优势快速计算多次迭代后不同设备同时停电检修的置信度，结束迭代后生产可用的同停项集，即在不同时段内可同时停电的设备集。

通过大数据 FP-Growth 算法实现对停电专家库中同停规则的自学习，年度停电计划同停规则维护工作由原来的 15h 工作量降低为 0.2h，减少重复人力工作，提高规则维护效率。

3）基于 PSO 算法的停电检修计划优化编排。智能检修优化编排逻辑如图 3-8 所示。

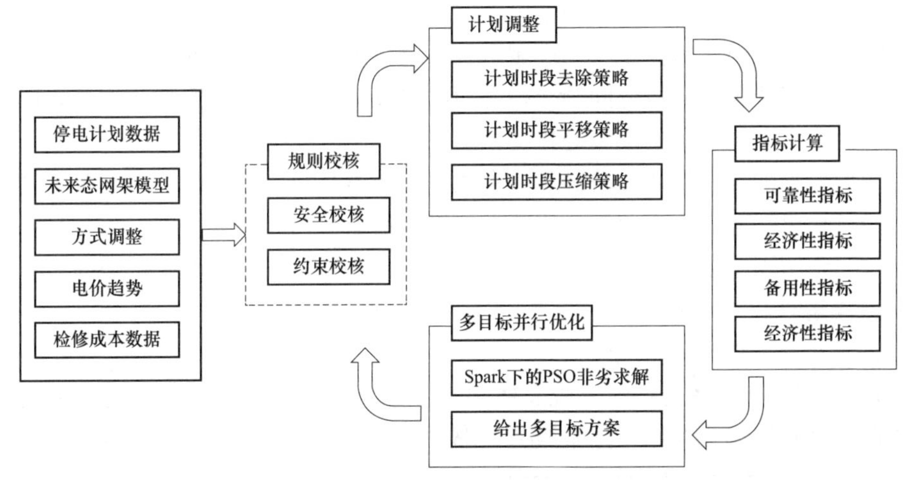

图 3-8　基于 PSO 算法的停电检修计划优化编排流程

智能检修优化编排模块基于停电计划数据、未来态网架模型、方式调整数据、电价趋势数据、检修成本数据实现对初编计划在四类指标下的动态编排调整。

规则校核：通过对初排计划进行相应的规则校核，设计增量越限、停电冲突、增量风险校核以及约束校核（包括窗口期、同停、最大工期以及重复停电约束）。

计划调整：根据规则校核给出的校验结果进行计划时长的调整，包括对计划直接去除、对计划时长进行前后平移，以及对计划时间段进行最大工期内的压缩操作，每次调整操作都会形成一个计划方案，调整的间隔可选为小时或天。

指标计算：针对计划调整后的所有方案进行四类指标的计算，该计算需要取电价趋势、检修成本、方式调整等数据。

多目标并行优化：根据所有调整方案计算的指标进行 PSO 迭代过程，求解非劣解，该计算过程利用 Spark 内存计算，并将计算结果形成可选方案集返回。

利用计划优化编排，计划编制人员可以轻松获得各个指标相继突出的编制方案以及所有指标均优异的方案，大大减少了人工梳理计算停电方案影响的工作时长，并且较传统工作模式，基于 PSO 算法的停电检修计划优化编排更能发现某些停电检修项目的重要程度。

3.4.3 智能搜索

（1）业务需求与应用目标。在电力调控领域，由于调控大数据种类繁多、存储分散，传统的数据获取方式严重束缚了调控业务人员对信息主动查询的需求，制约了业务人员主动灵活分析数据获取价值信息的工作。传统的数据查询方式很难挖掘所需数据的内部关联信息，更无法发掘分散数据之间的关联关系，实现以搜索词为本体的全景信息展示。应用大数据技术构建面向多级电网调控业务的智能搜索引擎，可实现搜索范围的准确圈定和搜索结果的精确定位，解决目前多级调控机构电网运行数据体量大、广域多源、结构各异、无统一搜索入口、响应时间长、缺乏智能关联分析等问题，提升面向多级电网调控大数据的智能检索服务能力，为各类上层业务的决策分析提供支撑。

因此，智能搜索的建设目标是以大数据平台为基础，利用调控中心各类结构化、半结构化、非结构化数据，构建类似百度的电力调控智能搜索引擎，利用电力调控知识图谱及语义分析技术，实现调控中心数据的全面、准确、快速、智能搜索，构建“调控大脑”。

（2）实现过程及应用成效。

1）应用框架。智能搜索系统总体架构如图 3-9 所述，按应用架构可分为数据来源、大数据采集存储、搜索服务三部分。

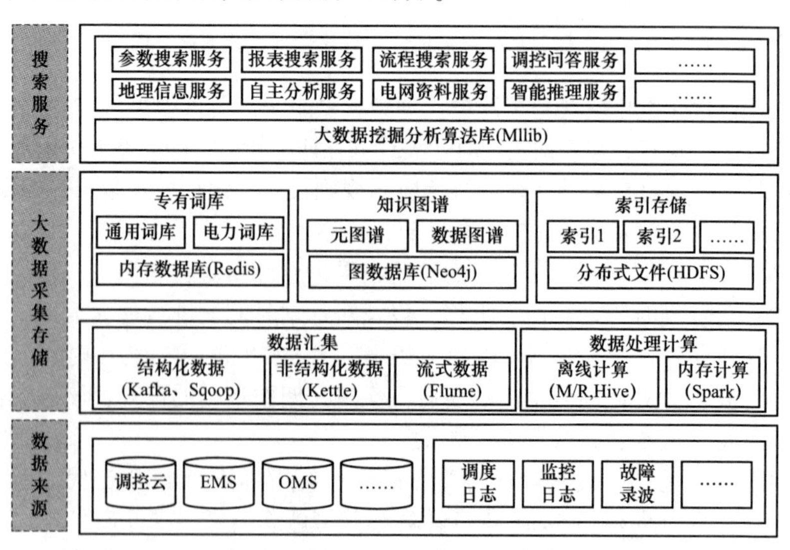

图 3-9 智能搜索系统应用功能框架

在数据采集方面，平台提供了结构化、非结构化数据汇集工具，将各种来源的数据进行汇集，并利用离线计算引擎对数据做清洗转换，采用倒排索引算法，对汇集并清洗转换后的数据建立倒排索引，其中利用了 Spark 高速内存计算引擎实现海量调控数据倒排索引的计算。

在数据存储方面，利用内存数据库 Redis 存储电力词库，实现词库服务的高速访问；利用图数据库 Neo4j 存储电力调控知识图谱，满足智能推理搜索；利用分布式文件系统 HDFS 存储大量的索引文件。

在搜索服务方面，利用大数据挖掘分析算法库实现用户搜索词的语义分析、用户行为分析，实现搜索结果的精准排序和智能推荐。并构建参数搜索服务、报表搜索服务、流程搜索服务等业务服务，对底层进行倒排索引、图数据库检索等操作，为用户提供统一的数据搜索服务，实现用户对搜索目标全面、准确、快速、智能的获取。

2）数据接入及索引计算。调控大数据接入及索引计算流程如图 3-10 所示，整体流程包括数据源、数据接入、索引计算、分布式索引文件存储四个部分。

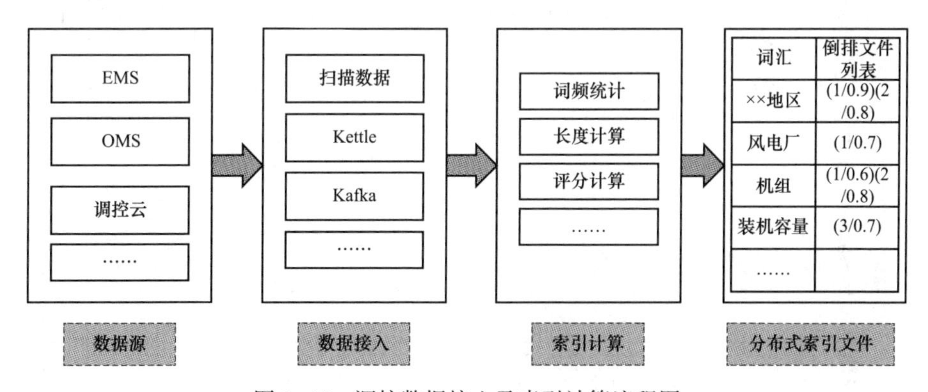

图 3-10 调控数据接入及索引计算流程图

调控业务数据种类多样、形式各异，包括结构化、半结构化、非结构化等数据，利用 Kettle、Kafka 等大数据采集工具，提供高性能、高吞吐的数据采集能力，满足不同种类数据的快捷接入。非结构化数据包括新闻公告、调控规定、管理规范、图形文件等；结构化数据包括流程、参数、运行数据等，利用大数据采集功能按照实时、定时多种策略扫描数据，获取增量、存量数据，获取海量的数据内容后，利用电力词库、TF-IDF 算法，采用 Spark 内存计算引擎，计算每个词汇出现的频次，结合数据的长度，计算出每个词汇在每个数据中出现的频率，以及总的出现频率，形成一批批的倒排索引存储在分布式文件系统 HDFS 中。分布式索引文件里包含索引列表，每个索引项由词汇、倒排列表组成，倒排列表里包含词汇与数据的关系等信息。

利用海量调控数据接入和倒排索引技术，全面覆盖调控中心各类数据，想搜索“××电厂”就能够一次获取到该厂所有关联信息，包括该电厂的参数信息、流程信息、煤炭统计等信息、该厂的相关保护定值单等资料，进行统一搜索和展示，达到了全面搜索调控数据的效果。

同时，倒排索引对收集的超过 2T 的数据建立索引，利用 TF-IDF 算法创建的索引在搜索词与每个文档和数据之间建立相关性，通过相关性进行搜索和排序，提高数据的搜索速度。

3）电力词库智能构建和存储，如图 3-11 所示。电力词库是智能搜索分词准确性的基础，因此需要定义一个电力专有词库，除了通用词汇外，还要加入电力系统专业词汇，例如“励磁涌流”“断路器”“自动化”等。传统采用人工方式标注词语，效率较低。

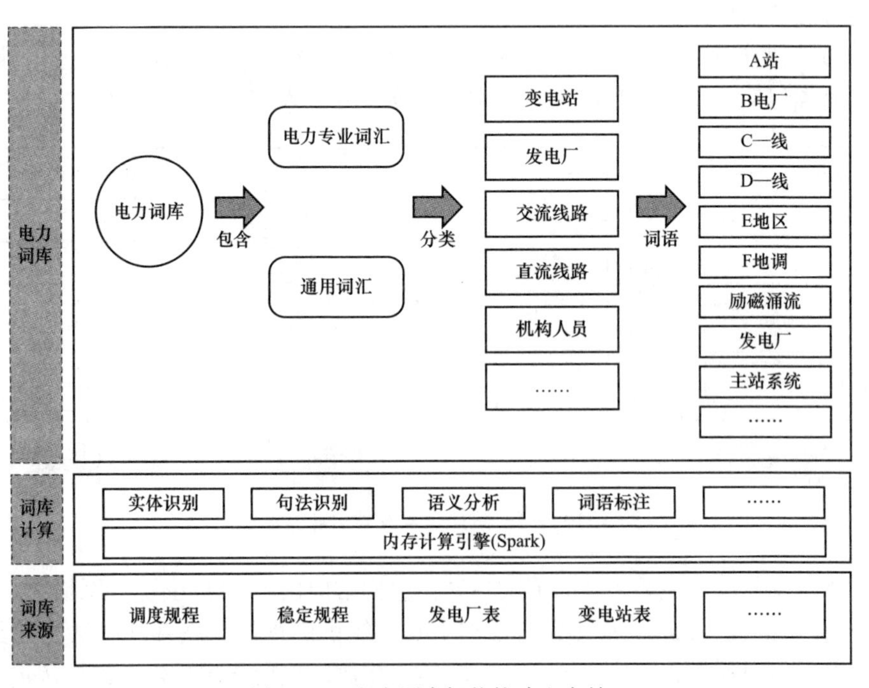

图 3-11　电力词库智能构建和存储

如图 3-12 所示，采用内存计算引擎，利用自然语言处理中的实体识别、语义分析等算法，自动提取非结构化数据中的电力专有词语，提取分布在大量非结构化文档和结构化表中的数据，包括稳定规程、调度规程等文档中的电力词语，存储在 Redis 内存数据库中，为调控数据的准确搜索提供基础。

根据电力词库对输入的搜索文字进行语义分析，分解成一个个有意义的词，根据倒排索引，计算出每个文档与这些词的匹配度，再按匹配度从大到小排序，

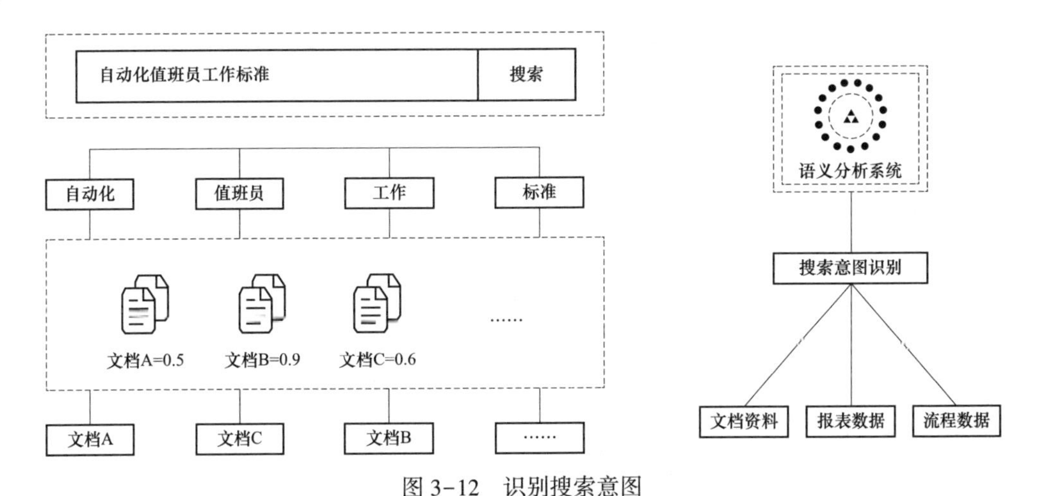

图 3-12　识别搜索意图

得到搜索结果。同时，利用语义分析识别搜索意图，预测用户想要搜索的目标内容，是电网参数，还是报表数据，又或者是文档，然后把相应的内容排在前面。

提供电力词语标注工具，实现新词汇、临时词汇的标注，提高分词准确性。同时，结合语义分析技术，实现语义的组合，精准定位报表等各类数据。如“2018-05-12 总发电最大负荷”，可以分为“2018-05-12+总发电+最大负荷”，利用分词结果进行语义组合，精确定位和计算出总发电数据。

4）电力知识图谱构建和存储。基于电力调控实际业务，定义电力本体模型，分析各本体模型的关联数据，并确定本体模型与关联数据的拓扑层次关系，形成一套完整的调控运行领域本体知识库，构建电力调控知识图谱，如图 3-13 所示，利用图数据库进行存储，图数据库提供了关联数据的高效存储和查询，并为数据的推理和图计算提供支持，为调控数据的智能搜索提供基础。

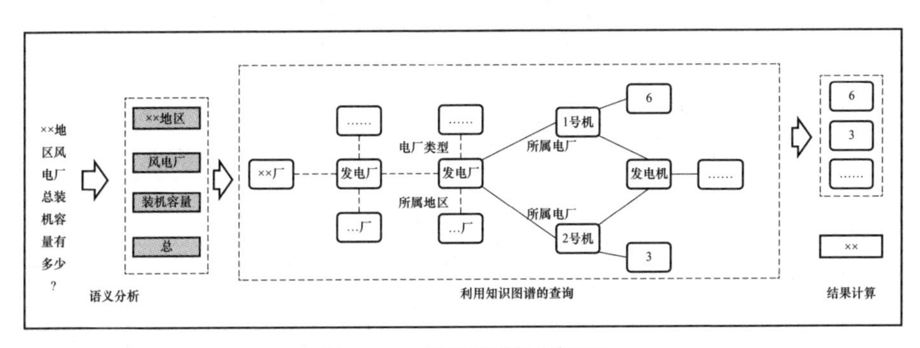

图 3-13　智能搜索知识图谱

当搜索“××地区 220kV 火电厂机组总额定容量是多少”时，进行语义分析，获取每个词语的标签，然后构建知识图谱的推理语句，在知识图谱中进行推理搜索，获得总额定容量的定位和计算结果。

3.4.4 调控机器人

(1) 业务需求与应用目标。调控机器人是大数据在调度领域应用的一个重要发展方向。为了提升电网调控运行智能化水平，减轻调控人员工作量，基于大数据技术构建调控机器人，替代调控人员开展日常业务，辅助开展复杂业务。通过对调控运行应用场景进行分析，采用大数据技术研究调控业务，利用大数据存储实现多系统数据集成，构建调控知识库，实现从操作指令下发到调控操作执行的调控工作全流程自动化。运用语音交互等技术手段，简化调控人员烦琐的操作与信息监视，提高应对气象灾害等突发事件场景的响应速度。

(2) 实现过程及应用成效。

1) 应用框架。调控机器人以智能电网调度控制系统（D5000）数据为基础，以大数据分布式数据存储、数据分析挖掘为技术支撑，构建包含调控知识库、调控语音助手、故障处置等应用。其中调控知识库作为调控机器人的大脑，负责提供调度知识基础和数据支撑，调控语音助手作为调控机器人的感官，负责接收与处置调度指令，自动构图和故障处置作为调控机器人的神经中枢，负责对电网事件进行决策和处置。

调控机器人总体架构如图 3-14 所示，包括大数据采集存储、大数据挖掘分析、典型应用、外部事件四部分。

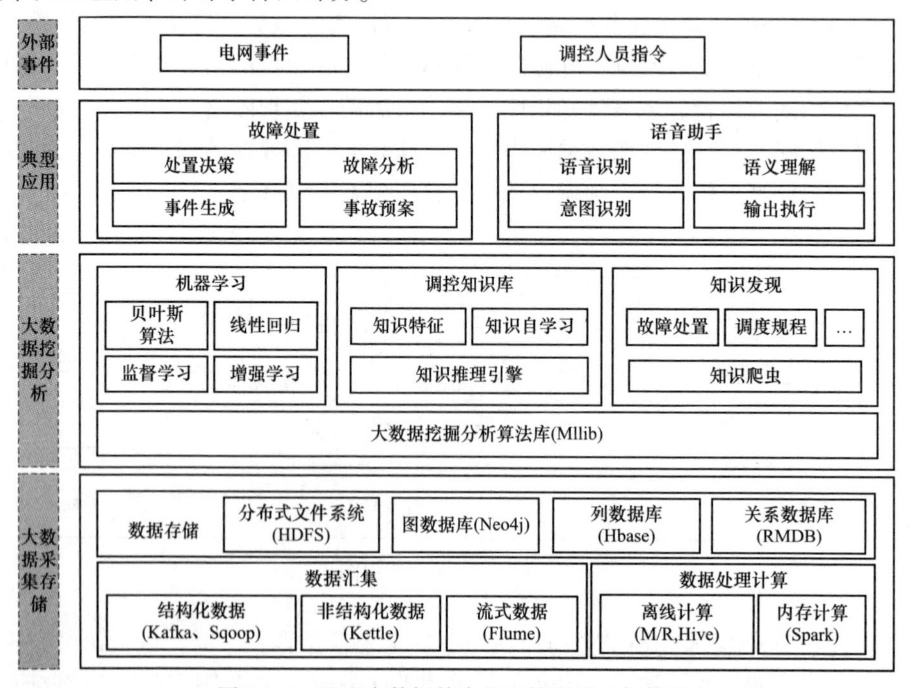

图 3-14 基于大数据技术的调控机器人架构图

在大数据采集存储环节，利用分布式数据采集从智能电网调度控制系统获取数据信息，利用关系型数据库存储设备台账、调度日志等电力调控生产运行信息，利用分布式文件系统存储调度规程等文档资料信息，利用 Hadoop 存储电网运行、调度指令等动态信息，供调度机器人上层应用查询、调阅、分析、评价使用。

在大数据挖掘分析环节，调控知识库是实现智能辅助决策的基础，用于支撑各类智能化业务场景。调控知识库根据电网运行数据特点，基于大数据分析挖掘算法与传统电力系统分析技术相结合，挖掘隐藏在海量电网运行数据与调控人员行为数据的潜在关联关系，从中获取具有可描述性的重要知识。在调控知识库构建环节采用数据分类、关联分析、特征提取等数据挖掘技术对日志记录、规程规定、稳定限额等信息进行知识提取，应用知识图谱等知识表述技术，对调控知识进行描述构建调控知识库，利用监督学习、增强学习等方法进行知识更新和完善。

在应用构建环节，结合调度办公场景，利用大数据分析决策技术构建辅助调度办公的具体应用功能，实现调度业务自动处置和智能决策。

2）基于语音识别及特征提取技术的调控语音助手。采用大数据语音识别及特征提取方法构建调度语音助手，主要包括语音模型训练和语音识别两部分。基于大数据特征提取方法，当语音信号经过前端端点检测、噪声消除等处理后，逐帧提取语音特征，传统的特征类型包括 MFCC、PLP、FBANK 等特征，将提取好的特征送至解码器，在声学模型、语言模型以及发音词典的共同指导下，找到最为匹配的词序列作为识别结果输出，整体流程如图 3-15 所示。

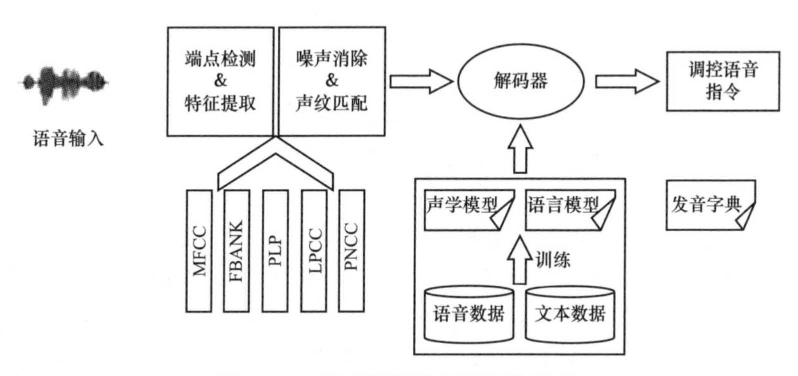

图 3-15 语音识别及特征提取流程

语音模型训练以调度电话语音系统和电力调控运行知识为基础，结合通用语言模型和声学模型构建电力专业语料库，通过 KI 分词、深度神经网络（DNN）等特征提取技术分析调度语言特征，根据语音输入环境采取最优策略进行语义识别。其中，深度神经网络超强的特征学习能力大大简化了特征抽取的过程，降低了建模对于专家经验的依赖，因此，建模流程逐步从之前复杂多步的流程转向了简单的端到端的建模流程，由此带来的影响是建模单元逐步从状态、三音素模型向音节、字等较大单元演进。

调控语音助手接收用户的语音指令，通过语音特征提取，在知识库的支持下理解指令意图，从指令中识别结构化信息，并通过查询知识库数据或调用相应业务系统，获取用户需要的数据或完成用户指定的操作，最后将数据汇总或处理结果合成语音提示返回给用户。

如图 3-16 所示，以"打开 A 站接线图"调度指令为例，首先通过特征提取进行语义分词"打开、A 站、接线图"，在调控知识基本台账中找到"A 站"，在调度基本知识中匹配到"接线图"信息，根据语义理解调用 D5000 厂站接线图功能打开 A 站接线图反馈给调度员。

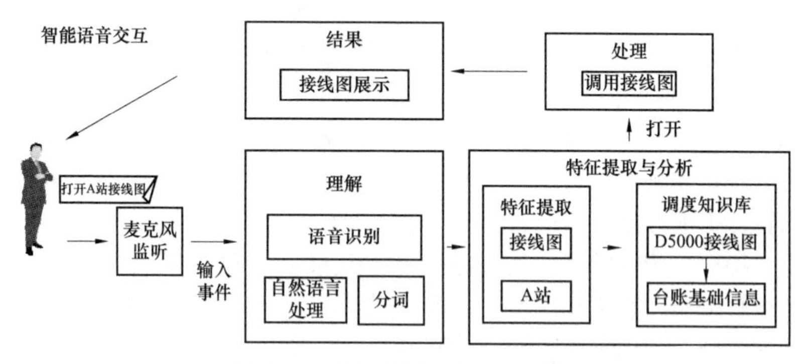

图 3-16 调控语音助手交互流程

通过调控语音助手辅助调控人员开展日常办公与业务处理，支持包括各项功能调用、画面调用、身份识别、数据录入等功能场景，通过语音助手和智能搜索功能配合，实现通过语音开展数据查询、统计分析等功能，提升调控人员工作效率。

3）基于关联分析和决策树技术的故障处置。采用大数据关联分析技术，对海量告警监视信息进行分析，挖掘告警信息与电网事件的关联关系，根据电网事件生成规则知识库生成电网事件。根据电网事件规则，结合设备基本信息、检修、操作等信息对故障级别进行定义，从而向监控人员准确推送电网故障事件。以线路瞬时故障为例，当线路发生故障时会产生大量电网监控信号，根据电网事件生成规则知识库对监控信号进行逐条判断，根据信号特征过滤掉干扰信号，区分事件生成必要信号及伴生信号，当必要信号满足时，则认为该事件发生，并推送给监控人员。

如图 3-17 所示，利用决策树技术，基于调度规程及电网运行方式对故障处

置进行分类。结合电网历史事件对电网历史数据进行分析，选择故障处置特征并利用调控基础知识、稳定限额、故障处置、调度规则等业务信息进行描述，构建故障处置决策树。结合历史故障处置案例对故障处置决策进行完善，生成对不同设备类型、不同故障级别、不同调管级别的各类电网故障处置规则，对不同故障提前进行处置服务编排，构建自动处置策略，并对典型事件生成电网故障处置预案。当电网故障事件发生时，综合故障处置模型动态、静态信息给出故障对象设备所属态势，结合故障处置规则，形成故障处置策略，对于常规工作直接处置，对于复杂工作提出处置建议。监控人员根据故障处置策略和故障预案对电网故障进行处置，提升故障处置规范化，提升监控人员工作效率。

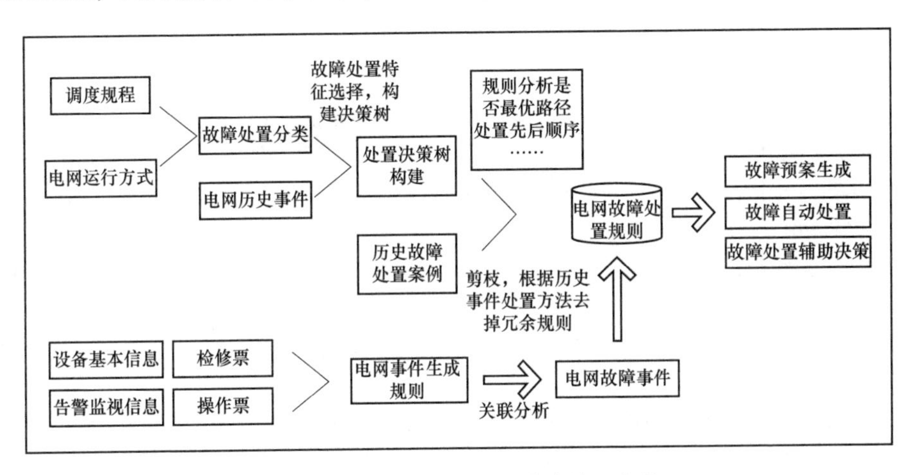

图 3-17　基于关联分析的故障处置流程

以“A 变母线失压”场景为例，当发生母线失压时，监控人员根据调度规程对母线失压时进行处置。调度机器人根据电网事件生成规则自动生成母线失压事件，并推送给监控人员，同时生成故障处置步骤。监控人员按照步骤进行处置，对于向检修机构和现场进行故障告知等简单步骤，以自动语音播报形式进行告知并安排事故确认，对于复杂步骤，如是否需要挂牌处理，进行挂牌提示，支持监控人员一键挂牌。

3.5　小结

电网调控机构在生产运行中采集、产生和交换大量数据，这些数据特点符合大数据的特征。本章首先介绍了电力调控运行概况，分析了电力调控数据的特点、在应用中面临的挑战和未来发展需求，阐述了电力调控大数据的典型平台架构和关键技术，最后介绍了监控大数据分析、检修计划智能编排、智能搜索、调控机器人等电力调控大数据典型应用案例，为大数据技术在电力调控领域的进一步发展和应用提供有益借鉴。

参 考 文 献

[1] 张东霞，苗新，刘丽平，等. 智能电网大数据技术发展研究［J］. 中国电机工程学报，2015，35（1）：2-12.

[2] 张素香，赵丙镇，王风雨，等. 海量数据下的电力负荷短期预测［J］. 中国电机工程学报，2015，35（1）：37-42.

[3] 王德文，宋亚奇，朱永利. 基于云计算的智能电网信息平台［J］. 电力系统自动化，2010，34（22）：7-12.

[4] 严英杰，盛戈皞，陈玉峰，等. 基于大数据分析的输变电设备状态数据异常检测方法［J］. 中国电机工程学报，2015，35（1）：52-58.

[5] 张华赢，朱正国，姚森敬，等. 基于大数据分析的暂态电能质量综合评估方法［J］. 南方电网技术，2015，9（6）：80-86.

[6] 王继业，季知祥，史梦洁，等. 智能配用电大数据需求分析与应用研究［J］. 中国电机工程学报，2015，35（8）：1829-1836.

[7] 王璟，杨德昌，李锰，等. 配电网大数据技术分析与典型应用案例［J］. 电网技术，2015，39（11）：3114-3121.

[8] 张沛，吴潇雨，和敬涵. 大数据技术在主动配电网中的应用综述［J］. 电力建设，2015，36（1）：52-59.

[9] 刘巍，黄曌，李鹏，等. 面向智能配电网的大数据统一支撑平台体系与构架［J］. 电工技术学报，2014，29（增刊1）：486-491.

[10] 刘道新，胡航海，张健，等. 大数据全生命周期中关键问题研究及应用［J］. 中国电机工程学报，2015，35（1）：23-28.

[11] 刘树仁，宋亚奇，朱永利，等. 基于Hadoop的智能电网状态监测数据存储研究［J］. 计算机科学，2013，40（1）：81-84.

[12] 陈埼. 基于Hadoop的电力大数据特征分析研究［D］. 北京：华北电力大学硕士论文，2016.

[13] 金鑫，李龙威，季佳男，等. 基于大数据和优化神经网络短期电力负荷预测［J］. 通信学报，2016，37（Z1）：36-42.

[14] 宋亚奇，周国亮，朱永利. 智能电网大数据处理技术现状和挑战［J］. 电网技术，2013，37（4）：927-935.

[15] 张素香，刘建明，赵丙镇，等. 基于云计算的居民用电行为分析模型研究［J］. 电网技术，2013，37（6）：1562-1546.

[16] 曾梦妤. 分类用户峰谷电价研究［D］. 北京：华北电力大学，2006.

[17] 刘萌，褚晓东，张文，等. 负荷分布式控制的云计算平台构架设计［J］. 电网技术，2012，36（8）：140-144.

[18] 赵国栋，易欢欢，糜万军，等. 大数据时代的历史机遇［M］. 北京：清华大学出版

社，2013.
[19] 李国杰，程学旗. 大数据研究：未来科技及经济社会发展的重大战略领域——大数据的研究现状与科学思考［J］. 中国科学院院刊，2012，27（6）：647-657.
[20] Wu Xindong，Zhu Xingquan，Wu Gongqing，et al. Data mining with big data［J］. IEEE Transactions on knowledge and data engineering，2014，26（1）：97-107.
[21] 薛禹胜，赖业宁. 大能源思维与大数据思维的融合一大数据与电力大数据［J］. 电力系统自动化，2016，40（1）：1-8.
[22] 王珊，王会举，覃雄派. 架构大数据！挑战（现状与展望）［J］. 计算机学报，2011，34（10）：1741-1752.
[23] 苗新，张东霞，孙德栋. 在配电网中应用大数据的机遇与挑战［J］. 电网技术，2015，39（11）：3122-3127.
[24] 刘科研，盛万兴，张东霞，等. 智能配电网大数据应用需求和场景分析研究［J］. 中国电机工程学报，2015，35（2）：287-293.
[25] 刘树仁，宋亚奇，朱永利，等. 基于Hadoop的智能电网状态监测数据存储研究［J］. 计算机科学，2013，40（1）：81-84.
[26] 冷喜武，陈国平，白静洁，等. 智能电网监控运行大数据分析系统总体设计［J］. 电力系统自动化 2018，42（12）：160-166.
[27] 冷喜武，陈国平，蒋宇，等. 智能电网监控运行大数据分析系统的数据规范和数据处理［J］. 电力系统自动化 2018，42（19）：169-176.

第 4 章　智能配用电大数据应用

本章导读

智能配用电网中存在大量异构多源的数据，其数据规模和特点符合大数据的各项特征。数据源类型丰富，覆盖配变、配电变电站、配电开关站、电能表、电能质量等配用电自动化和信息化数据、用户数据和社会经济等数据。通过运用数据分析技术，可为配用电网规划和安全运行提供数据支撑，也可使电网公司进一步拓展服务的深度和广度，为未来的电力需求侧响应政策的制定提供数据支撑。

- **本章将学习以下内容：**

Hadoop 及并行计算。

数据采集与处理。

配用电大数据应用场景。

4.1　概述

随着智能配用电网信息化、自动化、互动化水平的提高，以及与物联网的相互渗透与融合，电力企业内部积累了大量数据，如用户用电数据、调度运行数据、GIS 数据、设备检测和监测数据，以及故障抢修数据等。在量测体系之外，电力企业还积累了大量运营数据，如客户服务数据、企业管理数据及电力市场数据等。因此，近年来的数据资源急剧增长对大数据技术也产生强烈的需求。具体表现为数据量由 TB 级向 PB 级发展，数据高性能存储和高可扩展性面临挑战；业务对复杂数据处理和实时性提出更高要求；跨业务、跨平台的数据处理和分析能力需要进一步提升。

大数据具有 4V 特点，即高容量（Volume）、快速性（Velocity）、多样性（Variety）和价值密度低（Value）。大数据带来的挑战在于它的实时处理，而数据本身也从结构性数据转向了非结构性数据，因此，使用关系数据库对大数据进行处理是非常困难的。

配电网具有地域分布广、运行方式多变、设备种类多等鲜明特点。随着配电自动化、用电信息采集等应用系统的推广应用，配电网中会产生指数级增长的海

量异构、多态的数据，配电网中含有结构化数据、非结构化数据、半结构化数据，但是不同类型的数据可能包含相同的信息量，如某一线路的长度可由地理信息系统中的非结构化图形数据获得，也可从生产管理系统中的结构化数据获得，通过不同类型的数据进行互校核，可实现不良数据的辨识。

智能配用电大数据应用具备丰富的数据源，现在大多数地市拥有多个配电管理系统，包括配电自动化系统、调度自动化系统、电网气象信息系统、电能质量监测管理系统、生产管理系统、地理信息系统、用电信息采集系统、配变负荷监测系统、负荷控制系统、营销业务管理系统、ERP 系统、95598 客服系统、经济社会类数据等数据源，这些数据源的总体状况见表 4-1。这些数据源涵盖了调度、运检、营销等多个管理业务，以及绝大部分 110kV 及以下多电压等级的电网监控和采集信息。从数据源类型来讲，智能配用电大数据应用的数据源类型丰富，覆盖配变、配电变电站、配电开关站、电能表、电能质量等配用电自动化和信息化数据、用户数据和社会经济等数据。

表 4-1　　典型配电系统数据源

编号	信息系统	数据格式
1	配电自动化	结构化数据
2	生产管理系统	结构化数据
3	地理信息系统	半结构化/非结构化数据
4	调度自动化系统	结构化数据
5	用电信息采集	结构化数据
6	负荷控制系统	结构化数据
7	负荷监视系统	结构化/半结构化数据
8	营销业务应用系统	结构化数据
9	电能质量监测系统	结构化/半结构化数据
10	电网气象信息系统	非结构化数据
11	95598 客服系统	非结构化数据
12	ERP 系统	非结构化数据
13	地区社会经济数据	结构化/半结构化数据

不同的数据源为配用电网研究对象提供了多角度、多时间、多维度的数据描述，因此，研究大数据技术应从以下角度考虑：数据采集与预处理、数据存储和管理、数据分析和挖掘等几个方面。

大数据存储和管理方面：当前普遍采用的是分布式文件系统和分布式数据库。由于大数据处理的多样性和复杂性，学术界和工业界不断研究和推出新的大数据计算模式和平台；重要的发展趋势包括 Hadoop 平台与其他计算模式的融合、多样性混合计算模式、基于内存的大数据处理技术。可视化是大数据分析的重要手段，同时大数据也对可视化技术提出了新的挑战。实际应用中存在大量高速时序数据，而且这些数据的维度都很高，如何对这样的数据进行可视化还没有得到很好的解决，也是亟需研究的问题。

数据的存储处理方面：数据处理层采用混合型的大数据存储和处理架构实现对多源异构配用电大数据的多样性存储和处理功能。混合存储可适应分布式文件系统、列式数据库、内存数据库等多种数据存储和管理形式，以满足不同应用的需求；处理架构分别面向离线分析、实时计算、计算密集型数据分析等场景采用分布式批处理、内存计算、高性能计算等技术实现。

数据挖掘分析方面：主要用于对大量基础用电数据进行分析和处理并将其转换成有价值的知识和结论，这些知识和结论可以反映用户的用电规律和用能薄弱环节，可辅助电网公司和政府部门进行决策制定，也可引导电力用户合理用电。

针对海量、高频配用电数据，单机实现的常规数据挖掘算法普遍存在着计算量庞大、计算过程复杂、处理能力有限等问题。为了解决常规数据挖掘算法单机运算中遇到的问题，提高算法的运行效率，采用 MapReduce 并行计算框架，实现聚类、分类、预测、关联等数据挖掘算法的并行化，并将其应用于用电户用电行为和用电规律分析中。分布式数据处理平台并行数据挖掘模块的功能结构如图 4-1 所示。

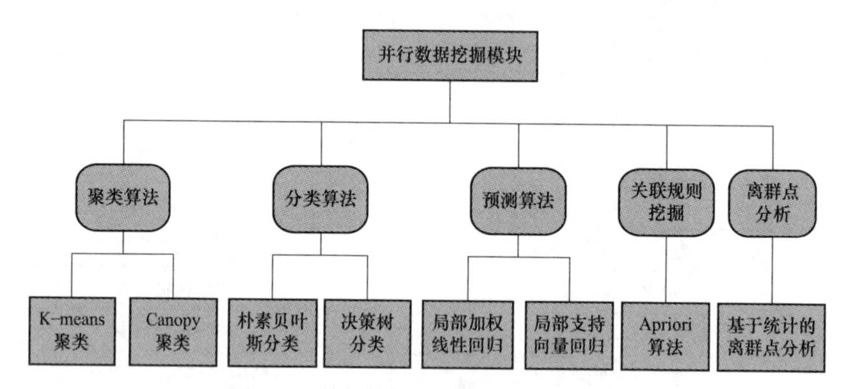

图 4-1 并行数据挖掘模块功能结构图

4.2 Hadoop 以及并行计算框架

Hadoop 是 2000 年 Apache 公司受到谷歌实验室 MapReduce 和 Google File System 的启发，由 Doug Cutting 和雅虎发起并领导的开源项目。Hadoop 的可扩展性、

灵活性、容错性等使其很快成为业内流行的解决方案。Hadoop 有两个显著特征，一个 HDFS（Hadoop Distributed File System），另一个是 Map Reduce 分布式计算框架。

在配用电领域，云数据处理平台是系统核心的数据存储和数据处理平台，平台结构以分布式文件系统 HDFS 和并行计算框架（MapReduce）为基础，融入外部系统的接口、多维分析、海量数据知识挖掘、数据分析结果展示等多种服务，如图 4-2 所示，可支撑系统大规模数据分布式采集、并行多维分析和并行数据挖掘。

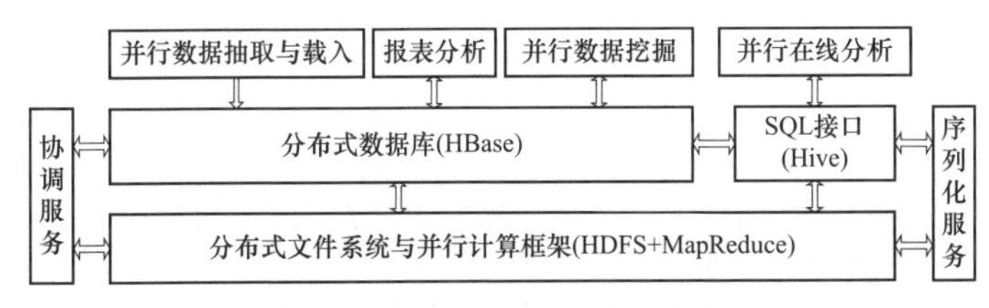

图 4-2 云数据处理平台结构图

从图 4-2 中可以看出云数据处理平台主要提供四类功能，分别是分布式数据存储、并行数据抽取、转换与载入（即数据 ETL）、并行多维分析与并行数据挖掘。其中分布式数据存储采用 HBase 存储数据，这可以大大提高数据的存取效率，由于 HBase 的底层存储采用 HDFS，使得数据存储具有分布式、安全可靠等优点。数据 ETL 用于完成将数据源通过抽取、转换、载入等一系列过程导入到 HBase 中。并行多维分析采用 Hive 来实现，Hive 提供的类 SQL 接口简单易用，大大简化了多维分析实现的难度。并行数据挖掘基于 MapReduce 并行计算框架实现聚类、分类、预测、离群点分析等多种数据挖掘算法，使从海量数据中发掘有价值的知识成为可能。

4.2.1 分布式文件系统

（1）分布式文件系统的特点。Hadoop 实现了分布式文件系统 HDFS，用于实现数据的分布式存储。HDFS 有如下特点和目标：

1）硬件故障。硬件故障是常态，而不是异常。整个 HDFS 系统将由数百或数千个存储着文件数据片断的服务器组成。实际上它里面有非常巨大的组成部分，每一个组成部分都会频繁地出现故障，这就意味着 HDFS 里的一些组成部分总是失效的，因此，故障的检测和自动快速恢复是 HDFS 一个核心的结构目标。

2）流式的数据访问。运行在 HDFS 之上的应用程序必须流式地访问它们的数据集，它不是典型的运行在常规的文件系统之上的常规程序。HDFS 是设计成适合批量处理的，而不是用户交互式的。

3）高效性。Hadoop 能够在节点之间动态地移动数据，并保证各个节点的动态平衡，因此处理速度非常快。

4）高扩展性。Hadoop 是在可用的计算机集簇间分配数据并完成计算任务的，这些集簇可以方便扩展到数以千计的节点中。

（2）分布式文件系统的结构。HDFS 的架构如图 4-3 所示。

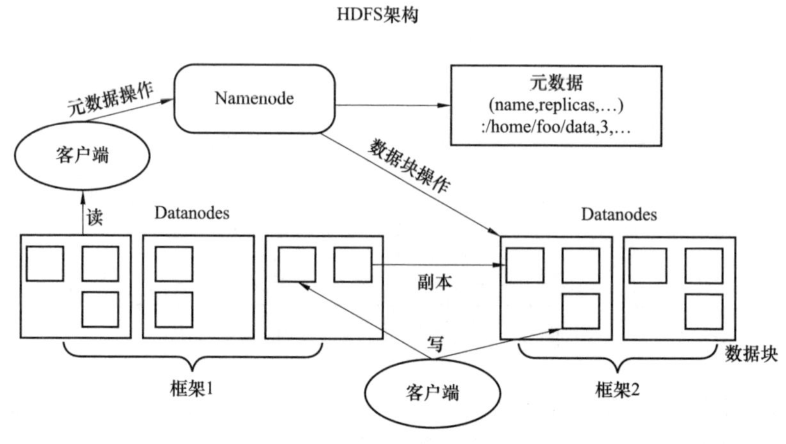

图 4-3　分布式文件系统的结构

HDFS 有一个主从结构。一个 HDFS 集群包含一个 NameNode 和多个 DataNode。NameNode 是主服务器，维护文件系统命名空间、规范客户对于文件的存取和提供对于文件目录的操作。DataNode 负责管理存储节点上的存储空间和来自客户的读写请求。DataNode 也执行块创建、删除和来自 NameNode 的复制命令。

HDFS 的命名空间存放在 NameNode 上，NameNode 使用事务 log（EditLog）去记录文件系统元数据的任何改变。而文件系统命名空间包括文件和块的映射关系和文件系统属性等它们存放在 FsImage 文件中，Editlog 和 FsImage 都保存在 NameNode 的本地文件系统中。同时它还在内存中保存整个文件系统的命名空间和文件的块映射图。

所有 HDFS 的通信协议是建立在 TCP/IP 协议之上的，在客户和 NameNode 之间建立 ClientProtocol 协议，文件系统客户端通过一个端口连接到命名节点上，通过客户端协议与命名节点交换；而在 DataNode 和 NameNode 之间建立 DataNode 协议。上面两种协议都封装在远程过程调用协议（Remote Procedure Call，RPC）之中。一般地，命名节点不会主动发起 RPC，只响应来自客户端和数据节点的 RPC 请求。

HDFS 提出了数据均衡方案，即如果某个数据节点上的空闲空间低于特定的临界点，那么就会启动一个计划自动地将数据从一个数据节点迁移到空闲的数据节点上。当对某个文件的请求突然增加时，那么也可能启动一个计划创建该文件新的副本，并分布到集群中以满足应用的要求。副本技术在增强均衡性的同时，也增加系统可用性。

当一个文件创建时，HDFS 并不马上分配空间，而是在开始时，HDFS 客户端在自己本地文件系统使用临时文件中缓冲的数据，只有当数据量大于一个块大小时，客户端才通知 NameNode 分配存储空间，在得到确认后，客户端把数据写到相应的 DataNode 上的块中。当一个客户端写数据到 HDFS 文件中时，本地缓冲数据直到一个满块形成，DataNode 从 NameNode 获取副本列表，客户端把数据写到第一个 DataNode 后，当这个 DataNode 收到小部分数据时（4KB）再把数据传递给第二个 DataNode，而第二个 DataNode 也会以同样方式把数据写到下一个副本中，这就构成了一个流水线式的更新操作。

在删除文件时，文件并不立刻被 HDFS 删除，而是重命名后放到/trash 目录下面，直到一个配置的过期时间结束才删除文件。

文件系统是建立在数据节点集群上面，每个数据节点提供基于块的数据传输。浏览器客户端也可以使用 HTTP 存取所有的数据内容。数据节点之间可以相互通信以平衡数据、移动副本，以保持数据较高的冗余度。

4.2.2　HBase

HBase，即 Hadoop Database，属于分布式数据库，是一个高可靠性、高性能、面向列、可伸缩的分布式存储系统，利用 HBase 技术可在廉价 PC Server 上搭建起大规模结构化存储集群，对业务应用上时效性要求很高的数据存储通常采用 HBase 来实现。

HBase 存储的数据介于映射和关系型数据之间，通过主键和主键范围来检索数据，支持单行事物。HBase 的架构如图 4-4 所示，主要用来存储非结构化和半结构化的松散数据。通过横向扩展及廉价的商用服务器增加计算和存储能录。所以 HBase 向下提供存储，向上支持运算，将数据存储和并行计算比较完美地结合在了一起。

HBase 中的所有数据文件都存储在 Hadoop HDFS 文件系统上，主要包括以下两种文件类型：

（1）HFile。HBase 中 KeyValue 数据的存储格式，HFile 是 Hadoop 的二进制格式文件，实际上 StoreFile 就是对 HFile 做了轻量级包装，即 StoreFile 底层就是 HFile。

（2）HLog File。HBase 中 WAL（Write Ahead Log）的存储格式，物理上是 Hadoop 的 Sequence File。

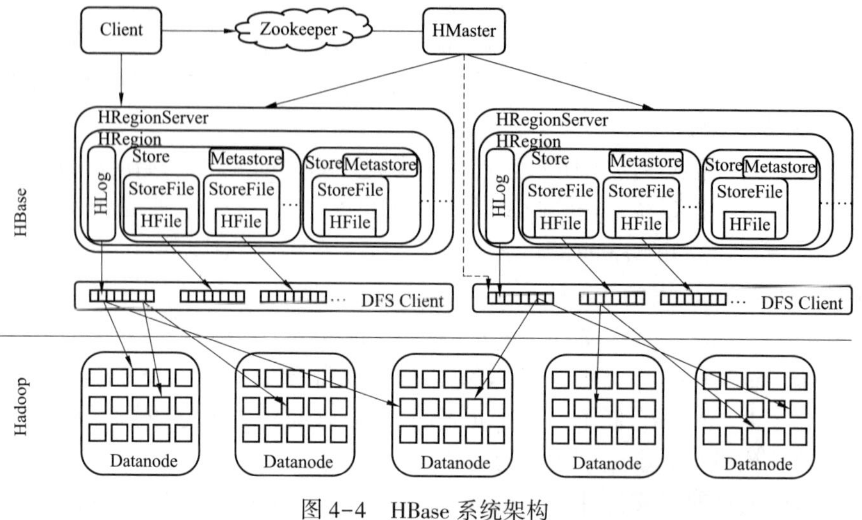

图 4-4　HBase 系统架构

图 4-5 所示是 HFile 的存储格式。

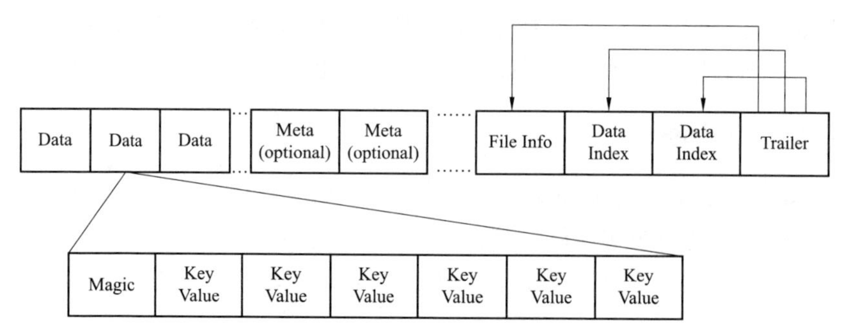

图 4-5　HFile 存储结构图

HFile 里面的每个 KeyValue 对就是一个简单的 byte 数组。但是这个 byte 数组里面包含了很多项，并且有固定的结构。里面的具体结构如图 4-6 所示。

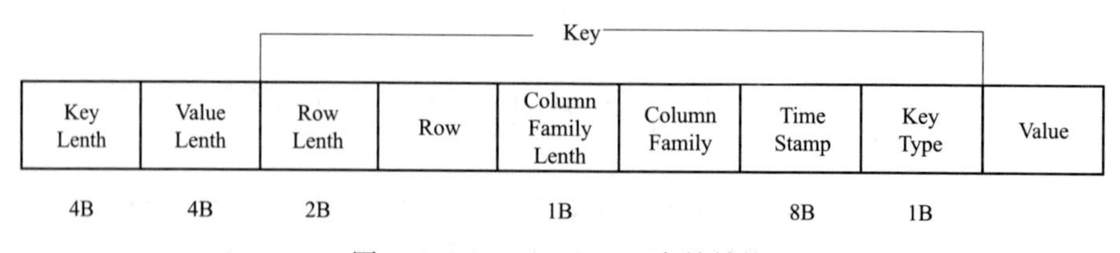

图 4-6　HFile KeyValue 存储结构

图 4-6 中，开始是两个固定长度的数值，分别表示 Key 的长度和 Value 的长度。紧接着是 Key，开始是固定长度的数值，表示 RowKey 的长度，紧接着是

RowKey，然后是固定长度的数值，表示 Family 的长度，然后是 Family，接着是 Qualifier，然后是两个固定长度的数值，表示 Time Stamp 和 Key Type（Put/Delete）。Value 部分没有这么复杂的结构，就是纯粹的二进制数据了。

图 4-7 所示是 HLog 文件的结构。

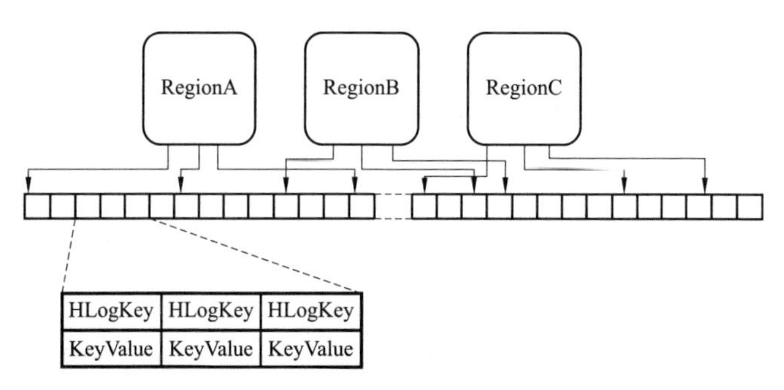

图 4-7　HLog 文件结构图

图 4-7 中示意了 HLog 文件的结构，其实 HLog 文件就是一个普通的 Hadoop Sequence File，Sequence File 的 Key 是 HLogKey 对象，HLogKey 中记录了写入数据的归属信息，除了 table 和 region 名字外，同时还包括 sequence number 和 timestamp，timestamp 是“写入时间”，sequence number 的起始值为 0，或者是最近一次存入文件系统中 sequence number。

4.2.3　Hive

Hive 二维表中的数据是直接存储于 HDFS 中的，通过 Hive 提供的类 SQL 接口可以直接对数据进行操作。HBase 表中的数据虽然最终也是存储于 HDFS 中，但其是基于列存储的，与二维表中数据的存储格式有很大差别。Hive 提供了专门的接口，可以将 HBase 中基于列存储的表映射为二维表，从而可以利用 Hive 的类 SQL 接口直接对其进行操作。

4.2.4　Zookeeper

Zookeeper 是一个分布式应用服务，利用快速 Paxos 算法和一些分布式应用维护命名服务，留存配置信息、命名、同步以及组服务。一般通过 Zookeeper 来管理 Hadoop、HBase、Hive 等工程。

4.3　系统拓扑结构

图 4-8 所示是系统的拓扑，工作流引擎部署在单独一个服务器上，负责提供和门户的交互服务，执行工作流，调用各种组件并返回结果；NameNode

（Master）本身是 Hadoop 集群和 Hbase 的管理节点，各种组件也部署在 NameNode 上，同时 NameNode 上还部署一个 RMI（Java 实现）注册服务器，负责将各种组件的代理（Proxy）注册成 RMI 服务，组件的调用通过 RMI 调用完成；DataNode（RegionServer）是集群的数据节点，负责存放各种数据。

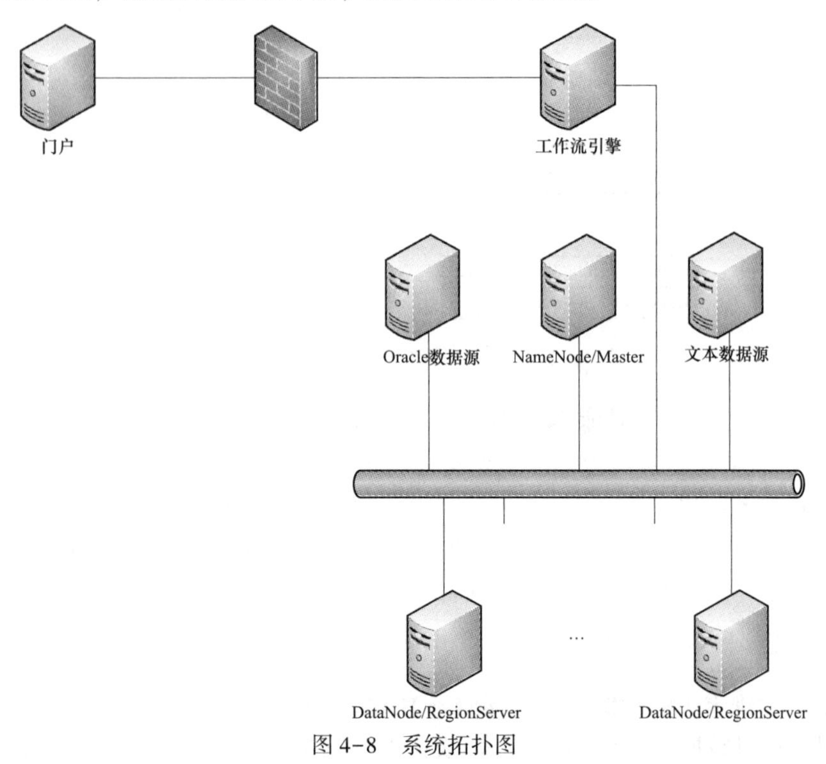

图 4-8　系统拓扑图

平台整体架构如图 4-9 所示，数据层提供基础数据服务，其中云数据库还提供分布式计算服务。

组件层提供五大类服务组件，包括：数据接口组件，获取面向三种数据源（Oracle、HBase 和文本）的接口描述服务，向流程设计器提供数据源的元数据信息；数据 ETL 组件提供面向三种数据源的数据导入功能，可将数据导入到云数据中。数据 Join 组件提供将两张 HBase 表按照某个固定字段进行 join 操作，将结果集导入新的 HBase 表中的功能。数据预处理组件可以对 HBase 中的数据应用预处理算法进行加工，以便满足数据挖掘算法的需要。该组件包含 6 个子组件，每个子组件实现一个预处理算法，这些子组件是：缺值处理组件、去重组件、数据抽样组件、归一化组件、属性选择组件、属性删除组件。数据挖掘算法组件主要是提供数据挖掘算法的并行化处理，达到在分布式数据库中进行并行数据挖掘的目的，包括预测、聚类、分类、关联分析、离群点分析和离群点分析等算法的并行化实现。

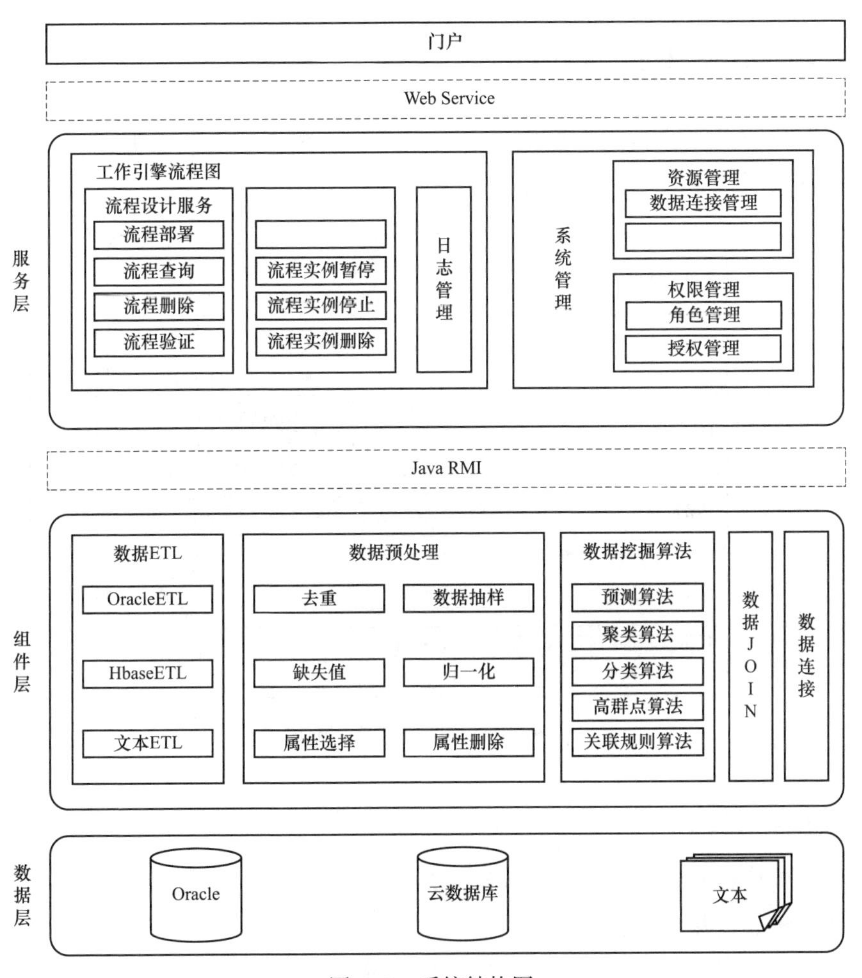

图 4-9　系统结构图

服务层主要包括一个工作流引擎和系统管理服务，其中工作流引擎包括：流程设计服务，它为前台流程设计器提供服务，包括创建工作流、编辑工作流、删除工作流和验证工作流等；调度管理是管理工作流运行的关键，它负责自动或接受业务人员的命令手动启动工作流的实例，监控流程实例运行状态，终止流程实例等功能；日志管理可以管理工作流运行中产生的各种日志，管理人员通过该模块可以了解整个工作流引擎以及各种人物流程的工作情况。系统管理服务包括：资源管理，对工作流设计器使用的数据连接的管理和验证；权限管理主要负责对资源和流程进行权限划分，针对不同的角色实现不同的资源使用、流程定制和执行能力。

4.4 数据采集与处理

数据分析系统分为六个层次，由数据采集、数据整合、数据存储、数据分析、信息展现和业务应用组成，如图 4-10 所示。

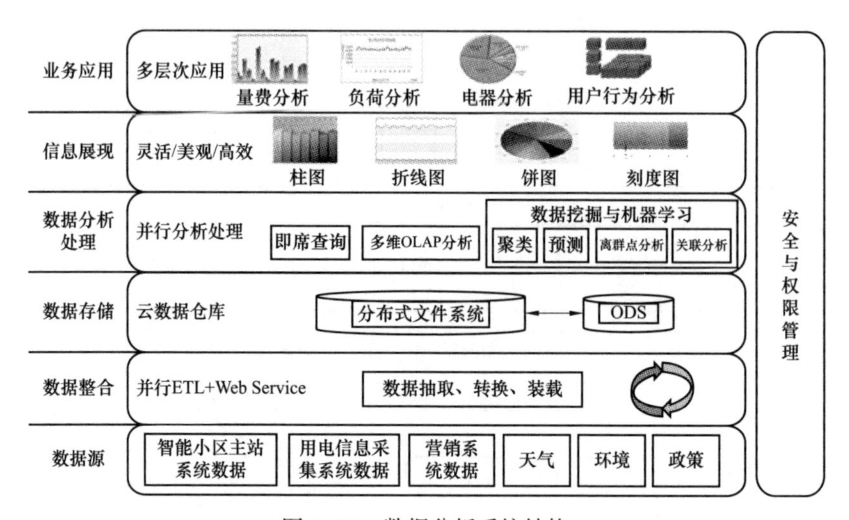

图 4-10　数据分析系统结构

4.4.1 数据种类

为了满足数据分析和处理的需要，系统需要支持多种类型数据源的接入，具体可将这些数据源分为以下 3 大类：

第 1 类：为物联网智能终端、温度传感器、智能电能表等数据采集设备所采集到的高频率海量数据，这类数据通过系统提供的接口可以直接装载到系统中。

第 2 类：为外部数据，主要包括天气、环境、政策等数据，这类数据由系统从权威数据发布机构获得。

第 3 类：为电网已建成的核心业务系统的数据，主要有用电信息采集系统数据、智能小区数据、智能园区数据等，其中用电信息采集系统数据主要包含用电户每小时的用电数据，智能小区主站系统数据主要包含家庭用户智能家居每 15min 的用电数据，智能园区数据主要包含智能园区中企业生产线和重要设备的负荷、用电量等数据。

4.4.2 数据采集

采集网络是数字化与智能化的基础，实现多能源、全覆盖的信息采集。通过在用能设备信息计量点上部署计量设备，利用工业总线将数据进行集中到采集点，并与通信网络对接，网络架构如图 4-11 所示。采集的数据类型包括用电设备的电能基本参数和电能质量信息等，同时还包括温度、流量等其他能源数据的采集。

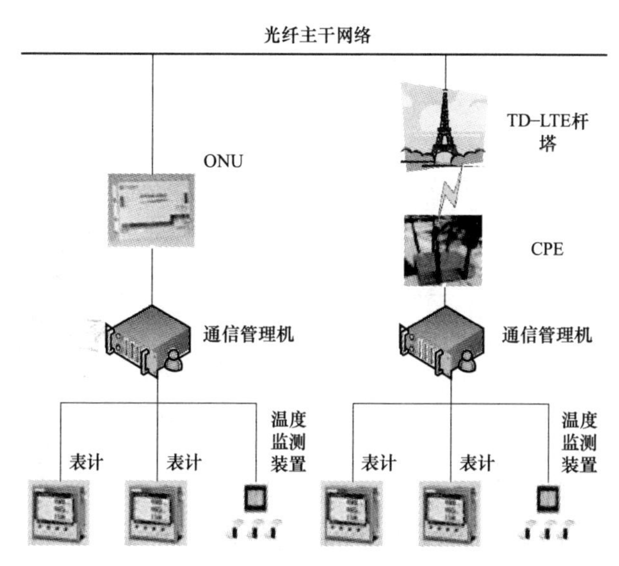

图 4-11　采集网络架构图

电力数据主要依赖于多功能电能表的采集，该多功能电能表具有高采集实时性、多参数采集、高精度等特点，并根据需要配备了谐波分析等功能，上行接口主要为 RS-485。温度采集方面，主要采用了温度采集装置，并配有一系列的数据传输系统，可以实现温度的实时检测。通信管理机的主要作用是汇聚多功能电能表的采集数据，同时实现了数据协议转换，使之更适合远距离传输；通信管理机上行为以太网接口，可以很方便地与 TD-LTE 无线终端客户端设备（Customer Premise Equipment，CPE）或 EPON 终端 ONU 对接，从而实现了向光纤主干网络的接入。控制方面，我们所选取的多功能电能表具备多路开入开出节点，方便日后增加控制功能，极大地增强了系统的可拓展性。

普通用电数据主要包含实时测量量、需量、电能示值、SOE 等数据项，是现场用电情况的实时展示。针对这些数据量的采集性质，采用一般的电力监测仪即可完成采集过程。

其他参变量的采集，如变压器温度等，也为电力用户提供了用电现场非常重要的监测数据。这些数据的采集主要基于物联网技术来实现。表 4-2 是采集网络所采集的各种数据项的汇总。

表 4-2　　采 集 数 据 项

功能类型	功能名称	参数名称
实时测量值	相电压	各相电压、平均相电压
	线电压	各线电压、平均线电压
	电流	各相电流、中线电流、三相平均电流
	有功功率	各相有功功率、三相总有功功率
	无功功率	各相无功功率、三相总无功功率
	视在功率	各相视在功率、三相总视在功率
	功率因数	各相功率因数、三相总功率因数
	负载性质	负载性质
	频率	系统频率
需量	需量	四象限有功/无功需量、电流需量
实时电量	有功电量	双方向有功电量、绝对值和有功电量、净有功电量
	无功电量	双方向无功电量、绝对值和无功电量、净无功电量
	系统视在电量	
实时电量定时抄表	有功电量定时抄表	双方向有功电量、绝对值和有功电量、净有功电量
	无功电量定时抄表	双方向无功电量、绝对值和无功电量、净无功电量
	系统视在电量定时抄表	
分时段电量	上月、本月与累计分时电量有功电量、系统视在电量	各单相、三相双方向有功电量
	上月、本月与累计分时电量无功电量、系统视在电量	各单相、三相双方向无功电量
分时电量定时抄表	本月与累计分时有功电量、系统视在电量	各单相、三相双方向有功电量
	本月与累计分时无功电量、系统视在电量	各单相、三相双方向无功电量
统计与记录	当前最大值最小值统计和时间标签	电压、电流、有功功率、无功功率、视在功率、功率因数、频率、需量、不对称度、畸变率
	上次最大值最小值统计和时间标签	
电压合格率	本日、上日、月、年、累计合格率	运行时间、各相（线）电压合格时间/合格率、三相电压合格时间/合格率
合格率抄表	本日、月、年、累计合格率	运行时间、各相（线）电压合格时间/合格率、三相电压合格时间/合格率

续表

功能类型	功能名称	参数名称
SOE	DI 变位顺序记录	SOE
电力品质	三相电压不平衡度	
	三相电流不平衡度	
	电压谐波畸变率	
	电流谐波畸变率	
	各次谐波畸变率	
	波峰系数	
	电话干扰系数	
	K 系数	
序分量	电压序分量、电流序分量	正序、负序、零序
相角	电压相角、电流相角	各相电压、电流相位
越限报警	报警项目	各相实时测量参数 各相电力品质参数 预测需量参数
I/O	状态量输入（DI）	DI
	继电器输出（RO）	RO
	电度脉冲输出（DO）	DO
	报警输出（DO/RO）	
时间	实时时钟	年、月、日、时、分、秒
其他	温度、流量等	

数据从计量点或其他监测仪表中通过现场总线或其他信道传给采集点的通信管理机。采集点通过 TD-LTE 无线终端 CPE 接入无线网络进而与光纤网络连接，或通过 ONU 的转接功能直接接入光纤网络。通过电力光纤网络完成采集点与主站的通信信道建立。

4.4.3　数据整合

（1）数据整合流程。数据整合是将多个现有异构数据源中的数据通过抽取、转换、载入等一系列操作最终按照统一格式进行集中存储的过程。系统需接入不同数据源，包括多个智能小区/智能园区的用电数据、用电信息采集系统和营销业务数据、第三方天气数据等，根据不同数据源接入的需要可采用不同的数据整合技术，智能小区家用电器数据、智能园区企业用电数据、用电信息采集系统和营销业务数据一般存储于现有系统的关系型数据库中，对于这些数据将采用并行

ETL 技术进行数据整合；而对于第三方提供的天气等数据，一般通过第三方机构提供的特定 WebService 接口获取，最终经整合后的数据按照业务需要统一存储于云数据仓库中。

系统的数据整合流程如图 4-12 所示。

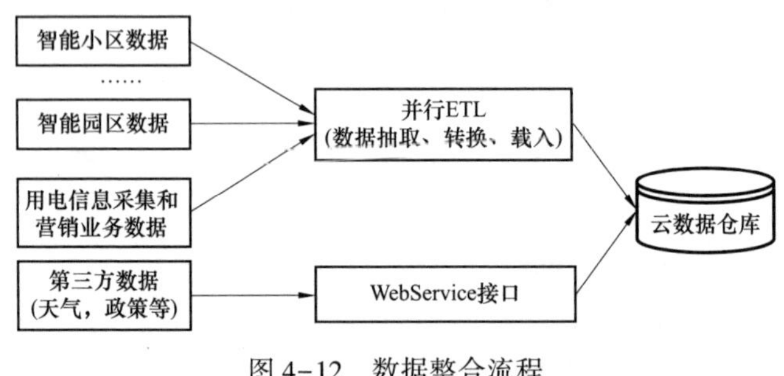

图 4-12　数据整合流程

(2) 并行 ETL。ETL 是构建数据仓库的重要环节，用户从数据源抽取出所需的数据，经过数据清洗，最终按照预先定义好的数据仓库模型，将数据加载到数据仓库中。

数据抽取主要针对各个业务系统及不同网点的分散数据，充分理解数据定义后，规划需要的数据源及数据定义，指定可操作的数据源，制定增量抽取的定义。

数据转换主要针对数据仓库建立的模型，通过一系列的转换来实现将数据从业务模型到分析模型，从原来的局部数据变成可以集成的数据。

数据转换是真正将源数据变成目标数据的关键环节，它包括数据格式转换、数据类型转换、数据汇总计算、数据拼接等。但这些工作可以在不同的过程中处理，视具体情况而定，比如可以在数据抽取时转换，也可以在数据加载时转换。在数据转换的过程中通常还要进行数据清洗。清洗主要是针对系统的各个环节可能出现的数据二义性、重复、不完整、违反业务规则等问题，允许通过试抽取，将有问题的记录先剔除出来，根据实际情况调整相应的清洗操作。数据加载主要是将经过转换和清洗的数据加载到数据仓库里面，即入库，可以通过数据文件直接加载和直连数据库的方式来进行数据加载，可以充分体现高效性。

由于系统中并行 ETL 的数据源主要来自关系型数据库，关系型数据库类型多种多样，有 Oracle、MySQL、SQLServer 等，它们虽然都是关系型数据库，但对数据的存储方式、提供的数据接口甚至能够支持的 SQL 标准都各不相同。图 4-13 给出了并行 ETL 的整体流程。

从图 4-13 可以看出并行 ETL 技术的核心是通过并行计算框架 MapReduce 来

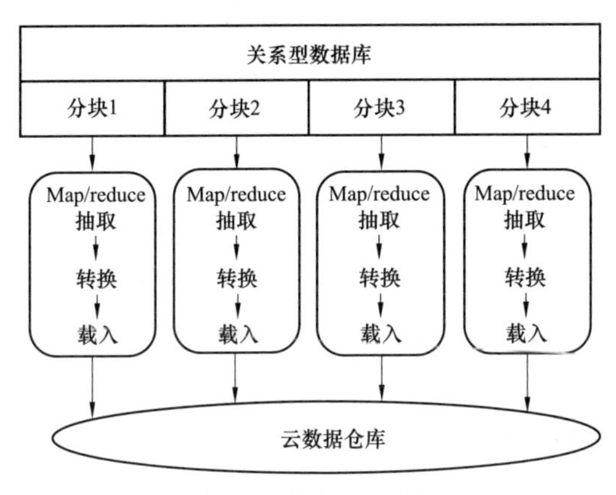

图 4-13　并行 ETL 流程

实现。在 ETL 的过程中首先会将数据源进行分块，然后在云数据仓库的不同节点上分别启动不同的 MapReduce 过程对各个分块数据进行抽取、转换和载入等一系列操作，最终各个 MapReduce 过程把各自处理的数据再汇总到云数据仓库的存储系统中，从而完成整个并行 ETL 过程。另外，为了满足并行 ETL 过程数据处理的连续性，还要实现并行 ETL 的增量化。

（3）MapReduce 并行计算技术。MapReduce 是一种处理海量数据的并行编程模型和计算框架，用于大规模数据的并行计算。它采用一种“分而治之”的思想，把大的任务分解成若干个较小的任务分发给各个节点来执行，再将各个节点的执行结果进行汇总，从而得到最终的结果。

4.4.4　数据存储

为了满足智能用电高频、海量数据的存储需求以及系统中多层次的应用需求，系统整合现有技术实现了基于分布式存储技术的云数据仓库。根据对数据处理实时性要求的不同，云数据仓库划分为 ODS 和分布式文件系统两大部分，其中 ODS 用来存储满足实时监测、即席查询等需求且实时性要求高的数据，分布式文件系统用来存储满足数据挖掘等需求但实时性要求不高的数据，而在 ODS 和分布式文件系统之间我们采用类 SQL 接口的中间件实现两者之间的互通，来满足系统多维分析的需求。云数据仓库的存储架构如图 4-14 所示。

从云数据仓库的整体架构图可以看出，在我们的云数据仓库系统中，分布式文件系统基于 Hadoop 的 HDFS 实现，ODS 基于 HBase 实现，类 SQL 接口基于 Hive 实现。

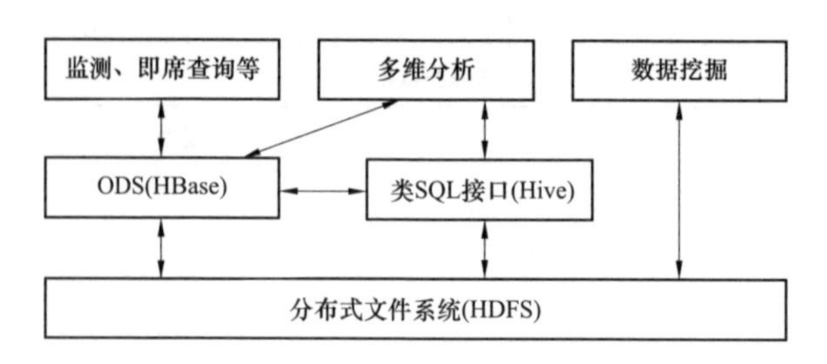

图 4-14　云数据仓库整体架构

4.4.5　数据分析处理

智能用电系统的 OLAP 是通过 Hive 来实现的，Hive 通过自身与 HBase 的接口将 HBase 中基于列的数据表映射为关系型数据库中的二维表，再通过自身提供的类似 SQL 的 HiveQL 来对 HBase 中的数据进行 OLAP 分析。从时间、地区、用电政策、峰谷平时段、家庭属性、电器类型、季节、天气等多个角度对小区居民、智能园区的电量、电费、负荷等用电数据进行多维度的比较分析和复杂查询，使用户可以灵活地分析用电数据，为科学合理用电提供辅助支持。

本系统采用并行数据挖掘体系结构，其具有较高的并行处理能力和性价比，以及方便灵活的并行程序设计环境，对于实施应用的客户和应用领域来讲，具有可操作性，本系统采用并行的聚类、时间序列等算法完成建立用于决策支持的模型，为智能用电领域服务提供预测性决策支持。

4.4.6　信息展现

企业信息门户技术提供了一个用户与企业的商业信息和应用软件间的接口。企业的商业信息，不只是被储存在数据仓库中，而是分布在不同的系统和应用软件之中。商业智能系统是通过企业信息入口来收集、组织和集成整个企业范围内的商业信息，并且对不同的用户提供不同的访问信息权限。

为了更加灵活、美观、高效地展现系统所监测到的各项电力指标数据，信息展现部分采用外观简洁、美观的图表工具 FusionCharts 作为底层的展现方式，用来动态地展现相关数据。

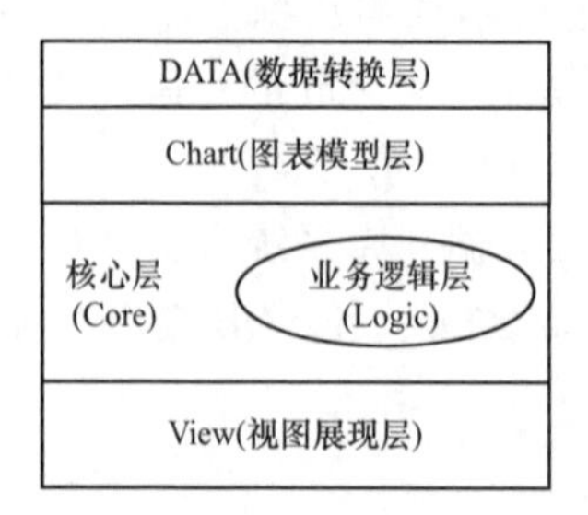

图 4-15　信息展现模块架构图

信息展现模块架构图如图 4-15 所示。系统通过 JDBC 的方式从数据库中获取各项参数及指标数据后，经过数据转换模块将其转换为后台系统的图表对象模型，然后经过核心底层结合业务层进行统计分析等一系列操作后，转换为后台系统中的各个图

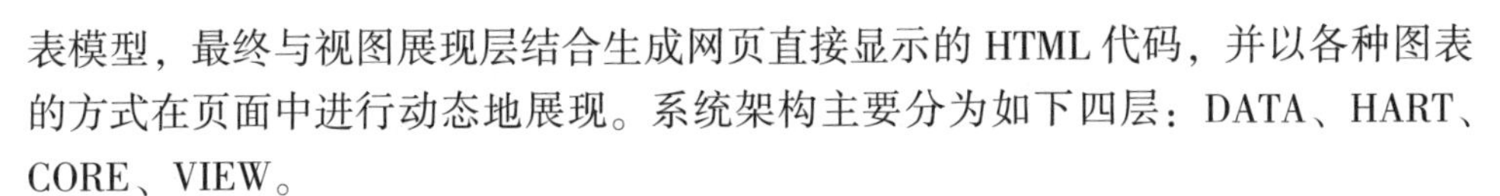

表模型，最终与视图展现层结合生成网页直接显示的 HTML 代码，并以各种图表的方式在页面中进行动态地展现。系统架构主要分为如下四层：DATA、HART、CORE、VIEW。

（1）Data：主要负责从数据库获取数据，然后封装成为 FusionChartData Model，将用户普通数据转换为 FusionCharts 的接口数据。

（2）Chart：将 Data 层封装的 FusionChartData Model 按照图表类型，转换为 Chart Model（图表模型）。

（3）Core：将 Chart 层生成的 Chart Model 转换生成为 XML 数据。Core 层主要使用了 Velocity 模版技术。模版可灵活、自由配置，也可以使用系统现有的配置。因此，在生成 XML 时不需要编写任何的 Java 代码，系统会自动将 FusionChartDataModel 加载至 Velocity 模版，解析生成 XML 数据。

Core-Logic：生成 XML 数据的同时，可以调用 Logic 自动完成分析统计等功能。Logic 层已经对常用的统计分析等业务进行了较好的合并封装。在解析 FusionChartData Model 时，会自动完成这些功能，而不需编写任何代码。

（4）View：主要包含 Jsp 自定义标签库。将 Core 生成的 XML 数据以标签库调用的形式使用，省略了前台页面所需的 JavaScript 代码。View 层专门负责解决 JavaScript 代码冗余的问题。View 层将 XML 数据按照 FusionCharts 的 XMl 数据格式完成 URL 编码转换。并且通过自定义标签的参数内嵌到 FusionCharts 图形的 Object 中。因此无需编写任何的 Javascript 代码，一切都在 View 层自动完成。

4.5　系统功能设计

智能用电系统设计充分考虑电力用户、电网公司以及政府部门三类用户的不同需求，整体功能设计以及各功能之间的关系如图 4-16 所示。

从图 4-16 中可以看出该系统主要由智能用电数据采集、云数据处理平台、用电监控、能效分析、智能互动、有序用电等功能模块组成。其中，电力用户计量点数据通过智能用电数据采集，将数据写入云数据仓库，实现各种信息的分布式存储；能效分析部分通过数据多维分析、数据挖掘等手段对电力用户的能耗和用电特征等信息进行对比和分析，实现用户用能的直观显示，同时为有序用电方案的制定和执行提供依据；用电监控可以以图表等多种形式动态显示用电数据，同时为能效分析提供参数配置接口；智能互动可以将用电监测中监测到的异常和能效分析结果告知用户，实现信息的互动和共享；有序用电目的是根据电网公司下发的当次有序用电计划以及用户自身可调节设备负荷，执行符合用户情况的有序用电方案。

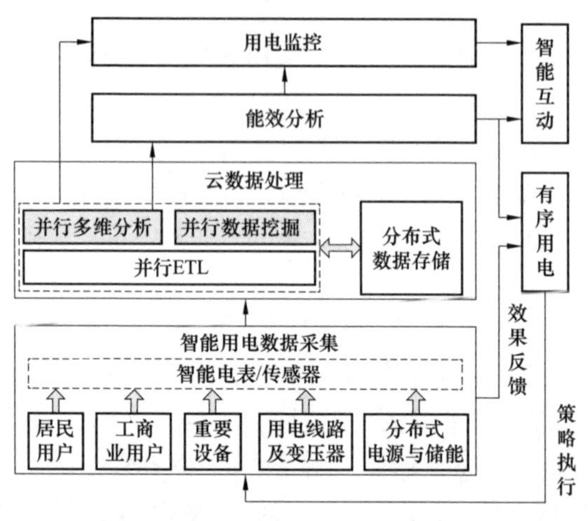

图 4-16 系统功能设计

4.5.1 并行 ETL 技术

ETL 在本系统中主要应用于营销业务、天气、用电信息采集等数据向云平台的载入。为了提高相关数据的抽取、转换和加载速度，可以借助云计算实现 ETL 过程的并行化和增量化。并行 ETL 技术首先对数据源进行合理分块，然后将每块数据分配给不同节点的多个 Map/Reduce 同时进行 ETL，达到整个过程的并行化，从而提高 ETL 的效率。同时，此流程实现了 ETL 过程的增量化，保证在实际应用过程中 ETL 的连续性。

本系统实现的并行 ETL 过程，满足如下技术指标：

（1）支持从关系型数据库和 WebService 提供的数据源向 HBase 数据表进行数据抽取。

（2）支持把 HBase 中的数据写回关系型数据库。

（3）并行 ETL 过程可以通过参数设置并行度。

（4）支持 ETL 过程的增量化，按照固定字段对数据进行连续的增量抽取，而非每次都对所有数据进行全量抽取。

（5）支持 HBase rowkey 优化、日期转换、字符串拼接、字符串取子串等多种数据转换规则。

（6）支持丢弃异常数据、停止运行、记录日志等多种异常处理方式。

4.5.2 并行数据挖掘技术

各类数据挖掘算法并行化的实现基本都可以分为三大步骤：

（1）MapReduce Driver 设置相关参数，包括 Map 和 Reduce 个数。

（2）Map 阶段：将任务 Map 到每个运算节点上面去并发执行，将原始数据列表处理成中间数据。

（3）Reduce 阶段：将 Map 阶段产生的中间数据综合归纳成输出结果。

其流程逻辑如图 4-17 所示。

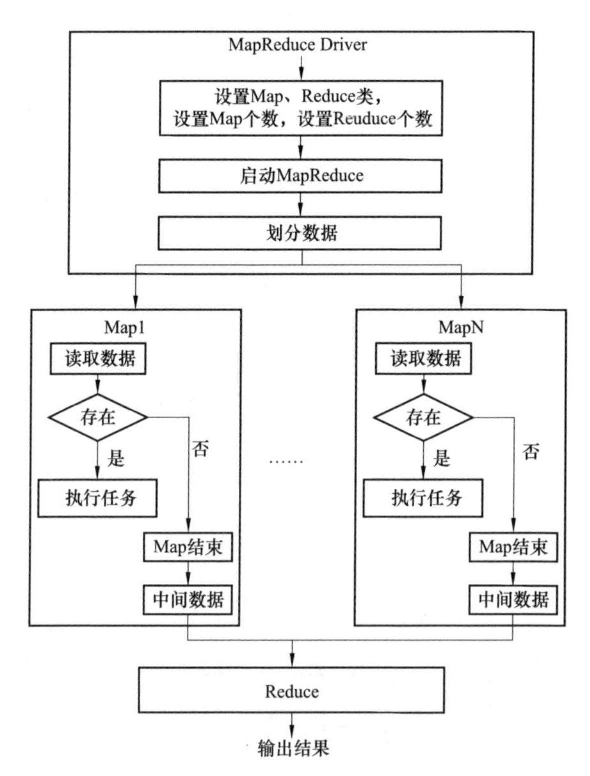

图 4-17　基于 MapReduce 的数据挖掘算法并行化实现流程图

各类数据挖掘算法所要实现的业务功能如下：

（1）并行聚类与分类数据挖掘算法主要应用于用电户用电行为和用电规律分析。

（2）并行预测模型主要用于实现峰值负荷、日负荷曲线以及用电量的预测，辅助用户主动实现削峰填谷。

（3）并行关联规则挖掘分析主要用于负荷水平影响因素分析、用电量水平影响因素分析等，通过分析负荷水平与气温类型、湿度、风速、日类型、天气类型等的相关性，寻找与负荷相关的主要因素，为建立负荷预测模型提供支持，而分析峰谷电价比与峰电量和谷电量的关系，对制定更为合理的峰谷电价比以及适当的市场营销策略具有一定的指导意义。

（4）离群点数据挖掘算法主要应用于用电异常监测，通过分析用电户用电水平的异常变化，防止漏电、偷电等行为。

4.5.3 用电监测

根据计量点类型不同，工商业用户的用电监测可分为负荷电量监测、电能质量监测、分布式电源监测、企业用电监测、工艺流程监测，如图 4-18 所示。

（1）负荷电量监测。负荷电量监测从园区整体、用户整体、用户内设备三个层面对工商业用户各计量点的负荷、电量情况进行监测，使电网公司、政府和电力用户能够实时掌握用户负荷、电量情况，有助于从各个层面来评价用户负荷是否处于正常水平，及时发现异常情况并报警，保证用户设备安全稳定运行，避免事故的发生。负荷电量监测界面如图 4-19 所示。

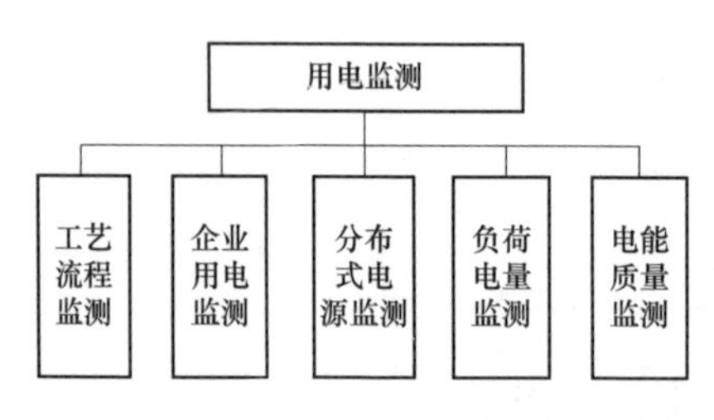

图 4-18 工商业用户用电监测功能结构图

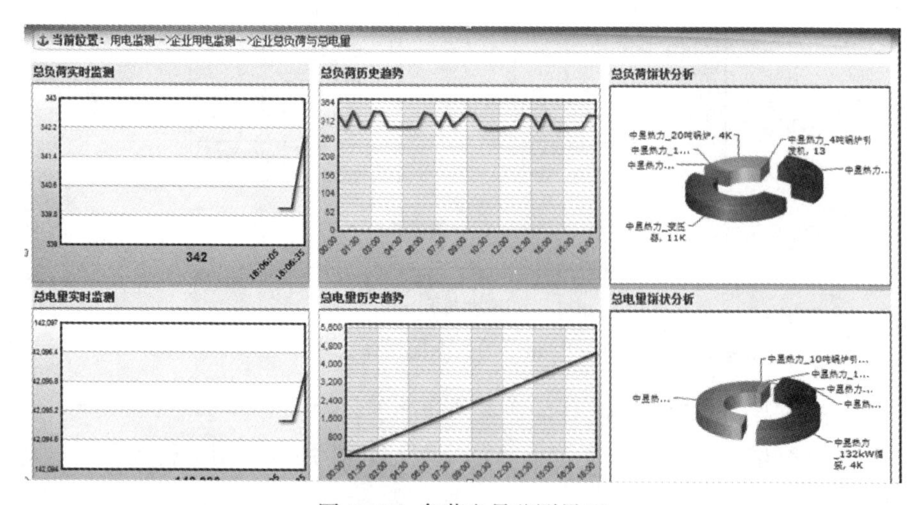

图 4-19 负荷电量监测界面

（2）电能质量监测。电能质量不论对于工商业用户还是电网公司都很重要。电能质量监测功能主要对工商业用户各计量点的电压偏差、频率偏差、三相电压不平衡度、各次谐波、谐波电压含有率、谐波畸变率等参数进行监测，并进行稳态评估，使电网公司能够实时掌握用户的电能质量情况，有助于全面评价用户电能质量是否处于正常范围，若发现异常及时报警，以保证工商业用户电能质量，避免事故的发生。电能质量监测界面如图 4-20 所示。

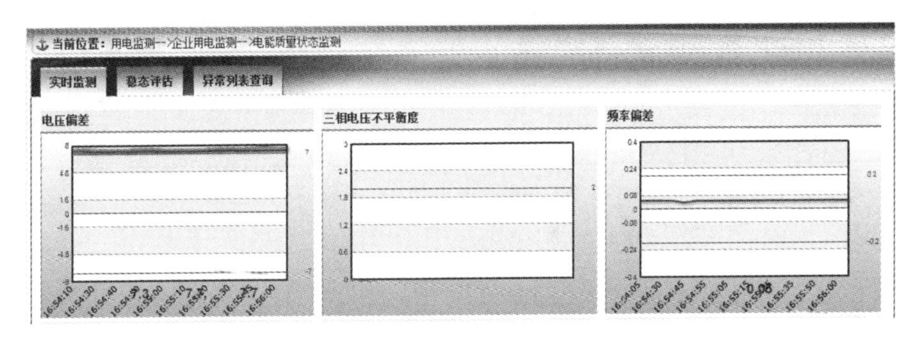

图 4-20　电能质量监测界面

通过实时监测，可将异常信息形成列表，供用户查询，实时了解监测结果。

(3) 分布式电源监测。分布式电源监测模块分别对分布式电源的光伏逆变系统与储能装置的电压、电流、频率等重要参数进行实时监测，实现分布式电源的统一调度与控制，便于监测控制储能装备当前状态，并在用电参量越限时进行告警，维护人员可以及时修理，使故障能及时解除。其界面如图 4-21 所示。

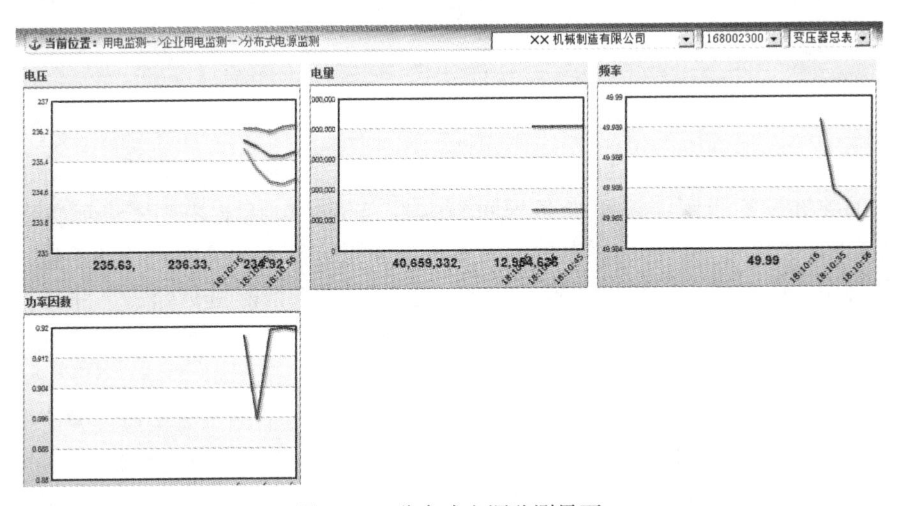

图 4-21　分布式电源监测界面

(4) 工商业用户整体用电监测。工商业用户整体用电监测功能对各工商业用户的用电情况进行实时监测，使用户能够了解其整体用电情况，有助于从整体角度来实时监测用户用电是否处于正常状态，若发现异常及时报警，以保证用户正常用电。其界面如图 4-22 所示。

(5) 工艺流程监测。为了让用户能深入到工艺环节清晰了解自己的用电情况，系统结合工业用户的工艺流程，对工业关键设备进行了用电监测，直观反映工艺用电情况，为工业用户进行可能的工艺调整和改造提供数据支持和分析。

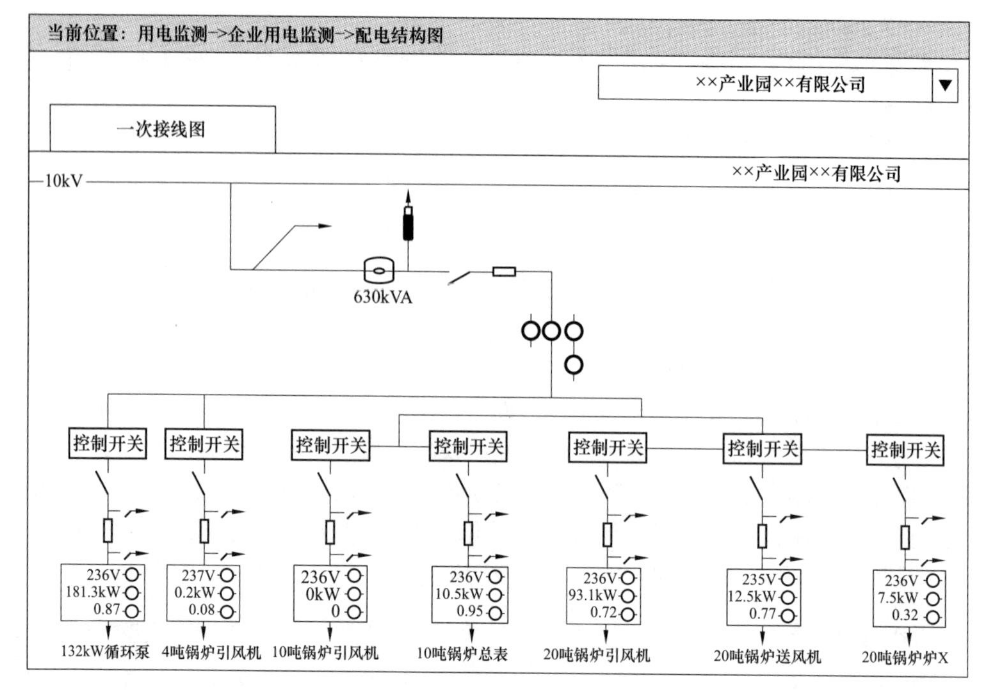

图 4-22　整体用电监测界面

工艺流程监测模块对工业用户实际工艺流程中的用能（电）情况、对工艺流程的关键设备的用能（电）情况进行实时监测，包括工艺整体流程各参量（包括电压、电流、负荷、用电量、频率等）和工艺流程的关键设备各参量，使电网公司、工业用户能够对工业用户的工艺流程用能情况进行监测，并在用能（电）情况越限时进行告警，维护人员可以及时修理，使故障能及时解除。其界面如图 4-23 所示。

(6) 居民用户用电监测。对于居民用户来说，用电监测主要是通过智能电能表、智能插座、智能网关等设备自动计量、收集各居民用户用电数据，通过 PC 客户端或智能交互终端对用户用电量、电费、二氧化碳排放量、各类关键用电设备用电参数与运行状态进行监测、报警及可视化展示，方便用户随时方便、直观地得到各种用电参数信息，给其提供真实、详细、可靠用电资料，同时为能效分析提供基础。针对三类系统用户（电网企业、电力用户、政府用户），小区用电监测范围如图 4-24 所示。

根据计量点类型不同，小区用电监测可分为小区常规用电监测、电能质量监测与分布式电源监测。

小区常规用电监测模块对小区层面的负荷、用电量、二氧化碳排放量、主要用电指标、用电构成情况进行实时监测，使电网公司、政府可以掌握智能小区居

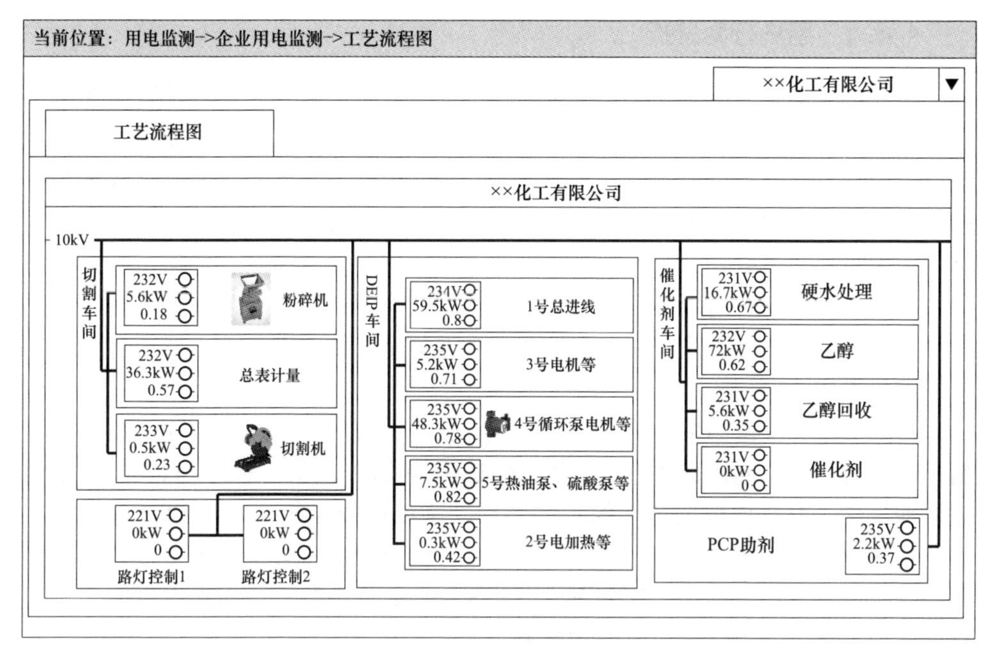

图 4-23　工艺流程监测界面

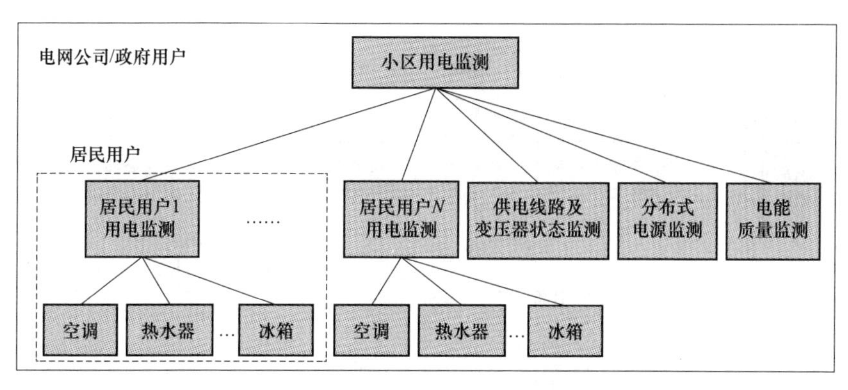

图 4-24　智能小区用电监测架构图

民用户的负荷的线形变化情况；从区域、家用电器类型等多个维度了解小区中的用电构成情况，并分析用电构成的趋势，为其电网电价政策的制定提供依据。

4.6　配用电大数据应用场景

鉴于大数据在电力系统的应用场景越来越多，有必要对大数据在配电网的应用场景和目标进行分析与总结，为大数据技术在智能电网中的应用提供有益的参考。

4.6.1 用户行为分析

本节基于聚类算法对居民用户和企业用户分类展开研究，聚类是数据挖掘中重要的研究课题之一。聚类分析（Clustering Analysis）是将物理或抽象对象的集合组成为有类似对象组成的多个类或簇的过程。由聚类生成的簇是一组数据对象的集合，同一簇中的对象尽可能相似，而不同簇中的对象尽可能相异。它也通常称之为无监督学习或者无教师学习，即事先对数据集的分布没有任何了解，将物理或抽象对象的集合组成为类似对象组成的多个类的过程，它与分类预测方法的不同之处在于，分类方法获取分类模型的数据集是已知类别属性，属于有监督的机器学习方法。

目前，已有大量的聚类算法得到研究，聚类算法的选择通常取决于数据的类型、聚类的目的。如果聚类分析被用作描述或探查的工具，可以对同样的数据尝试多种算法，以发现数据可能揭示的结果。主要的聚类算法可以划分为如下几类：划分方法、层次方法、密度方法、网格方法以及模型方法。每一类都存在得到广泛应用的算法，例如，划分方法中的 K-mean 聚类算法、层次方法中的凝聚型层次聚类算法、模型方法中的神经网络聚类算法等。整体聚类过程如图 4-25 所示。

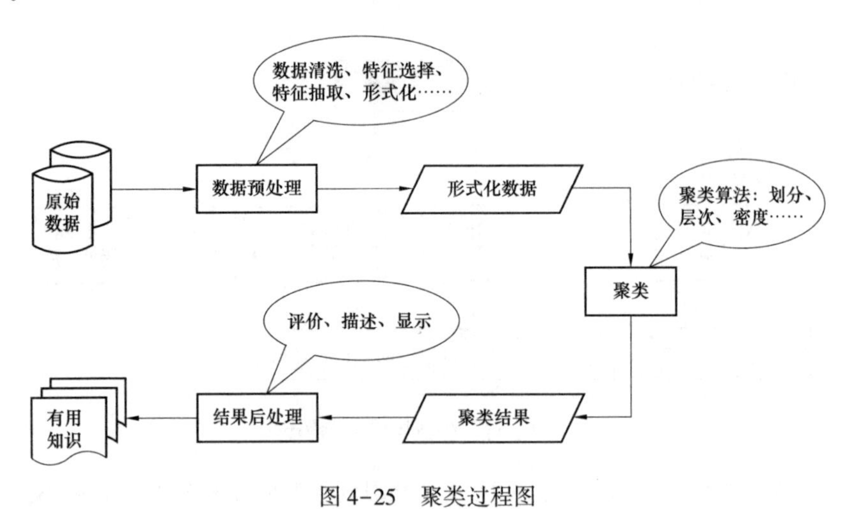

图 4-25　聚类过程图

但是，随着互联网的发展和计算机技术的应用普及，对海量数据进行聚类分析的要求也越来越高。为了降低聚类算法的处理时间或数据存储，目前已有很多学者提出了解决办法。目前主要存在顺序法、划分法、取样法、数据总结法、并行和分布式法等方法。常见的顺序聚类算法有 Sequential K-means、竞争学习等方法，即无需将所有数据均加载到内存之后再进行聚类计算，而是将加载数据和

计算同时进行，在有限计算能力和内存形式下，较好解决了处理海量数据时面对的内存不足问题；划分法如 CURE 算法是首先将数据分为不相交的子集，然后分别对子集进行聚类，最后将合并的聚类结果作为原始数据集的聚类结果；取样法如 CLARA 聚类认为：如果海量数据的部分取样能代表整体，则基于部分取样进行聚类后得到的结果被认为是近似全局的聚类结果；以 BIRCH 为代表的数据总结法通常是先对数据使用顺序法进行处理，得到总结信息，然后对这些总结信息进行聚类；以 MapReduce 分布式平台为代表的并行和分布式法使用含有多个处理器的并行计算机或集群系统协同进行并行计算和分布式处理，使得对海量数据进行快速聚类分析变为可能。

本节将并行计算和 K-means 算法相结合实现并行聚类算法，完成居民用户和企业用户的分类任务。K-means 是划分方法中非常经典的聚类算法之一。由于该算法效率高，其经常被用于大规模数据聚类。研究重点是数据规模、算法复杂性、聚类精度。

（1）传统 K-means 算法。其主要思想为：该算法以 k 为参数，把 n 个对象分成 k 个簇，使簇内具有较高的相似度，而簇间的相似度较低。

1）对数据集 $\{x_i\}_{i=1_i}^{N}$ 中任意选取 k 个赋给初始的聚类中心 μ_1，μ_2，…，μ_k，其中，N 为样本数量。

2）对数据集中的第 i 个样本点 x_i，计算其与各个聚类中心 μ_j 的欧式距离，并获取样例 x_i 所属的类别标号，公式如下：

$$\mu_j(i) \leftarrow \arg\min_i \| x_i - \mu_j \|^2 \quad i = 1, \cdots, N; \ j = 1, \cdots, k \tag{4-1}$$

式中 $\mu_j(i)$——样例 x_i 与 k 个簇相比距离最近的第 j 个簇。

3）按式（4-2）重新计算 k 个聚类中心，公式如下：

$$\mu_j = \frac{1}{N_j} \sum_{x_i \in \mu_j} x_i, \ j = 1, 2, \cdots, k \tag{4-2}$$

式中 N_j——簇 μ_j 中对象的个数。

4）重复步骤 2）和步骤 4），直到达到准则函数收敛为止。

收敛评判依据为平方误差准则，如式（4-3）所示：

$$E = \sum_{i=1}^{k} \sum_{\mu_i} |x - m_i|^2 \tag{4-3}$$

式中 E——数据库中所有对象的平方误差的总和；

x——空间中的点；

m_i——簇 μ_i 的平均值，该目标函数使生成的簇尽可能紧凑独立。

（2）并行 K-means 算法。云平台作为一种新兴的商业计算模型得到了人们的广泛关注。Hadoop 是一个可以更容易开发和并行处理大规模数据的云平台，它的主要特点包括扩容能力强、成本低、效率高以及可靠性好等。Hadoop 平台由两部分组成：Hadoop 分布式文件系统（HDFS）和 MapReduce 计算模型。HDFS 采用 M/S 架构，一个 HDFS 集群是由一个管理节点（Namenode）和一定数目的数据节点（Datanode）组成，每个节点均是一台普通 PC。

并行 K-means 实现的主要思路如图 4-26 所示。将待分类的数据集分成若干个数据子集，基于普通 K-means 算法对本地数据集进行局部聚类，最后用若干局部 Cluster 集合生成全局 Cluster 集合。

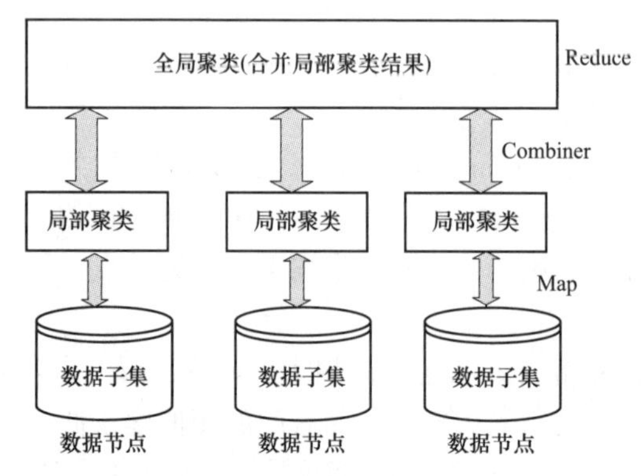

图 4-26　并行聚类模型图

MapReduce 在聚类期间的作用是：数据节点（Datanode）在 map 阶段读出位于本地的数据集，输出每个点及其对应的 Cluster；combiner 操作对位于本地包含在相同 Cluster 中的点进行 reduce 操作，得到全局 Cluster 集合，并写入 HDFS。

MapReduce 是一种编程模型或是计算模型，它的设计与海量数据处理有关。它将复杂的运行于大规模集群上的并行计算过程高度的抽象成两个函数：Map 和 Reduce，抽象过程简单，但却威力巨大。它采取具体的方式是将大型分布式计算表达为一个对数据键/值对集合进行串行化分布式操作。

Map/Reduce 首先将用户定义的 Map/Reduce 任务分发到计算机集群中的每个块服务器上，然后每个块服务器并行处理自己的任务，并行处理后得到的结果会被收集作进一步的计算后得出最终结果。所有计算的输入都采取键/值对数据集合的形式。

本节采用并行 K-means 算法完成对居民用户和企业用户的用电行为分析工作。图 4-27 描述了并行化 K-means 的算法框图。

基于并行 K-means 的 Map/Reduce 包括三个阶段：初始类别、层级合并、重新标记，每个阶段的数据以<key，value>的方式进行交换。

初始类别阶段：Map/Reduce 模型将输入数据集合分为若干个数据子集，并将每一个数据子集对应分配给一个 map 函数，key 是当前样本相对于输入数据文件起始点的偏移量，map 函数首先将 value 值解析成当前样本的各个维度的坐标

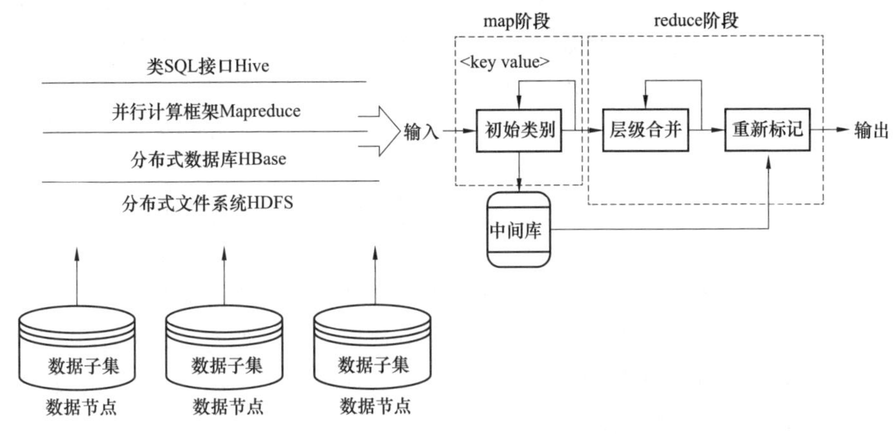

图 4-27　并行 k-means 算法流程图

值，然后基于欧式距离公式计算其与 k 个中心点的距离，找出与该样本最近的距离簇的下标，生成中间集合 $\{(k_1, v_1)\}$，其中 k_1 是距离最近簇的下标，v_1 是当前样本的各维坐标组成的值。这个键值对和原始输入的键值对的数据类型可以不同，其运算结果将被放入中间库中。

层级合并阶段：为了减少迭代过程中的通信代价，map 阶段之后，将处理完后的数据进行本地层级合并。在该阶段，Map/Reduce 模型将中间键值对集合重新排序产生一个新的二元组 $\{(k_2, v_2)\}$ 集合，新集合中所有对应键的相同值被归类在一起，同时二元组集合也会被划分成和 reduce 任务数量相同的片段数。

重新标记阶段：二元组 $\{(k_2, v_2)\}$ 集合的片段将作为每一个 reduce 任务的输入，reduce 函数首先解析出从层级合并中处理的样本个数和相应节点各个维度累加的坐标值，然后将对应值分别相加，再除以总样本个数，即获得新的中心点坐标，形成一个输出的键/值对 $\{(K, V)\}$。该结果将被更新到 HFDS 文件中，继续进行下一次迭代直至算法收敛。

Map/Reduce 框架最后会再一次将集群中所有节点上的 reduce 任务生成的结果进行分发处理形成最终输出结果集合。

（3）居民用户用电行为分析。随着我国经济的快速发展和人民生活水平的日益改善，居民用电量呈现增长态势，用电需求趋于多元化。随着社会对环境保护、节能减排和可持续性发展的要求日益提高，要求未来的电网必须能够提供更加安全、可靠、清洁、优质的电力供应，提供更加优质的服务。

国家电网公司已在北京、上海、重庆、山东、河南、江西、宁夏等地广泛开展智能小区试点建设，有效证明了智能小区能为用户提供稳定可靠、经济优质、透明开放、友好互动的电力供应和服务。智能小区的不断建设和发展过程中积累了大量的基础用电数据，这些数据具有海量、高频、分散等特点，数据之间存在关联性和相似性，如何将其转化为有价值的知识以辅助电网企业进行数据分析和决策制定是智能用电领域迫切需要解决的重要问题。用户的用电数据中隐藏着用户的用电行为习惯，对这些用电数据进行挖掘并分析用户类型，可以帮助电网了解用户的个性化、差异化服务需求，从而帮助电网公司进一步拓展服务的深度和广度。

实验数据分别来自北京、南昌、上海、银川等地，居民家中均安装了智能用电采集系统，洗衣机、冰箱、空调等大功率耗电设备的用电信息通过无线方式（433MHz）传送到家庭智能网关，完成数据收集任务。用户可通过智能交互终端（WiFi 方式和网关通信）查看自己家庭的用电数据；不仅如此，这些用电实时信息还通过智能网关和光纤复合低压电缆 OPLC 远程传送到小区主站系统，从而完成用户用电数据的收集任务。

结合并行 K-means 算法和海量数据完成对居民用户的分类任务。基于本节所选的特征获取了如图 4-28 所示的居民用户用电规律曲线。从图 4-28 中可以看出，所有的家庭用户的用电规律可以归纳为五种，分别表示为 A、B、C、D、E 五类，行为特点见表 4-3。

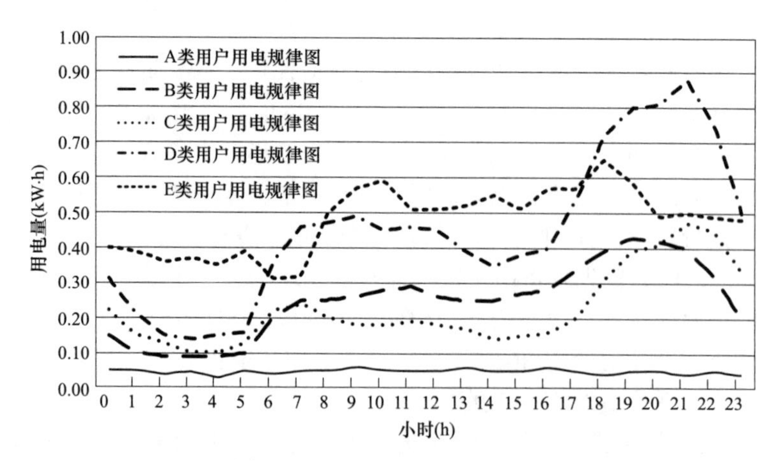

图 4-28　居民用户用电规律图

表 4-3　用户的行为特点

类别	类名	特　征
A 类	空置房用户	用户一天中的用电量一直很低，且没有较大波动，很低的用电量来自于线损
B 类	老人家庭	白天用电量保持一定水平，用电量在 14 点开始上升，但下降趋势出现的比较早

续表

类别	类名	特　征
C 类	上班族家庭	用户用电量有明显的波峰和波谷，白天用电量几乎与夜间用电量持平，晚上用电高峰晚于 B 类，且下降趋势出现的也比 B 类晚
D 类	老人+上班族家庭	基本为 B、C 两类的综合，这类用户可能是老年人和上班族混合家庭
E 类	商业用户	用户全天用电量一直处于较高水平

通过图 4-28 中的结果可以看出整体居民负荷的趋势和时间的关系，针对这 5 种居民用电情况，未来随着智能电网的建设和发展，国家还可以围绕居民实时电价、峰谷电价等展开研究，充分提高居民用电节能意识，实现错峰用电，真正将居民纳入到电力需求侧管理中来，使得“智能用电，美好生活”成为人们生活中的主旋律。

比如：针对 C、D 两类用户，可将 C、D 两类用户拟分成有储存容量的用户和简单转移负荷用户两类，未来可以分析研究影响电力用户改变用电方式的成本与获得收益的相关决策因素，制定相关激励机制，获取响应后用户获得的经济效益，以及负荷曲线产生的削峰填谷效果。

(4) 企业用户用电行为分析。电力系统的服务宗旨是对各类用户提供经济可靠、合乎标准的电能，随时满足用户负荷要求。电力负荷受气候变化、产业结构调整、经济发展和人民生活水平的提高不断发生变化，使得用电需求存在一定的随机性。由于电能无法大量存储，为使电力系统发电、供电设备出力与变化的用电负荷保持动态平衡，就需要通过对负荷特性的研究，减少负荷峰谷差，提高负荷率，保证电力平衡。因此，电力负荷特性分析对电力生产及电网运行的安全性、稳定性有很重要的意义。客户的负荷分布测定有助于促进电力公司更好地制定营销策略和改善其现有设施的运营效率。

负荷曲线是用户电能消费行为的直观表示，是负荷分析的数据来源，具有相似消费模式的用户具有相似的负荷分布形状。可以根据用户负荷分布的相似性来对用户加以归类，从而方便企业的管理，制定有针对性的运营策略。有许多不同的技术曾用于负荷预测，如概率统计方法、小波分析方法、无监督聚类技术中的一系列分析方法等，但对企业负荷的分类研究还很少。本节以某智能园区企业为例，结合云计算技术，完成企业负荷分类工作。

在某智能园区，有 20 多家企业，通过对企业进行数据采集，获取企业用户 24h 的用电数据，采集频率为 5s/次。

基于并行 K-means 聚类算法对所采集的海量用电数据进行分析，获取用户的用电规律，结果如图 4-29 所示。从图中可以看出企业用户存在两种用电规律，电网公司可以依据这两种用电规律将企业用户分为 A、B 两类，对每类企业用户的用电行为进行分析可知，电价对 A 类企业节约电费有利，而对 B 类企业不利，具体情况见表 4-4。通过上述分析结果有助于企业主动调整工作时段，实现停电不停产、节约电费的目的。

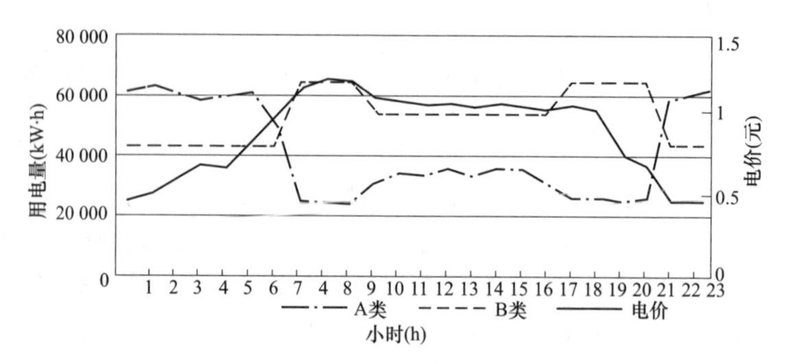

图 4-29　不同类别企业用电规律趋势图

表 4-4　企业的用电行为分析

用户类型	用电高峰时间	用电低谷时间	电价		分析结果
			电价上升时	电价下降时	
A 类	22：00~06：00	白天	用电量下降	用电量高	电价对 A 类企业节约电费有利
B 类	07：00~21：00	晚上	用电量高	用电量降低	电价对 B 类企业节约电费不利。建议 B 类企业调整企业的工作时段到电价较低的晚上

通过负荷分析，企业未来可以对工作时段进行优化，让企业合理安排工作时间，使得企业在同样的用电量时用电成本最低，为企业减少用电成本。同时也为电网公司实现需求侧响应和削峰填谷提供了强有力的支持。

4.6.2　短期电力负荷预测

电力负荷预测指的是从已知的经济、社会发展和电力需求的情况出发，通过对电力负荷历史数据的分析和研究，对未来的电力需求做出预先的估计和推测，以达到电能最合理的安排。

负荷的大小与特征，无论是对于电力系统规划或者运行研究而言，都是极为重要的因素。所以，对负荷的变化和特点，有一个事先的估计，是电力系统规划与运行研究的重要内容。电力系统负荷预测理论就是因此而发展起来的，尤其在

形成电力交易市场的过程中，负荷预测的研究更具有及其重要的意义。其意义在于以下几个方面：

（1）缓解环境压力。用户用电管理的实施可以减少电力需求，减少了一次能源的消耗与污染物的排放，缓解了环境压力，同时节约能源资源采购费用和污染物治理费用。

（2）缓解电力供需矛盾。在一定程度上缓解了目前电力供需矛盾，减少电力紧缺所带来的经济损失和社会影响。

（3）有利于用电管理，合理的安排电网运营方式和机组检修计划，保证电力系统的运行安全，保证社会的正常生产和生活用电，这对于大电网，准确电力负荷预测是必须的。

（4）有利于制定合理的电源建设和规划，合理安排电网的改建和增容，优化电网的建设和发展。

多年以来，电力负荷预测理论和方法不断涌现，例如，过去的时间序列、模糊理论、人工神经网络、小波分析、线性回归等技术为电力负荷预测提供了有力的工具。但是随着智能用电海量数据的涌现，传统的预测算法无法满足预测精度、预测速度的要求，必须要找到一种新的方法满足海量智能用电大数据的要求。局部加权线性回归预测（locally weighted linear regression，LWLR）算法用于短期负荷预测时，具有训练速度快、信息不易丢失、预测的误差率小等优点。但是当输入的测试数据量非常大时，由于该算法需要对每个测试点寻找 k 个邻居，运算量很大，单机运算的时间会达到几个小时或者几天。本节将该算法与 MapReduce 框架相结合，实现的并行 LWLR 算法在进行负荷预测时具有如下优势：①适宜于海量数据的处理。由于并行 LWLR 算法在进行负荷预测时，首先将海量数据进行分割，然后再在云集群上对各个数据块进行处理，将各个分块的数据处理结果进行归并。该处理过程降低了海量数据的时间处理开销。②易扩展。随着智能电网的发展，电网企业的数据量是不断增长的。当现有的集群处理不了海量的历史数据时，只需向集群中添加廉价的计算机即可。

本节针对某园区某企业的用电数据，建立企业负荷预测模型，并将该模型应用于甘肃企业智能园区的若干家企业，对其未来短期电力负荷进行预测，保证电网的精细化管理。

（1）算法描述。局部加权线性回归（locally weighted linear regression，LWLR）算法主要思想为基于一定数量的局部数据集中拟合多项式回归曲线，这样便可以观察数据在局部展现出来的规律和趋势。但是该算法也存在一个严重的缺陷，随着待回归数据的增多，乃至要从海量数据中找到一定数量的局部数据的计算量是非常巨大的。

1）确定近邻数据点。LWLR 算法的第一步是确定局部数据点：即确定预测点周围最邻近的数据点，常用的确定局部数据点的方法为 KNN（k-Nearest Neighbor，KNN）算法，其主要思想如下：计算预测点到特征空间中所有数据点的距离，从中找出距离最近的一定数量的点集合。KNN 算法中，所选择的邻居都是已经正确分类的对象，该方法在做分类决策时，只依据待分类样本最邻近的一个或多个样本的类别来决定其所属类别。KNN 方法虽然在理论上也依赖于极限定理，但在类别决策时，只与极少量的相邻样本有关。该算法应用于分类任务时计算量较大，比较适合用云计算来解决。

从得到的 k 个数据点中计算测试点到其他点的距离，假设任意一个实例 X 用 $X=\{x_1, x_2, \cdots, x_n\}$ 来描述，两个实例之间的距离可以用欧几里得距离公式（4-4）得到：

$$d = \sqrt{\sum_{i=1}^{n} (x_i - x_j)^2} \tag{4-4}$$

式中，d 表示两个样本之间的距离，x_i 表示某个样本，它是由若干个属性值组成，是一个行向量。在局域预测中，预测精度在很大程度上取决于欧氏距离公式所确定的最近邻域点状态，如果最邻近相点与原相点相关性程度大，则预测精度高，反之则较低。然而在电力系统的实际运行过程中往往存在噪声的影响，这使得预测相点的最近邻域点在经过一步或多步迭代后会偏离预测轨道；另外，当嵌入维数较大时，由欧氏距离所确定的最近邻域点状态往往难以反映与预测点的相关程度。

2）局部数据点加权处理。通过距离做加权计算，距离的加权函数计算公式如下：

$$\hat{f} \leftarrow \arg\sum_{i=1}^{k} \omega_i \delta[v, f(s_i)] \tag{4-5}$$

其中 ω_i 代表根据距离计算出来的权重大小，其计算公式如下：

$$\omega_i = \frac{1}{d(x_q, x_i)^2} \tag{4-6}$$

式中，x_q 为预测点，x_i 为 x_q 的临近点，两者之间距离的倒数为权重的大小。

在局部权重回归中，点的加权依照距离计算，回归则采用加权后的点计算成本，点的加权方法有很多种，常见的有高斯模型：

$$h_i \equiv h(x - x_i) = \exp[-k(x - x_i)^2] \tag{4-7}$$

其中 k 是平滑参数，由以下步骤确定：

令 $n=\sum_i h_i$ 来计算点的期望和方差：

$$\mu_x = \frac{\sum_i h_i x_i}{n} \tag{4-8}$$

计算周围邻近点的平均数学期望：

$$\sigma_x^2 = \frac{\sum_i h_i (x_i - \mu_x)^2}{n} \tag{4-9}$$

计算邻近点的数学方差：

$$\sigma_{xy} = \frac{\sum_i h_i(x_i - \mu_x)(y_i - \mu_y)}{n} \tag{4-10}$$

式（4-10）用来计算周围临近点中的两个点之间的协方差：

$$\mu_y = \frac{\sum_i h_i y_i}{n} \tag{4-11}$$

$$\sigma_y^2 = \frac{\sum_i (y_i - \mu_y)^2}{n} \tag{4-12}$$

$$\sigma_{y|x} = \sigma_y^2 - \frac{\sigma_{xy}^2}{\sigma_x^2} \frac{\sum_i (y_i - \mu_y)^2}{n} \tag{4-13}$$

我们用数据的协方差来计算和描述数据的期望和方差，期望计算如下：

$$\hat{y} = \mu_y + \frac{\sigma_{xy}}{\sigma_x^2}(x - \mu_x) \tag{4-14}$$

方差计算公式如下：

$$\sigma_{\hat{y}}^2 = \frac{\sigma_{y|x}^2}{n^2}\left[\sum_i h_i^2 + \frac{(x - \mu_x)}{\sigma_x^2}\sum_i h_i^2 \frac{(x_i - \mu_x)^2}{\sigma_x^2}\right]\mu_y + \frac{\sigma_{xy}}{\sigma_x^2}(x - \mu_x) \tag{4-15}$$

从计算的结果看，基于方差的方法能达到最好的结果，即在参考点周围能达到使 $\sigma_{\hat{y}}^2$ 最小的平滑系数 k 的值。

3）确定线性回归函数和回归系数。回归函数公式如下：

$$\hat{f}(x) = \omega_0 + \omega_1 a_1(x) + \omega_2 a_2(x) + \cdots + \omega_n a_n(x) \tag{4-16}$$

ω_0 为回归的常数项，ω_1，ω_2，…，ω_n 为回归系数，$\hat{f}(x)$ 为回归的预测值。$a_i(x)$ 表示实例 x 的第 i 个属性值。在拟合以上形式的线性函数到给定的训练集合时，采用梯度下降方法，找到使误差最小化的系数 ω_1，ω_2，…，ω_n，基于最小平方误差准则，即满足

$$E(x) \equiv \frac{1}{2}\sum_{x \in 最近点}[f(x) - \hat{f}(x)]^2 \tag{4-17}$$

根据公式（4-17），得到梯度下降训练法则：

$$\Delta\omega_j \equiv \eta \sum_{x \in 最近点}[f(x) - \hat{f}(x)]a_j(x) \tag{4-18}$$

式中，η 是学习速率。采用下面的误差准则满足局部逼近。即强调误差被定义为查询点 x_q 的函数，只对在 k 个近邻上的误差平方最小化：

$$E_1(x_q) \equiv \frac{1}{2}\sum_{x \in x_q\text{的}k\text{个最近点}}[f(x) - \hat{f}(x)]^2 \tag{4-19}$$

使整个训练集合 D 上的误差平方最小化，但对每个训练样例加权，权值为关于相距 x_q 距离的某个递减函数 K。

组合和得到：

$$E_2(x_q) \equiv \frac{1}{2}\sum_{x \in \text{最近点}}[f(x) - \hat{f}(x)]^2 K[d(x_q, x)] \tag{4-20}$$

综合（4-19）和（4-20），得

$$E_3(x_q) \equiv \frac{1}{2}\sum_{x \in x_q\text{的}k\text{个最近点}}[f(x) - \hat{f}(x)]^2 K[d(x_q, x)] \tag{4-21}$$

该方法计算开销独立于训练样例总数，而仅依赖于所考虑的最近邻数 k。

可以得到以下训练法则：

$$\Delta\omega_j \equiv \eta \sum_{x \in x\text{的}k\text{个最近点}} K[d(x_q, x)][f(x) - \hat{f}(x)]a_j(x) \tag{4-22}$$

首先查找点周围的邻近点（用 KNN 算法来计算），对于求出的邻近点集合，按照距离的远近用混合高斯模型做加权处理，计算出周围邻近各个点的权重，然后用相应的权重与各个实例点做加权处理，得到加权后点的实际值。再将加权后的点代入回归方程计算得到预测值。

（2）电力负荷预测误差分析。由于电力负荷预测是通过历史数据对未来电力负荷的估算，因此它与客观实际还是存在着一定的差距，即电力负荷预测误差。计算并分析误差的大小、研究产生误差的原因对电力负荷预测是有很大意义的，准确的电力负荷预测结果可以用来指导电力生产，同时误差分析还可以改进负荷预测研究，帮助选择更好的负荷预测方法来进行电力负荷预测。

电力负荷预测产生误差的原因很多，归纳起来主要有以下几方面：

1）数学模型和各种因素的关系。进行负荷预测往往要用到数学模型，而为了让模型简化会通常忽略很多次要影响因素，只考虑主要影响因素，因此，该数学模型不能真实地反应负荷变化的原因，必然会产生一定的误差。

2）历史数据是否完整。进行电力负荷预测需要准确可靠的历史资料，如果数据缺失或有错误都会对电力负荷预测产生影响。

3）在进行电力预测工作时，各种参数的选取不当也会造成很大误差。

以上各种不同原因引起的误差在电力预测结果中是混合表现的，因此，当发现误差超出所规定的范围时，必须对以上各种原因逐一检查，加以改进。

（3）基于云计算的局部加权线性回归算法实现。通过上面对 LWLR 算法的叙述，已知该算法计算量大而复杂，单机运行力不从心。本节结合云计算技术，将 LWLR 算法通过 MapReduce 处理，实现并行运算问题。

1）基于 MapReduce 框架的 ETL 流程图，如图 4-30 所示。

从图 4-30 可以看出，ETL 过程由 MapReduce Driver 发起，它首先读取数据源及其数据结构、并行度、增量字段、异常处理方式等多种参数信息，以并行度和数据源的并行字段的最值为基础对要抽取的数据进行划分，并根据增量字段当前的最大值对划分结果进行调整，然后将每个数据划分分配给一个 Map 去进行处理。在 Map 阶段，数据是逐条记录进行处理的，直到所有记录都处理完。每读取一条记录就按照定义好的转换规则将各记录的各字段转换为 HBase 表中的字段，同时将转换后的数据写入 HBase 表中。一条记录处理过程中如果发生异常，根据设置的异常处理方式进行处理，如果异常处理方式为停止运行，则 Map 停止，如果异常处理方式为丢弃异常数据或写入日志，则将该条记录丢弃或将其写入日志文件，然后接着处理下一条记录。

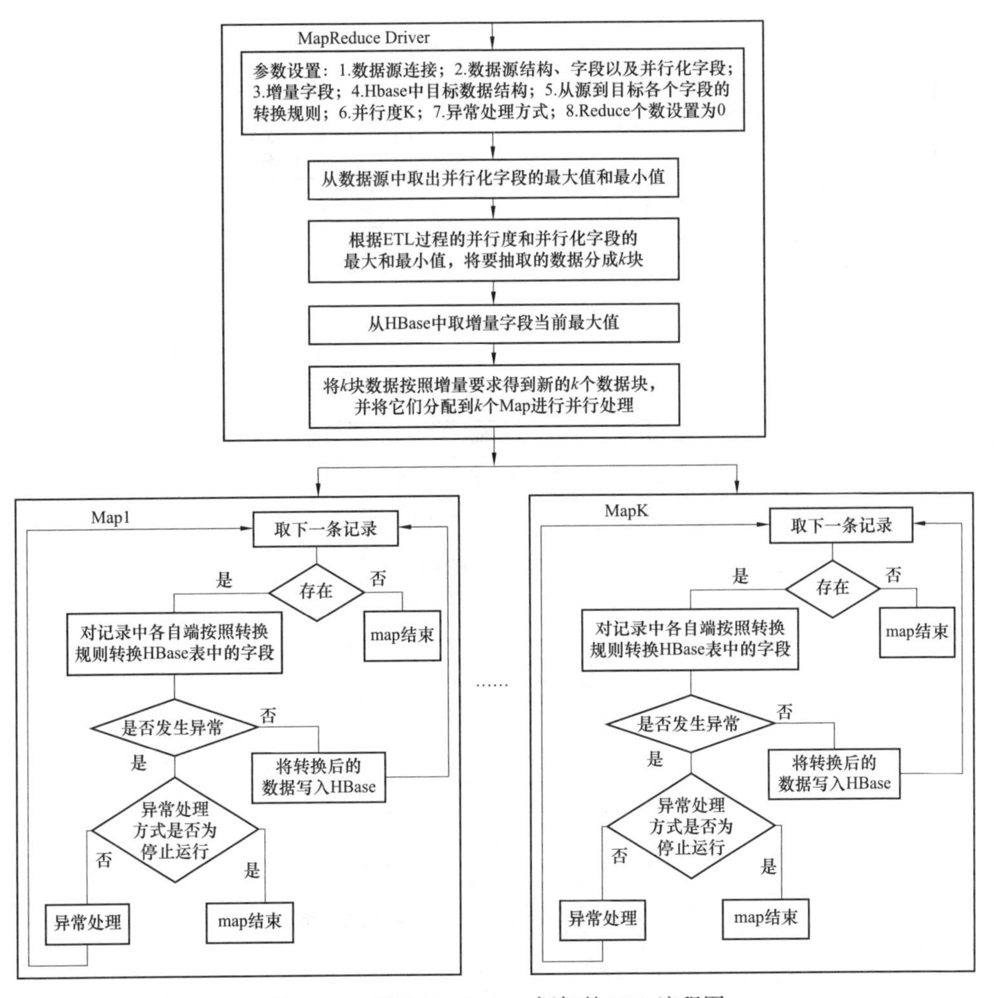

图 4-30　基于 MapReduce 框架的 ETL 流程图

2）基于云计算的 LWLR 预测算法实现。基于 MapReduce 的 LWLR 预测算法框架流程图如图 4-31 所示。

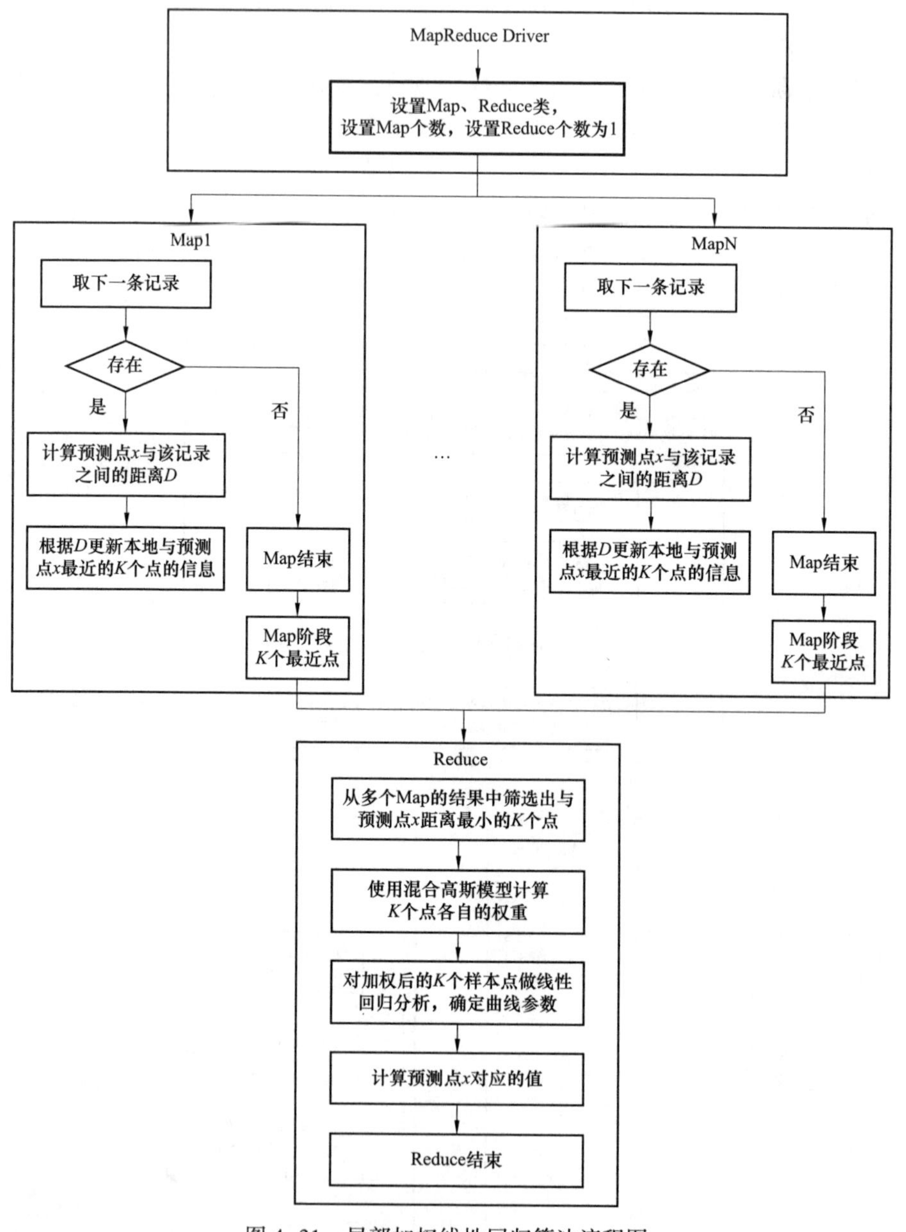

图 4-31　局部加权线性回归算法流程图

由图 4-31 可知，LWLR 算法的实现可以分为三大步骤：

第一，MapReduce Driver 设置相关参数，包括 Map 个数，Reduce 个数为 1。

第二，Map 阶段，利用 KNN，在每个 Map 所处理的数据块中选择离预测点 x 最近的 k 个点；计算 x 与该记录的距离 D，选择 k 个距离最小的点作为局部预测的信息点，将这些点记为 x_1，x_2，x_3，…，x_k。

第三，Reduce 阶段包括以下 4 个子阶段：

① 最近距离点确定。将每个 Map 的 k 个点与 x 之间的距离进行比较，筛选出最小的 k 个，作为 KNN 算法最终要选取的 k 个点。

② 确定权重。基于混合高斯模型计算 k 个点各自的权重。

③ 加权线性回归。对加权后的 k 个样本点做回归分析，确定曲线参数。

④ 预测。将 x 的信息代入方程计算，得到预测结果。

3）企业电力负荷预测。

① 数据预处理。由于人为因素或突发事件及某些特殊原因的存在，采样得到的负荷数据常常含有异常值，将影响预测结果的精确度及可靠性。因此，本节采用修正法和解析法对数据进行处理。修正用于不常见的突发事件，例如，拉闸限电，对拉掉的负荷做出估计，并给予直接修正。解析分析法就是利用同样星期类型，相邻日等各种曲线的相似性，对某些表现特殊异常的点进行修正。

局部加权线性回归分析中应包含尽可能多的影响因素，本节考虑了温度、湿度、工作日、节假日、季节等负荷影响因素对电力用户负荷波动的影响，通过计算与负荷的关联强度，获得对负荷影响最大的影响因素，为建立更加精确的负荷预测模型提供依据。

我们对某智能园区进行每天 24 点历史负荷数据进行建模分析和预测，其负荷时间序列为 X_1，X_2，…，X_n，$x_{1,i}$ 为负荷数据，$x_{2,i}$ 为温度序列，$x_{3,i}$ 为湿度序列，以此类推。

② 具体步骤。

a）对历史负荷数据进行平滑预处理和归一化处理，形成样本集。

b）基于 KNN 算法从海量数据中选择局部数据样点，利用高斯加权算法计算最小学习误差及对应的最优参数。

c）利用已知数据求解局部线性回归模型参数。

基于云平台的局部加权线性回归预测方法运用映射简化了预测运算，步骤包括：确定待预测点，映射简化计算框架将待运算的数据点划分到多个节点储存在云平台上；各节点同时开始对划分到本节点上的待运算数据点进行运算，找到待运算数据点中距离符合第一阈值的数据点；对符合第一阈值的数据点的数据进行加权处理，利用加权处理后的数据值计算出回归系数，代入到回归方程，计算出的回归方程的解即为预测值。

③ 实验结果。本节使用某电网企业所采集的负荷数据和天气数据作为历史数据来进行日负荷预测。文中使用的训练数据为 2011 年 11 月 24 日至 2011 年 11

月 30 日一周的数据，测试数据为 2011 年 12 月 1 日的数据。

指标以日平均相对误差和均方误差表示，其均方根误差曲线如图 4-32 所示。

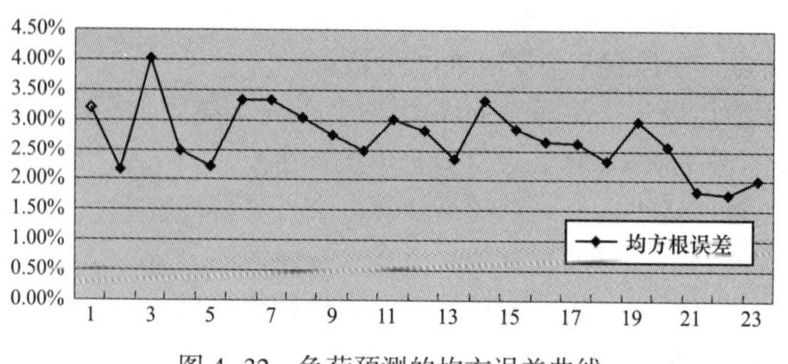

图 4-32 负荷预测的均方误差曲线

从图 4-32 可知，基于云计算的局部加权线性回归方法是可行的，该系统软件一直运转正常，为电力企业管理该园区的电力负荷起到了很重要的作用。

4.6.3 电能质量评估

电能质量扰动主要指供用电设备正常运行时频率、电压、电流等指标偏离额定值的程度。长期以来，人们对电能质量稳态问题比较关注，主要集中于对电压偏差、频率偏差和三相不平衡等问题的研究和治理。但随着敏感设备的大量使用，暂态扰动已经成为用户电能体验问题的主要原因，尤其是电压暂降和短时间中断严重威胁敏感用户的用电可靠性。因此，暂态电能质量综合评估的目的在于得出对电能质量状况的一个准确描述，使供用电双方都能准确地评估系统中暂态电能质量问题的严重程度，从而为电能质量责任确认和电能质量扰动治理提供重要依据。

Naive Bayes 分类有着坚实的数学基础，模型所需估计的参数很少，对缺失数据不太敏感，在不完备样本的情况下仍能获得相对稳定的分类效率。本节在 Hadoop 平台上使用 Naive Bayes 分类器实现暂态电能质量综合评估，使用的数据主要包括电网运行监测数据、电力用户数据和公共信息数据，将结果按扰动的严重程度分为暂态正常状态、短时电压暂降状态、短时深度电压暂降状态、短时电压失压状态。基于大数据框架的处理方法，不仅可以克服原始数据分散、模型训练速度慢的缺点，而且可以有效地提高状态评估的效率和准确性。

（1）Naive Bayes 算法。

1）每条数据用一个 n 维属性向量 $X=\{x_1, x_2, \cdots, x_n\}$ 表示，描述数据的 n 个测量。

2）假定有 m 个类 C_1，C_2，…，C_m。给定数据 X，分类法将预测 X 属于具有最高的后验概率的类，也就是说，Naive Bayes 分类法预测 X 属于类 C_i，当且

仅当：

$$P(C_i \mid X) > P(C_j \mid X) i \leqslant j \leqslant m, j \neq i \tag{4-23}$$

（2）数据训练以及分类过程。数据清洗、特征抽取、分类器训练和分类整个过程都是基于 MapReduce 计算模型分布式进行的。基于 MapReduce 的计算涉及四个步骤：

1）负责编写 mapreduce 程序，配置任务，提交作业；

2）负责初始化任务，任务分配并协调整个作业的执行；

3）负责在分配的数据片段上执行 MapReduce 任务；

4）负责保存任务的数据、配置信息、结果数据等。

因此，系统首先读取程序参数，数据配置文件，验证数据配置文件合法性，设置 MapReduce 参数，启动 MapReduce 任务，如图 4-33 所示。然后依次读取训练数据，将每条数据解析为 Item 的对象。在分类阶段，读取测试数据，从参数文件中读取训练好的参数矩阵，将参数矩阵计算为先验概率和条件概率。建立贝叶斯分类器模型的实例，根据贝叶斯公式，计算测试数据属于每个类别的概率，取概率最大的类别作为测试数据的分类结果，将结果输出到文件系统。

1）数据采集阶段。从该电网生产管理系统中系统故障时间、故障原因；从电能质量监测系统中获取电能质量监测数据，包括：电压暂降、电压暂升、短时中断等；获取某 3 条专线中用户的敏感度、重要度、负荷容量等数据；最后获取当前的公共数据，包括温度、湿度、天气等。

2）数据预处理阶段。主要进行数据清理、数据集成和数据格式变化。数据清理具体包括去除噪声数据、识别或删除离群点等工作；数据集成将多个数据源的数据结合起来并统一存储；数据格式变化主要是指数据的归一化、平滑化，或根据其概率分布进行转换，以用于数据挖掘。

3）特征项选择阶段。通过多次协方差计算和分类试验，选取对于评估结果影响较大的数据特征，形成特征项，并根据这些特征项采集某时刻 t_i 的训练样本和测试样本。具体的特征项包括：这 3 条 10kV 线路上电压暂降的深度、持续时间、电流变化范围；相关用户的敏感度级别、重要度级别、负荷容量级别；当时的湿度、温度和天气等公共信息等。仿真试验中，将以上 3 个专线模拟为暂态电能质量评估的分布式训练节点和评估节点，图 4-34 所示为准确率对比图。

根据如图 4-34 所示的试验结果，在使用 2012 年的数据作为分类训练集时，分类算法可以取得较好的准确性，证明基于分布式朴素贝叶斯算法的方法可以较准确地评估暂态电能质量状态。同时，训练集的产生时间对于分类准确率的影响较大，训练集和测试集的产生时间越接近，其分类准确率越高，从而表明周期性更新训练集并产生分类器是必要的，能够提高状态评估的准确率。其原因是因为电网和用户的情况都是不断变化的，特别是各类电力电子装置正显著改变着电能质量。

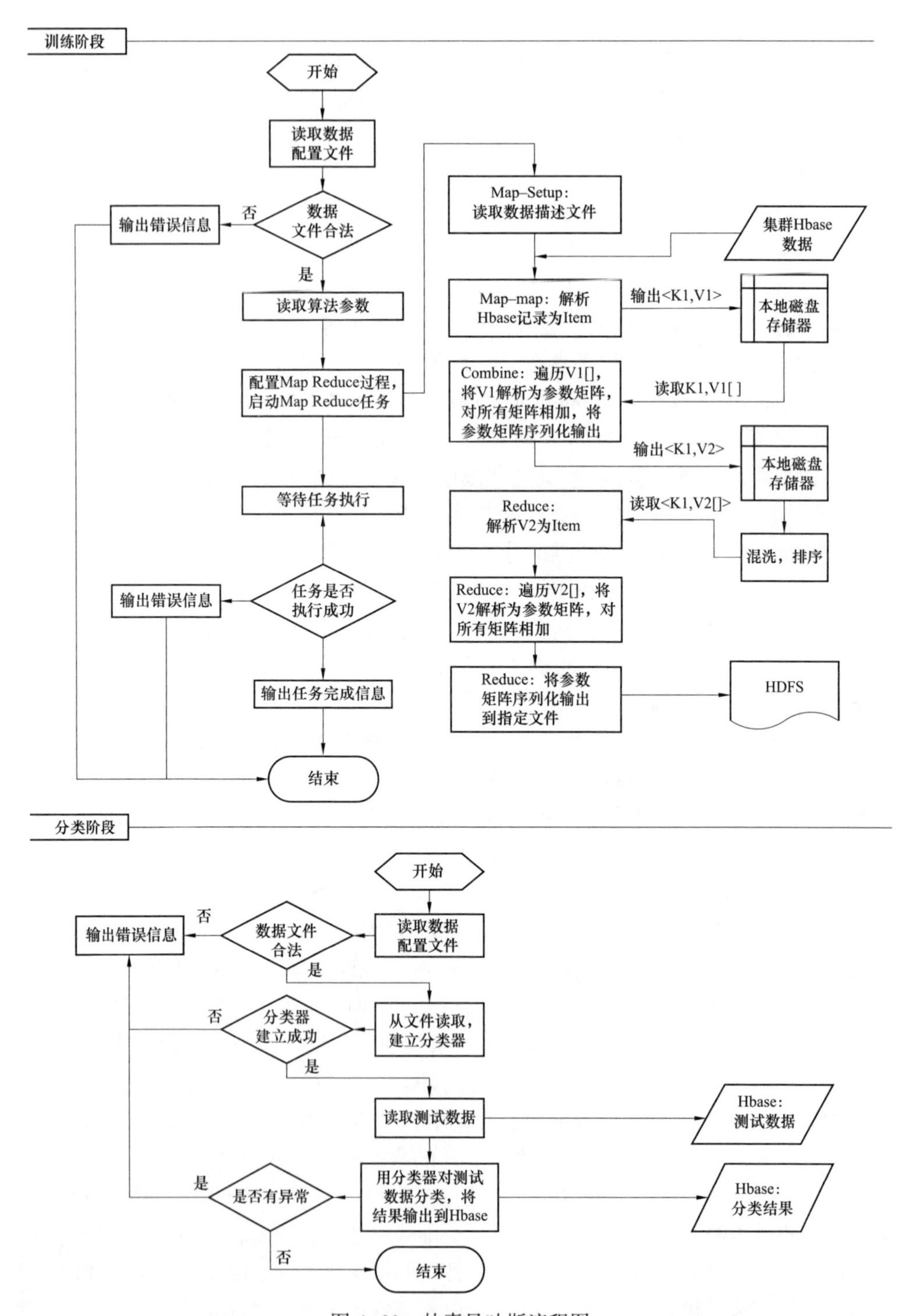

图 4-33　朴素贝叶斯流程图

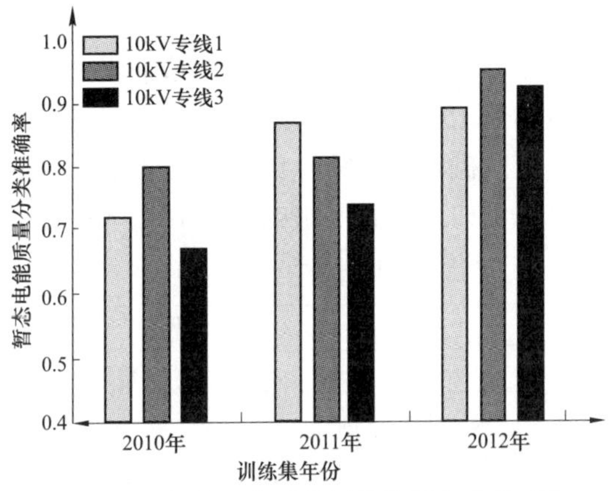

图 4-34　暂态电能质量评估结果准确率对比

4.6.4　有序用电

本节综合考虑了电网运行状态、企业历史用电量需求、企业优先级、线路优先级以及日期、天气等因素，提出可中断负荷自适应调度策略，制定有效的有序用电策略，深入企业内部对工艺流程关键负荷进行精准控制、合理调整班次组合，做到停电不停产，达到企业负荷精细化管理。通过对企业用电进行合理安排与控制，实现减小拉闸限电频率、减少企业经济损失、完成错峰、避峰的目标；达到削峰填谷、节约用电成本的目的，实现电网和用户双赢。

（1）有序用电策略制定。企业有序用电策略的制定依据提出的可中断负荷自适应调度算法实现。具体是：

当上级电力部门下达本次有序用电时间和任务指标时（需下降的负荷），系统自动筛选出满足要求的具体应对措施。从可中断级别从低到高开始，算出相应时间段每个监测点可下降的负荷值。然后从低级别到高级别每个监测点可下降负荷值相加，直到总数值等于需要下降负荷为止。其中，允许用户对可中断设备所下降的负荷值进行手动调整，调整后系统自动重新计算并生成新的满足本次下调负荷要求的可中断负荷方案列表，直到用户满意本次方案为止，最终确定方案。自适应调度算法如

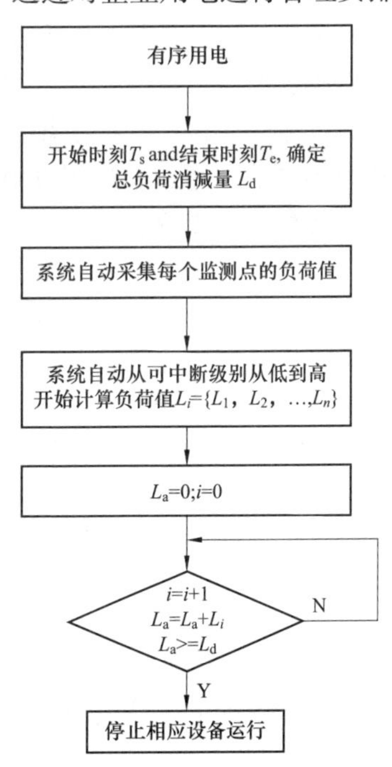

图 4-35　自适应有序用电调度算法

图 4-35 所示。

（2）负荷管理结果。××化工有限公司主要以精细化工、油脂化工等多种产品为主导，每月总耗电量约为 15 万 kWh。该企业计量点共 12 个。该企业目前按订单生产，生产时间有一定的机动性，结合自适应调度算法，帮助该企业实现产能和电力成本之间的优化。例如，在有序用电时段 15：00—19：00，有序用电后的负荷比有序用电前降低了 5.1%，如图 4-36 所示。

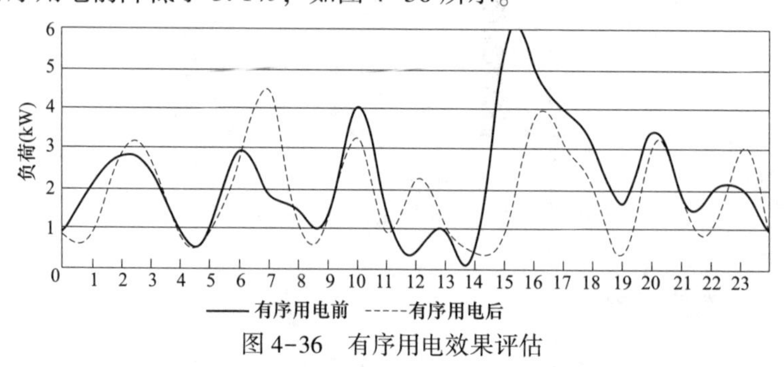

图 4-36　有序用电效果评估

4.7　小结

智能配用电的数据规模和特点符合大数据的各项特征，本章首先提出电网的各种数据类型，其次，阐述了 Hadoop 以及并行计算框架。针对配用电大数据应用场景，结合实例，提出了用户行为分析、电力负荷预测、电能质量评估以及有序用电等方法。通过在配用电中运用大数据分析技术，所得结果为电网规划和安全运行提供数据支撑。

参　考　文　献

[1] 刘科研，盛万兴，张东霞，等. 智能配电网大数据应用需求和场景分析研究 [J]. 中国电机工程学报，2015，35（2）：287-293.

[2] 刘树仁，宋亚奇，朱永利，等. 基于 Hadoop 的智能电网状态监测数据存储研究 [J]. 计算机科学，2013，40（1）：81-84.

[3] 张东霞，苗新，刘丽平，等. 智能电网大数据技术发展研究 [J]. 中国电机工程学报，2015，35（1）：2-12.

[4] 张素香，赵丙镇，王风雨，等. 海量数据下的电力负荷短期预测 [J]. 中国电机工程学报，2015，35（1）：37-42.

[5] 王德文，宋亚奇，朱永利. 基于云计算的智能电网信息平台 [J]. 电力系统自动化，2010，34（22）：7-12.

[6] 严英杰，盛戈皞，陈玉峰，等. 基于大数据分析的输变电设备状态数据异常检测方法 [J].

中国电机工程学报, 2015, 35 (1): 52-58.
[7] 张华赢, 朱正国, 姚森敬, 等. 基于大数据分析的暂态电能质量综合评估方法 [J]. 南方电网技术, 2015, 9 (6): 80-86.
[8] 王继业, 季知祥, 史梦洁, 等. 智能配用电大数据需求分析与应用研究 [J]. 中国电机工程学报, 2015, 35 (8): 1829-1836.
[9] 王璟, 杨德昌, 李锰, 等. 配电网大数据技术分析与典型应用案例 [J]. 电网技术, 2015, 39 (11): 3114-3121.
[10] 张沛, 吴潇雨, 和敬涵. 大数据技术在主动配电网中的应用综述 [J]. 电力建设, 2015, 36 (1): 52-59.
[11] 刘巍, 黄曌, 李鹏, 等. 面向智能配电网的大数据统一支撑平台体系与构架 [J]. 电工技术学报, 2014, 29 (增刊1): 486-491.
[12] 刘道新, 胡航海, 张健, 等. 大数据全生命周期中关键问题研究及应用 [J]. 中国电机工程学报, 2015, 35 (1): 23-28.
[13] 刘树仁, 宋亚奇, 朱永利, 等. 基于 Hadoop 的智能电网状态监测数据存储研究 [J]. 计算机科学, 2013, 40 (1): 81-84.
[14] 陈埼. 基于 Hadoop 的电力大数据特征分析研究 [D]. 北京: 华北电力大学硕士论文, 2016.
[15] 金鑫, 李龙威, 季佳男, 等. 基于大数据和优化神经网络短期电力负荷预测 [J]. 通信学报, 2016, 37 (Z 1): 36-42.
[16] 宋亚奇, 周国亮, 朱永利. 智能电网大数据处理技术现状和挑战 [J]. 电网技术, 2013, 37 (4): 927-935.
[17] 张素香, 刘建明, 赵丙镇, 等. 基于云计算的居民用电行为分析模型研究 [J]. 电网技术, 2013, 37 (6): 1562-1546.
[18] 曾梦妤. 分类用户峰谷电价研究 [D]. 北京: 华北电力大学, 2006.
[19] 刘萌, 褚晓东, 张文, 等. 负荷分布式控制的云计算平台构架设计 [J]. 电网技术, 2012, 36 (8): 140-144.
[20] 赵国栋, 易欢欢, 糜万军, 等. 大数据时代的历史机遇 [M]. 北京: 清华大学出版社, 2013.
[21] 李国杰, 程学旗. 大数据研究: 未来科技及经济社会发展的重大战略领域——大数据的研究现状与科学思考 [J]. 中国科学院院刊, 2012, 27 (6): 647-657.
[22] Wu Xindong, Zhu Xingquan, Wu Gongqing, et al. Data mining with big data [J]. IEEE Transactions on knowledge and data engineering, 2014, 26 (1): 97-107.
[23] 薛禹胜, 赖业宁. 大能源思维与大数据思维的融合一大数据与电力大数据 [J]. 电力系统自动化, 2016, 40 (1): 1-8.
[24] 王珊, 王会举, 覃雄派. 架构大数据! 挑战 (现状与展望) [J]. 计算机学报, 2011, 34 (10): 1741-1752.
[25] 苗新, 张东霞, 孙德栋. 在配电网中应用大数据的机遇与挑战 [J]. 电网技术, 2015, 39 (11): 3122-3127.

第 5 章　电力信息通信运维大数据应用

本章导读

电力信息通信系统是智能电网的重要基础设施，为电力系统提供特殊性的保障服务。大数据时代，电力信息通信系统运行维护需要充分利用生产运行数据，发挥数据指导生产的价值。目前信息通信系统运维数据存储分散、利用度低、收集难等问题还影响运维工作的质量和效率。面对能源互联网的发展态势，如何充分挖掘、利用信息通信系统运行数据，深入开展大数据分析挖掘，使数据服务于运维人员，有效提高工作效率，是目前我们亟待解决的问题。

- **本章将学习以下内容：**

电力信息通信运行数据采集。

电力信息通信运行大数据分析。

电力信息通信运行大数据应用案例。

5.1　概述

电力信息通信技术是智能电网发展的重要组成部分。电力系统对安全方面的要求非常高，而电力信息通信技术在一定程度上可以为电力系统提供特殊性的保障服务，从而使电力系统安全、稳定的运营，电力信息通信技术保障了通信通道的优质可靠，是电网安全、稳定发电和供电的重要基础，为我国智能电网的发展带来了积极影响。

在信息系统方面，以交换机、路由器为核心的电力信息网络日渐完善，它承载着繁多的专业系统和数据业务，成为电力系统内部重要的传输网络。数据通信设备（包括路由器和交换机）的管理依赖于传统的网管平台，它可以提供比较全面的设备信息和告警信息，以便于管理人员查看和处理。但是传统网管系统并不能对其获得的数据进行进一步的挖掘，不能充分地利用设备的信息向管理人员提供强有力的反馈和有效的建议。例如，网管系统可以获得各个交换机、路由器的使用率，包括端口、CPU、内存、端口带宽、背板带宽的使用率，关联性地分析这些信息能够为进一步的规划、预测和采购提供指导，有效避免设备重复采购

和资源浪费，让网管人员科学地管理设备、规划网络。

在通信系统方面，随着电网的飞速发展，我国电力系统通信网络在通信资产规模、设备运行质量、业务保障能力等方面的整体水平发生了巨大的变化。伴随着通信设备总量快速增加，通信光缆覆盖率持续提高，通信业务领域向纵深拓展，业务保障能力需求逐年提高，电力通信作为能源配置体系和公共服务平台的重要基础设施，其重要性越来越突出。电力通信不仅是传统意义上电网安全生产和企业经营管理的重要技术支撑，也是智能电网实现自动化、信息化、互动化的基础。随着电力行业的发展，特高压输变电工程的大力建设和智能电网的普遍应用，以SDH和OTN传输技术为主的电力通信网规模不断扩大，它们承载着繁多的专业系统和数据业务，成为电力系统内部重要的传输网络。光传输设备的管理依赖于传统的网管平台，它可以提供比较全面的设备信息和告警信息，以便于管理人员查看和处理。但是传统的网管系统并不是将所有的设备运行数据进行展示，而是通过告警抑制后，将高级别的信息进行上传，此时，设备已经处于故障状态，业务运行风险已经大幅提高。此外，传统的网管系统不能将设备的运行数据进行自动化的挖掘和分析，无法充分地利用设备的信息向管理人员提供强有力的反馈和有效的建议。例如，网管系统可以获得各个传输设备、设备板卡的运行指标，包括光功率、误码、保护组、端口状态等，如果可以提前采集这些技术指标，并关联性地分析这些指标的变化趋势，就能够准确的判断设备发生故障或业务发生中断的概率，为运行维护人员提供提前处置的依据。此外，如果设备已经发生了故障，我们同样可以根据设备承载业务情况和业务运行路由等信息，自动化分析可能发生故障的区段，并分析出发生故障的原因，为网管人员提供有力的技术支撑。

5.2 电力信息通信运行数据采集

电力信息通信网运行大数据采集主要针对调度值班、运行方式管理、检修管理、缺陷故障管理、设备运行、基础设施和安防监控等业务环节和场景。

5.2.1 电力信息运行数据采集

随着信息化程度的提高，电力企业对信息系统的依赖程度也越来越高。信息系统上线运行后的运行监控是企业信息化工作的重要任务。信息系统调度运行监控指标体系的监控内容涵盖网络、主机、中间件、数据库、应用系统、存储和光纤设备以及安全等方面，见表5-1。

表 5-1　　　　电力信息应用系统运行监测指标

指标小类	一级指标	二级指标
通用类指标	用户使用情况	注册用户数
		活跃用户数
	业务授权情况	角色授权功能数
		角色内用户数
		角色总访问量
		角色内用户平均访问量
		用户重复授权数
	系统访问情况	系统访问量
		功能模块访问量
	性能指标	系统平均响应时长
		系统最大响应时长
非功能指标		系统最大并发数
		数据库平均响应时长
		系统健康运行时长
		业务数据占用表空间大小
		系统资源性能
		应用安全功能要求
		系统数据网络传输丢失率
	可靠性指标	系统运行日志错误率
		系统全年正常运行率
		系统故障恢复平均时长
		系统升级周期

5.2.2　电力通信运行数据采集

电力通信网是由专用的电力通信设备进行连接，并且对各种电力通信业务进行承载的专用网络。电力通信网具有通信资源繁多、承载业务复杂等特点，对电力通信网的可靠性要求更高。

随着光通信技术的日益广泛应用，光传输网络设备单板承载的业务越来越多，且越来越复杂，单板的突发失效会引起业务的中断或倒换，影响网络稳定。因此，其性能稳定可靠是保证网络稳定的基础。为保证网络稳定，目前的一种策略是：规定在一定年限内强制进行更换，由于各设备的使用寿命并非完全一致，这就导致了很多设备在远未到达寿命前，就被替换掉，从而产生资金和人力的

浪费。

现有技术中已经涉及光电元器件、光模块等寿命的预测方法，但是影响单板使用寿命的因素复杂多样，预测的准确度仍有待提高。在现有的光模块设计中，一般半导体激光器偏置电路是自动光功率控制电路，即正常工作时，通过激光器组件中的光电监测器检测出激光器的平均输出光功率，然后负反馈控制激光器偏置电流大小，以确保输出光功率的稳定。但是当激光器由于长期工作老化而导致输出光功率下降时，如果再采用加大偏置电流来稳定输出光功率会带来恶劣的后果。并且，设备网管和第三方系统提供板件故障的告警，大多是失效后告警提示，是事后报警而不是预测。

电力通信设备的运行数据主要分为三类：运行事件、运行日志和告警信息。运行事件是设备各个板卡和器件的运行记录，在尚未到达设备告警门限值的情况下，各个板卡和器件的运行记录就以运行事件的形式存储在设备的“黑匣子”中，为了避免无用信息造成的信息拥塞，从而误导网管人员，海量的运行事件往往不会上报至网管系统，且不能被网管人员调取查看，只有厂家的技术人员通过执行设备底层运行指令才能调取。运行日志是网管人员的日常操作记录，它以条目的形式存储在设备的缓存中，可随时被网管人员查询。告警信息是设备发生故障后，由设备上报至网管系统的一类信息，它帮助网管人员分析、判断故障点和故障原因。表 5-2 列出了电力通信系统运行监测的若干指标内容。

表 5-2　　电力通信系统运行监测指标

<table>
<tr><th>指标类型</th><th colspan="2">指标名称</th></tr>
<tr><td rowspan="6">业务运行质量</td><td colspan="2">通信事故、障碍次数</td></tr>
<tr><td colspan="2">生产实时控制业务通信通道平均中断时间</td></tr>
<tr><td colspan="2">信息业务节点平均中断时间</td></tr>
<tr><td colspan="2">调度电话用户可用率</td></tr>
<tr><td colspan="2">通信电源不可用次数</td></tr>
<tr><td colspan="2">视频会议保障率</td></tr>
<tr><td rowspan="8">设备运行质量</td><td rowspan="8">通信设备缺陷率</td><td>光传输设备缺陷率</td></tr>
<tr><td>载波设备缺陷率</td></tr>
<tr><td>微波设备缺陷率</td></tr>
<tr><td>接入设备缺陷率</td></tr>
<tr><td>语音交换机设备缺陷率</td></tr>
<tr><td>数据网设备缺陷率</td></tr>
<tr><td>ATM 设备缺陷率</td></tr>
<tr><td>通信电源设备缺陷率</td></tr>
</table>

续表

指标类型	指标名称	
设备运行质量	通信设备缺陷率	视频会议设备缺陷率
		同步时钟设备缺陷率
		通信网管设备缺陷率
		配网通信设备缺陷率
		通信设备紧急缺陷率
		通信设备重大缺陷率
		通信设备一般缺陷率
	光缆百公里缺陷率	光缆百公里紧急缺陷率
		光缆百公里重大缺陷率
		光缆百公里一般缺陷率
	缺陷平均处理时间	紧急缺陷平均处理时间
		重大缺陷平均处理时间
		一般缺陷平均处理时间
	消缺及时率	紧急缺陷消缺及时率
		重大缺陷消缺及时率
		一般缺陷消缺及时率
	消缺率	紧急缺陷消缺率
		重大缺陷消缺率
		一般缺陷消缺率

电力通信设备运行数据主要是针对不向网管人员开放的海量运行事件的采集和分析，通过对这些未达到告警门限的运行事件的分析，掌握设备在不同时间点的运行状态及技术参数，并发现其变化趋势，从而判断出设备是否需要提前开展状态检修，降低设备突发故障的频率。此外，在故障发生后，可以通过对运行日志和告警信息的挖掘与分析，自动化的分析出可能发生故障的范围，从而帮助网管人员提高故障处置效率，缩短故障时长。

电力通信设备运行数据的采集可以分为三种方式，如图 5-1 所示，一是从设备直接提取，数据主要包括设备“黑匣子”中存储的运行事件、设备级配置信息、设备板卡的保护状态和设备承载业务资源等，这类数据通过南向接口上传至数据采集系统，并通过采集系统进行筛选和分析；二是从传输网管提取的数据，主要包括网络拓扑、网络级业务配置、保护组状态以及全网设备的实时告警信息、设备各项性能指标和运行事件等，这类数据通过网管系统的北向接口与数据采集系统相连，进行数据上传；三是需要人工录入的一些外部数据，主要包括设

备站点信息、故障记录、设备投运时间等，这类数据可以由人工或自动化工具向数据采集系统的管理口进行录入。

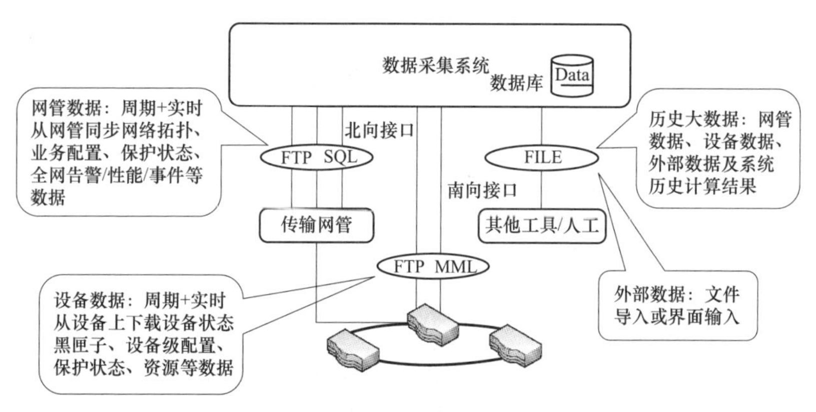

图 5-1　电力通信设备数据采集方式

通过采集这些设备运行数据来分析电力通信设备硬件的健康度水平。其中，硬件健康度状态异常不同于真正意义上的故障，类似人身体的亚健康，是一种“隐形”故障。它是一种潜在的危险，硬件并未失效，并未对客户业务带来明显的影响，但其已经表现出一定的异常特征，如偏移最优值、性能降低、状态不稳等。这种异常症状是硬件故障的风向标，持续劣化可能会导致故障，如光模块性能持续降低，继续使用会因器件失效中断业务。同时，也有可能在相当长一段时间内，不会转化为真正的故障，或者被其他的措施（如软件）暂时规避；同时，这种异常症状的表现有时也具有一定的随机性，并不一定持续状态异常。因此，我们需要提取这些海量存在的运行数据，并对其进行挖掘与分析，找到设备运行规律和变化趋势，从而提前处置，提高网络的运行水平。

表 5-3 展示了电力通信设备单板硬件健康度评估需要采集的数据，图 5-2 说明了数据采集的流程。

表 5-3　　电力通信设备数据采集种类

类别	检查项目大类	检查项目明细
单板硬件健康分析	电源、电压类故障隐患	1. 单板电源模块工作异常； 2. 主控板上的电源状态不正常，如电池无电量； 3. 电源失效：48、3.3、1.5V 过压、欠压； ……

续表

类别	检查项目大类	检查项目明细
单板硬件健康分析	风扇环境温度类故障隐患	1. 风扇故障； 2. 单板工作温度越限； 3. 激光器温度越限； ……
	激光器类故障隐患	1. 激光器发送失效； 2. 激光器寿命即将终止； 3. 输入/输出光功率； ……
	时钟类故障隐患	1. 38M 系统时钟异常； 2. 2M 时钟源异常； 3. 时钟主、备晶振停振； 4. 主晶振频偏过大； 5. 模拟锁相环路异常； 6. 锁相环失锁； ……
	器件类故障	1. 处理器（如 CPU/DSP/协处理器）故障； 2. 存储器件（RAM、FLASH）故障； 3. 可编程逻辑器件异常； 4. SDH 器件故障； ……
	系统类故障隐患（通信/总线/背板）	1. 单板间通信失效； 2. 总线错误； ……
	其他故障类	1. 写读单板芯片寄存器； 2. 单板异常复位； ……

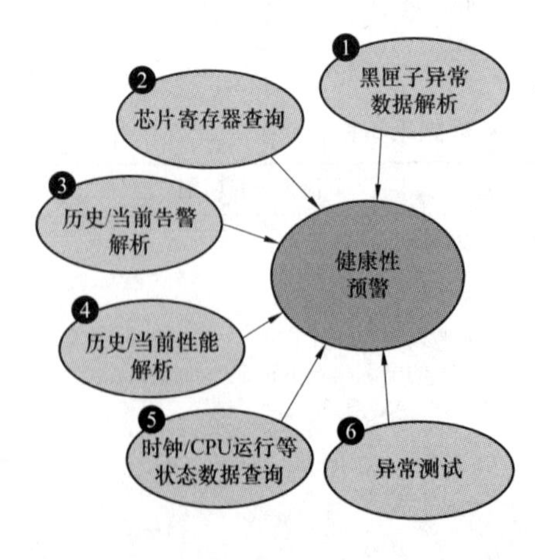

健康度检测的源数据

❶ 黑匣子记录是软件记录一些关键信息或者异常的一种常用手段；

❷ 芯片寄存器，可体现硬件运行的当前状态及历史状态，尤其历史寄存器，能够反映出两次查询时段内发生的状态变化；

❸ 历史/当前告警，通常是出现故障最直接的体现；

❹ 历史/当前性能，常常在硬件故障而伴随出现；

❺ 时钟/CPU等状态数据，会体现目前芯片工作的状态；

❻ 通过对某些未使用单元的异常测试，判断硬件是否处于正常状态。

图 5-2　电力通信设备数据采集流程

5.3　电力信息通信运行大数据分析

在采集大量的电力信息通信系统运行数据之后，需要在统一资源模型的基础上整合设备与网络的动态信息、网络属性等数据，利用统计模型、机器学习等方法开展数据分析。

5.3.1　电力信息运行大数据分析

大数据的采集是指利用数据库等方式接收发自客户端（Web、App 或者传感器形式等）的数据。大数据采集的主要特点是并发访问量大，因为同时有可能会有成千上万的用户来进行访问和操作，比如火车票售票网站的并发访问量在峰值时达到上百万，这时传统的数据采集工具很容易失效。大数据采集方法主要包括：系统日志采集、网络数据采集、数据库采集、其他数据采集等四种。

数据采集完成后，对采集的数据进行清洗、填补、平滑、合并、规格化以及检查一致性等处理，并对数据的多种属性进行初步组织，从而为数据的存储、分析和挖掘做好准备。通常数据预处理包含三个部分：数据清理、数据集成和变换、数据规约。

为满足电力信息通信系统运行大数据分析需要，需要建设信息通信系统运行大数据挖掘分析平台（见图 5-3），实现大数据的采集、抽取、存储、分析挖掘、可视化展现等功能。应用大数据分析工作总体上包括：数据整合、数据存储、数据计算、数据分析、数据展示五个部分。数据整合将信息系统应用指标的数据源（包括日志文件、关系数据表、实时采集数据）通过 Flume、Sqoop 等工具导入到数据存储层的 HDFS 分布式文件系统及 HBase 分布式数据库存储系统。通过数据计算层面的 Spark 内存计算、Storm 流计算完成应用指标的在线分析，通过 MapReduce 批量计算、查询计算完成数据分析层面的离线统计分析、多维分析、数据挖掘，并以丰富的图形效果输出到数据展示层面。

在大数据技术应用中，数据的存储和管理发挥着基础性作用，现阶段基于大数据信息系统而设计研发的分布式文件管理技术具有明显的实用性，广泛应用于各大互联网企业之中，以 Google 创设的 GFS 管理技术为例，其具有成本低廉的优势，已成为使用量较大的服务器，为客户建立了高效的文件管理系统，并且具备较高的拓展性能。在这一系统中，很多数据存储于不同的服务器之中，呈现分布式的状态，客户可利用追加更新和关联连接的方式开展数据管理工作。

在大数据信息系统中，实现了对各类数据的封装操作，基于此用户可享受随时、随需且标准化的检索与分析服务。例如，在分布式数据处理系统中，主要采用流处理技术和批处理技术，其中前者将大数据视作不间断的流，对进入系统的

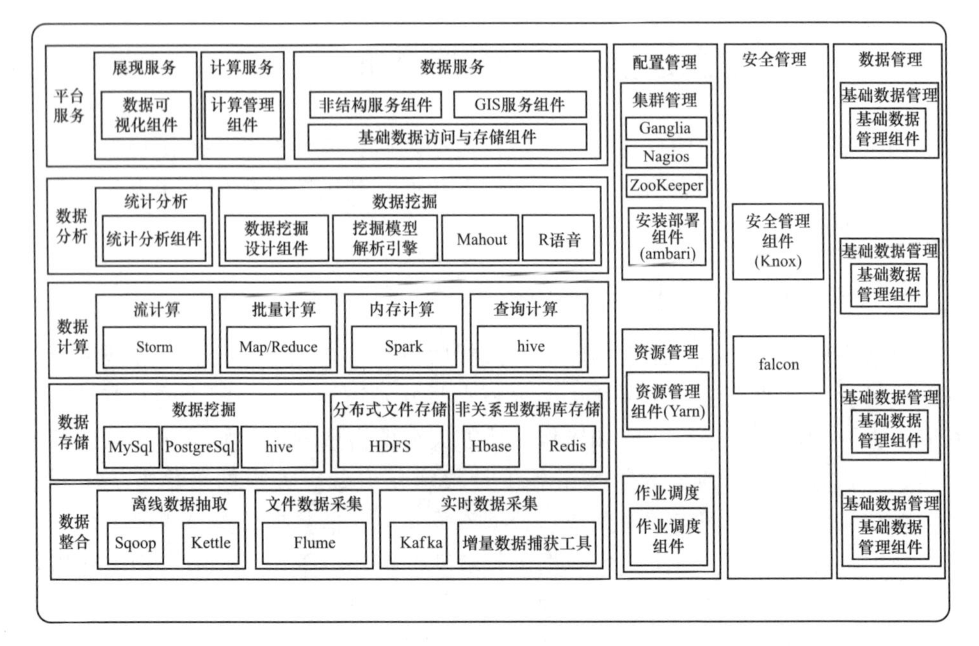

图 5-3　电力信息运行大数据分析技术平台

数据流进行实时处理，并及时返回结果，进而提升了数据处理的及时性；而后者的核心则在于划分数据的方式、分配数据的方式和处理数据的技术，该技术先存储需要处理的数据，再根据特定的分割方法，将数据分割为多个数据块，接下来将各个数据块分给不同的处理器进行并行处理，进而降低了数据的关联关系，使得数据具有极高的集群性和可调度性。

5.3.2　电力通信运行大数据分析

海量的设备运行数据采集完成后，分析系统将初步筛选出可能影响设备运行状态的有用信息，通过系统建模，进一步建立常见故障模型，推导判断设备运行状态及变化趋势，例如，图 5-4 中，设备硬件失效的概率、光模块失效的概率、交叉资源瓶颈预测、业务稳定性统计及预测等，为网管人员提供技术支持。

电力通信网从实际运维管理的需求出发，可利用基于 SOA（Service Oriented Architecture，面向服务的体系结构）的设计平台，搭建测试环境，建立一种电力通信设备运行大数据分析系统架构，用于检测电力通信网健康状态并实现预警能力。系统可通过标准的接口协议实现第三方设备的接入，也支持对通信设备运行数据进行深层次分析，与通信设备专业网管相比统一了接入平台，与 TMS 相比，更偏重运行维护及运行分析。

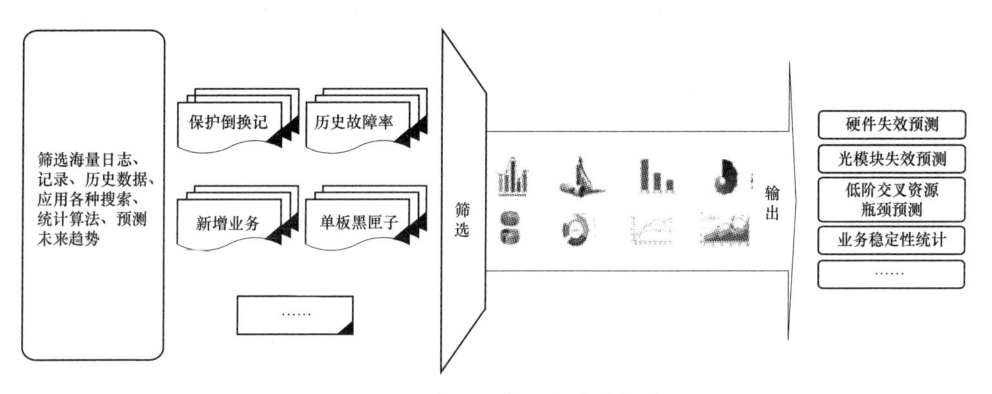

图 5-4　电力信息通信运行大数据分析

电力通信设备运行大数据分析系统架构如图 5-5 所示，主要包含设备驱动、数据驱动、数据中心和应用模块 4 部分，支持未来对不同品牌设备及其他管理系统的扩展。

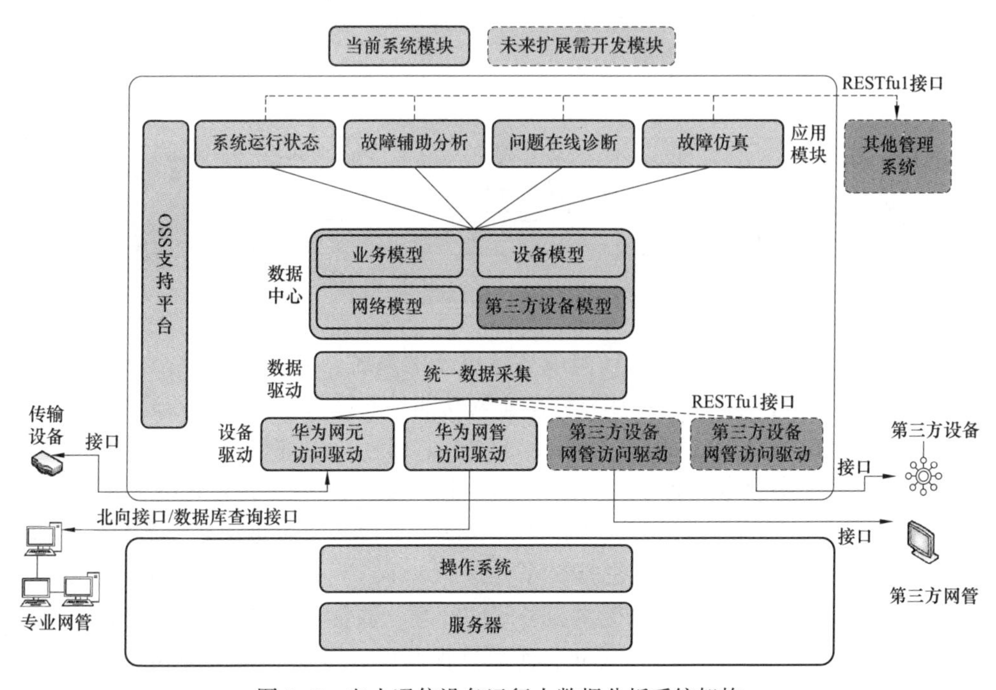

图 5-5　电力通信设备运行大数据分析系统架构

数据驱动模块为数据中心提供数据采集功能，为提升采集效率和采集精确度，模块支持并发采集、脚本采集和周期采集功能。数据中心模块是系统所需计算的所有数据的存储和访问接口，并建立业务模型、设备模型和网络模型，满足不同类型数据的存储。利用数据驱动和设备驱动模块，通过传输系统设备提供的文件传输协议获取网元、网管及设备运行黑匣子等数据，形成电力通信设备运行云数据中心。设备驱动模块是提供不同品牌光传输设备的网元及网管驱动，使数据分析辅助决策系统能够对此品牌的网元及网管数据进行采集。应用模块为数据分析辅助决策系统的核心功能模块，从数据中心中提取数据并进行分析，根据功能需求提供不同的服务。OSS（The Office of Strategic Services，运营支撑系统）主要提供支持 OSS 应用部署、监控及二次开发的基础框架，以及用户管理、权限管理、会话管理、日志管理和 License 管理等公共服务。

位于系统中间层的数据中心和数据驱动提供了系统所需计算的所有数据的存储和访问接口，并支持并发采集，提升效率；支持脚本采集，提升精确度；周期采集等。数据中心作为中间层，为系统应用模块和底层数据采集模块提供桥接，上层是用户应用模块，下层是光传输设备网管服务器、网元设备及文件或界面形式输入的环境因素等外部数据。数据中心和数据驱动利用 SFTP（安全文件传送协议）、数据库查询接口查询数据、restful 接口查询第三方设备数据等方式，在光传输设备或网管中提取所需数据，如图 5-6 所示，方便系统前端对于数据的分析及应用，起到了承上启下的作用。

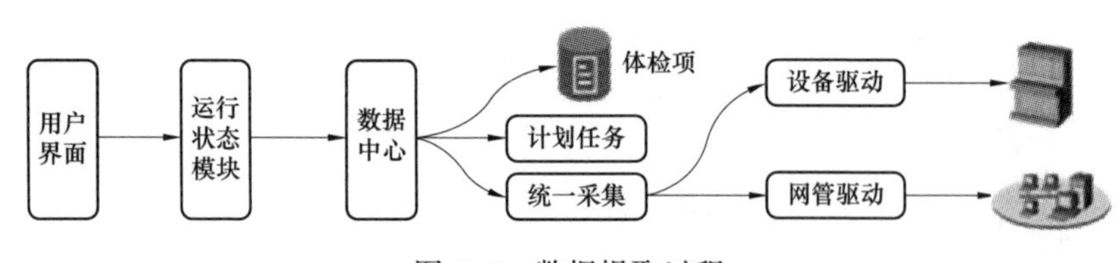

图 5-6　数据提取过程

为了搭建上述软件架构，且实现灵活可变的系统，可利用 SOA 技术实现电力通信网健康度评估系统。应用程序的不同功能单元称为服务，服务通过标准化封装形成组件，SOA 即为面向服务的体系结构，是一种组件模型，将不同的服务通过彼此之间良好的接口和契约联系起来。接口是采用中立的方式进行定义的，它独立于实现服务的编程语言、操作系统和硬件平台，使构建在不同系统中的服务可以通过通用和统一的方式进行交互。

SOA 体系的目标是更好地提供服务间的交互，通常企业级系统应用间的交互多属于 RPC（Remote Procedure Call，远端过程调用）范畴，常用的实现 RPC 的技术与方法见表 5-4。

表 5-4　RPC 构架的实现技术及方法比较

RPC 构架	端点命名	承载数据格式	支撑协议	接口
DCOM	对象参考	网络数据表述（NDR）	DCOM（Bina2ry）	COM 继承

续表

RPC 构架	端点命名	承载数据格式	支撑协议	接口
CORBA	互操作对象参考（IOR）	通用数据表述（CDR）	互联 ORB 协议	接口定义语言（IDL）
RMI	超文本链接	Java 连续对象格式	Java 远程方法协议（JRMP）	Java 接口
Web Service	URL	json，xml，html	http，https	RESTful

企业级系统应用间的信息交互可以采用多种方式。从短期来看，各种交互方式均能较好地实现服务功能；但从长期来看，CORBA（Common Object Request Broker Architecture，公共对象请求代理体系结构）和 DCOM（Microsoft Distributed Component Object Model，分布式组件对象模型）在支撑协议、数据格式及接口方面不如 RMI（Remote Method Invocation，远程方法调用）和 Web Service 开放，不利于相关技术的推广及 SOA 体系的全球实现。所以在 SOA 的交互方面，最佳的实现方式为基于 JSON（JavaScript Object Notation，JavaScript 对象表示法）和基于 HTTP（Hyper Text Transfer Protocol，超文本传输协议）的 Web Service（Web 服务）。Web Service 可完美实现 SOA 架构风格的技术体系，系统采用 Web 体系，基于 B/S（Brower/Server，浏览器/服务器）架构，前台 UI 负责生成客户端访问的 Web 页面后台负责数据收集和计算，提供前台 UI 需要的数据，前后台间采用 Restful 接口进行交互，如图 5-7 所示。

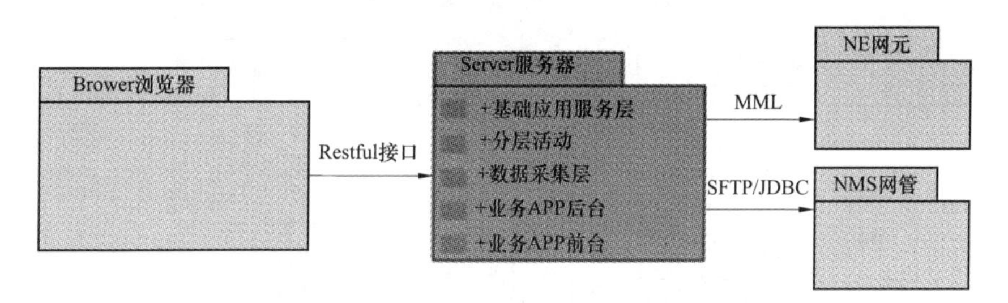

图 5-7　B/S 架构示意图

REST[（Resources）Representational State Transfer，（资源）表现层状态转化]，指一组架构约束条件和原则，是罗伊·托马斯·菲尔丁在他 2000 年的博士论文中提出的，资源指网络上的一个具体信息，每个资源都使用 URI（Universal Resource Identifier，统一资源标识符）得到一个唯一的地址，所有资源都共享统一的接口，以便在客户端和服务器之间传输状态。表现层即一种资源可以有多种外在表现形式，如文本、网页等多种格式。状态转化指通过使用 HTTP 协议的四个方法触发转换，即 GET、POST、PUT、DELETE。

上文中所讲到的不同功能应用模块可看作是 SOA 体系结构中不同的服务，通过标准化封装形成不同的服务组件，通过调用定义好的 Restful 接口即可调用相关服务组件实现服务可编排，从而组成灵活可变的系统。

按照系统软件架构，采用 SOA 体系，系统服务组件全景如图 5-8 所示。系统组件主要分为 3 层：最底层为统一数据采集层，完成数据的采集和格式清洗，包含网元数据采集及网管代理，其中网元数据采集部分包含采集脚本组件和代理协议两个主要组件，网管代理部分包含数据信息模型和网管数据同步两个主要组件。中间层为基础应用服务层，按照功能需求完成数据的分类，包含网络级资源、网元级资源、SDH 域资源、档案管理等主要组件。顶层由网络健康 APP（Application 缩写）、设备健康 APP、业务安全分析 APP 三个系统服务组件，通过设备、网络、业务状态 3 个不同的维度，搭建设备、网络、业务状态的健康模型，并采用与之匹配的数据分析算法，实现对设备、网络、业务的健康及安全状态的检测。

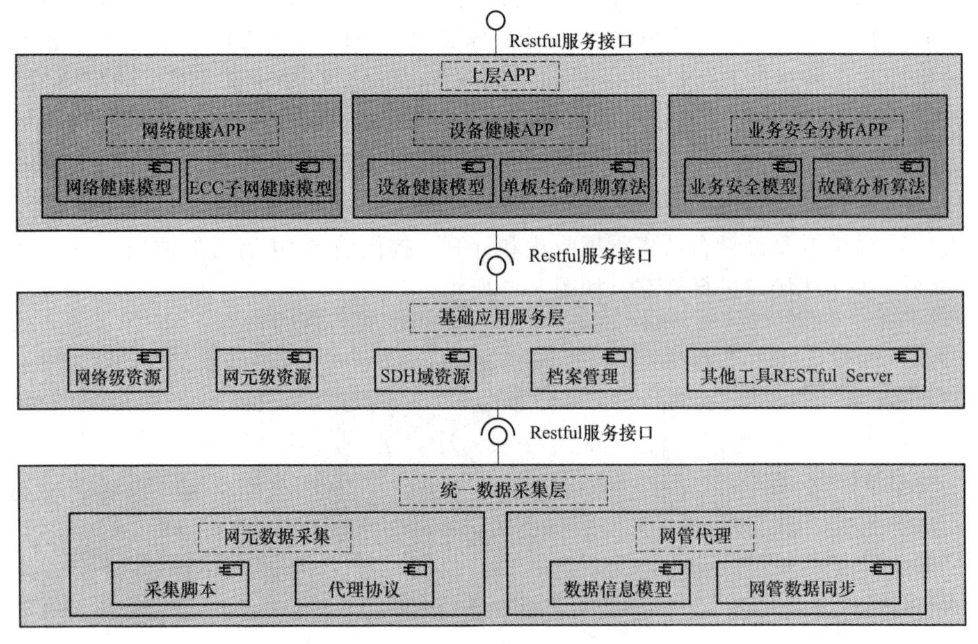

图 5-8　系统服务组件全景图

服务内部调用关系如图 5-9 所示，顶层网络健康 APP 可调用对内 APP 和基础应用服务层组件，从而进一步调用数据库、网络及网元级资源、SDH 业务资源等数据；顶层设备健康 APP 和顶层业务运行安全分析 APP 可调用对内 APP、数据采集层及基础应用服务层组件，从而进一步调用数据库、网络及网元级资源、SDH 业务资源及巡检数据等。

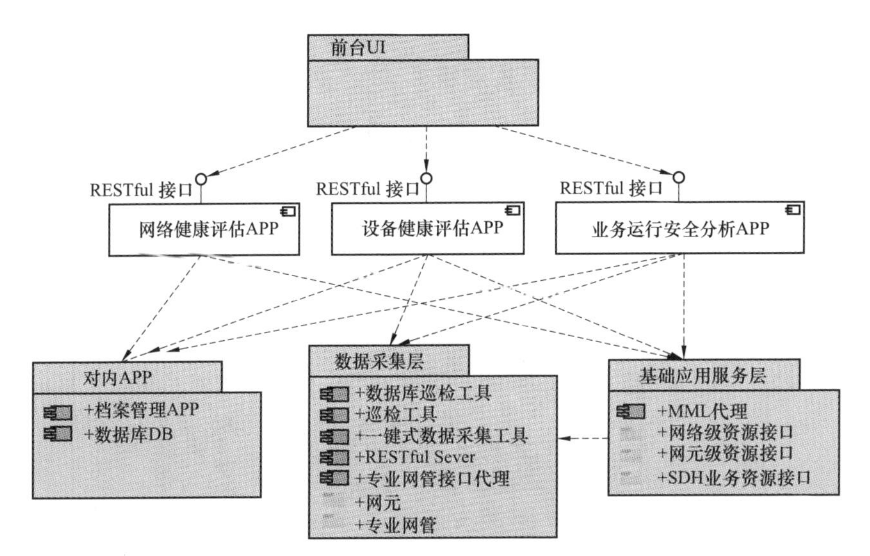

图 5-9　服务内部调用关系图

5.4　电力信息通信运行大数据应用场景与案例

随着电力通信传输技术的不断发展，骨干通信传输系统规模不断扩大，设备的组网和业务配置复杂程度越来越高，及时排除光传输设备的故障是维护网络稳定运行的关键因素。而影响准确故障定位的关键在于如何根据网管和设备架、板海量告警等信息，通过数据筛选和甄别，挑选出有用信息进行建模、分析，在最短时间内锁定故障点，如图 5-10 所示。此外，在故障发生后，告警、事件、操作日志各自以独立的故障信息呈现，需要将这些信息离散的故障信息进行统计分析，将故障信息与端到端业务及相关 MSP、SNCP 保护关联，以判断具体故障点及影响的业务，迅速找到故障点，实现故障恢复。

5.4.1　系统运行异常检测与诊断

对电力信息通信系统异常运行总体情况进行全面统计分析，可以寻找异常发生的规律，深度挖掘运行风险，为相关运维部门从技术和管理两方面提前制定预防管控和应急处置措施提供依据，实现减少信息通信系统异常事件发生概率、缩短异常事件处理时长的目标。信息通信系统异常运行日志数据，以周、月度、季度、半年度、年度为分析周期，通过对系统异常事件发生时间、系统异常事件出现频度、系统异常事件运行时长、系统事件类型以及典型案例等维度，对信息通信系统异常运行总体情况进行全面统计分析，并进行各维度的交叉分析，以及将

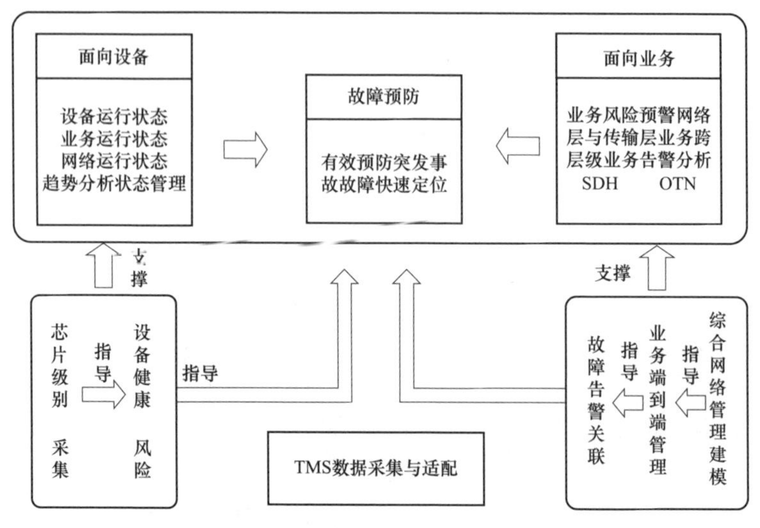

图 5-10　通信网管数据采集与适配

系统异常运行数据与检修数据联合分析，从多个角度研究系统发生异常事件的规律。

电力信息系统的正常运行受制于机房设施、操作系统、网络、中间件、数据库及信息系统自身等多维度软硬件资源因素。相关研究表明，信息系统的软硬件资源因其本身固有的失效性，组成信息系统的软硬件资源总会出现故障，一旦出现故障，小则影响信息系统部分功能；大则引起信息系统宕机。电力信息系统运行中的用户登录情况、系统运行情况、检修情况、故障情况进行管理分析，发现系统运行的薄弱环节，提前采取措施进行预防性维护，提高系统的运行和服务水平。统计信息系统用户访问数据，检测信息系统业务流量峰值时段，预测信息系统业务流量高峰期和出现的规律。针对信息系统高峰时段，安排保障措施和资源调配。统计分析数据中心服务器等资源使用情况，结合业务访问特性的高峰低谷时段系统的负载压力情况，指导系统架构的优化和容量调整。同时，电力信息网络及其承载的业务系统得到迅猛发展，网络业务流量的检测和预警具有重要意义。如图 5-11 所示，从信息网络中进行样本数据的采集，然后对数据进行预处理，包括数据筛选、数据降维和数据标准化，最后通过使用合适的机器学习算法自动异常检测结果。

基于电力通信设备数据采集及分析系统及设备实时运行监控数据、设备资源台账、历史故障和缺陷、检修工单和信息安全状态等数据，构建通信运行故障诊断分析模型。利用大数据分析平台技术，构建通信系统运行评价规则，通过对设

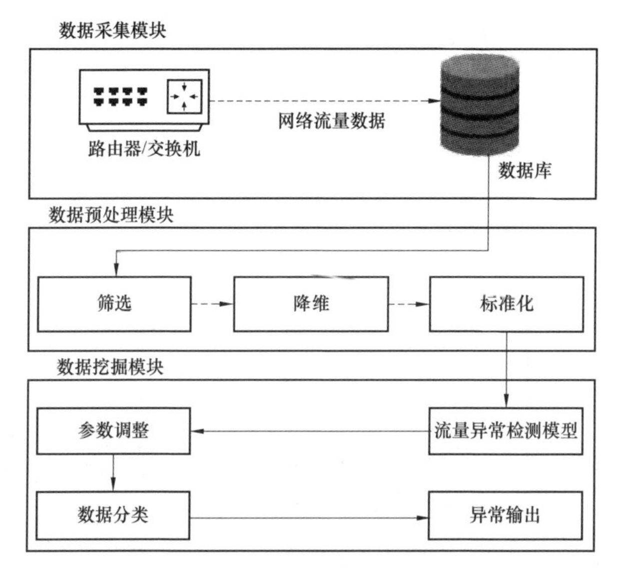

图 5-11　电力信息网络流量异常检测

备运行记录、周边环境数据、状态监测、实时运行数据和历史运行数据进行关联分析，获取设备状态的相关要素，进行信息整合，建立通信系统和设备运行要素模型和设备状态变化预测模型，整体反映通信系统及设备运行现状，依据诊断分析模型、要素模型，诊断故障发生原因，提供专业的评估报告，帮助运营商对影响网络质量的硬件“隐形”故障及时进行预警并提供处理建议，流程如图 5-12 所示。

图 5-12　系统运行异常检测流程

5.4.2　设备运行状态预警

利用大数据技术完成相关数据的关联分析和模式挖掘，采用数据清洗和压缩归并等手段对系统指标、安全状况以及运行状态的实时动态预警信息进行判定，最终在对预警信息进行深入分析的基础上实现电网信息通信系统的主动预警。基于大数据的信息通信运行状态风险预警架构如图 5-13 所示。为了实现对客服工单数据的统计分析、文本挖掘、聚类分析，进一步辅助用户决策，采用了大数据可视化工具 Tableau 进行数据分析，并对信息通信系统设计相应的数据分析页面，实现数据分析结果的可视化展示。

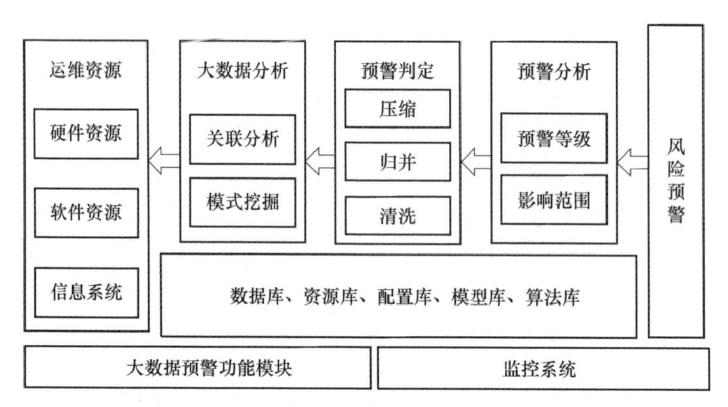

图 5-13　基于大数据的信息通信风险预警架构

故障预防与诊断的研究方法从技术本质上可划分成“基于物理模型”“基于数据驱动”和“基于概率统计”三个方向，它们分别从物理失效原理、物理失效原理+数据分析及纯概率算法出发设计故障预防与诊断的技术方案，具体包括以下内容：

（1）基于物理模型。准确掌握研究对象的物理本质和运行原理及失效机制，建立物理模型，结合历史数据，研究相应的故障类型、特征和变化规律，进而预测剩余寿命。适用于结构简单、原理清晰、影响因素较少的部件/器件。

（2）基于数据驱动。对物理原理的掌握要求不高，选择研究对象的特征参数建立数学模型，在大量的历史数据中搜索寻找规律，结出研究对象的故障类型、故障特征，以及故障变化的数学规律，预测剩余寿命。

（3）基于概率统计。采用纯粹的概率统计分析方法，建立概率分布模型，研究海量数据中的概率分布规律，建立研究对象的寿命概率分布曲线模型，以此判断新的数据所处生命周期的阶段，预测剩余寿命。

例如，对于板件电源模块（二次电源）无复杂器件，物理原理较简单。电源模块的输出电压如果不在正常工作区，影响板内下游器件工作不正常，进而导致业务受损。板件设计时，电源模块设计了电压监控传感器，可监控电源模块的输出电压，智能维护系统长期周期性的检测输出电压，掌握电压和时间的离散数据。基于长时间的离散输出，通过线性计算，可以判断电源模块是否有失效的趋

势，如在一定周期内电压值下降过快，按趋势预测未来 *N* 个月电压会降低到预警值以下，导致下游器件的工作状态不正常。对于有失效趋势的板件（电源），系统给出尽快在某时间内完成板件更换的运维建议，如图 5-14 所示。

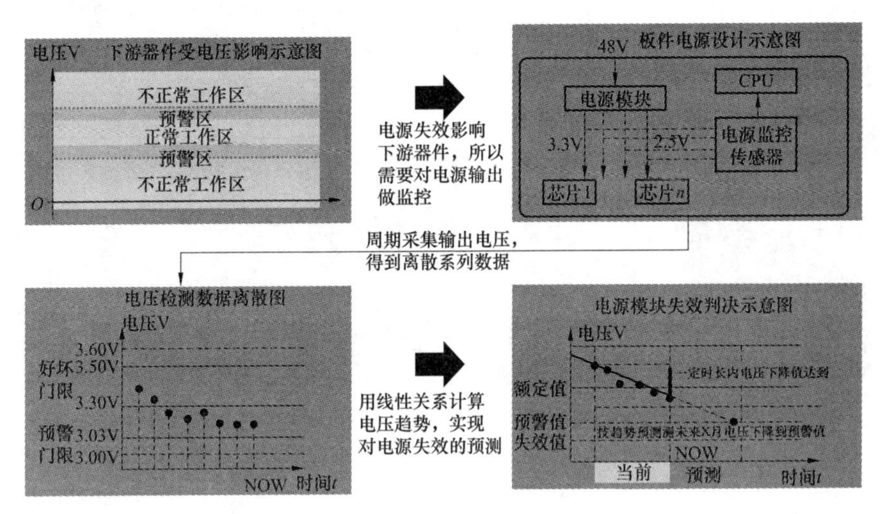

图 5-14　电源设备失效预测

对于光模块失效预测方案是基于数据驱动方向设计的拟合算法方案。光模块因为模块物理原理比较复杂，很难直接线性计算失效趋势。根据光模块的物理原理进行研究，发现偏置电流对于光模块失效（大部分表现为光功率下降至不可用）有很强的表征作用。通过大量的光模块失效实验观察，因 EOS/ESD 损伤光模块不同的部件，偏置电流的变化曲线呈现指数失效模型、台阶失效模型、对数失效模型三种曲线。此方案进行大量实验室测试，归纳总结拟合曲线，并有相应的物理原理对应。对于有失效趋势的光模块，智能维护系统提示尽快在某时间内完成更换的运维建议，如图 5-15所示。

板件失效率预测概率算法是根据 SR332 国际标准，统计板件所有器件基本失效率，综合工作温度等影响因素，给出板件失效率预测。方案是获取板件的基础失效率、温度、现网失效统计、质量因子、电应力因子、环境应力因子数据，使用预测公式进行计算，预测板件未来一年的失效概率。其中温度是关键因子，根据实验和公式证明，板件工作环境温度越高失效率越高，温度每升高 10℃，失效提升一倍。现网失效修正是依托坏件跟踪流程数据统计结果的修正因子，公式的验证计算结果显示华为的板件失效率大约是 SR332 标准计算出来的二分之一到四分之一水平。对于有失效率较高的板件，智能维护系统提示需提升在该类板件的备件储备量，失效率超过阈值的板件建议制定升级更换计划，如图 5-16 所示。

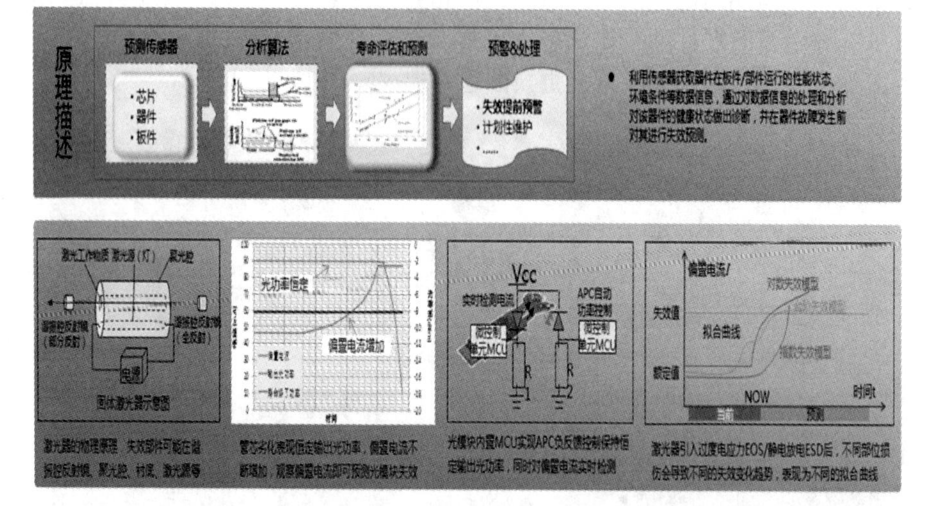

图 5-15　光模块设备失效预测

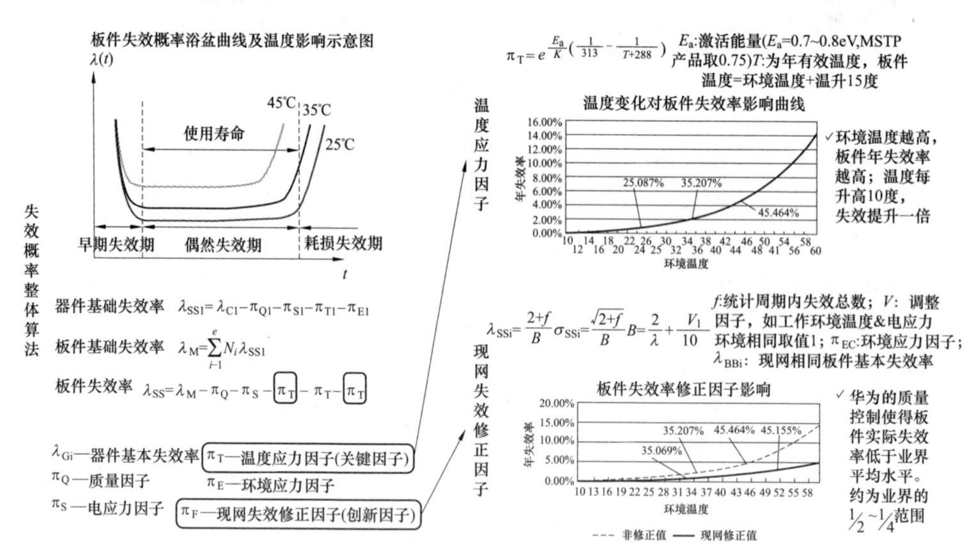

图 5-16　板件失效率预测算法

5.4.3　通信告警相关性分析

通信系统实时告警作为故障的表现对运维人员分析定位故障具有很大的帮助。根据系统呈现的实时告警信息，网络维护人员可以及时地了解网络运行的具体情况，做出准确的判断，以便在合理时间内使网络功能恢复正常。通常通信网络发生故障时，不仅发生故障的网络设备会产生告警，其他与其有依赖关系的网

络设备也会产生相应的告警信息。告警相关性分析是指通过一定的分析处理手段，将一组相关告警转换为一条更能准确反映网络故障的告警。通过过滤抑制掉部分不需要关注的告警，为运维人员提供一组更加精简的告警集，方便其分析定位网络中的故障。

在电力通信中，从告警来源上，告警可分为：网元告警、环境告警和性能告警。

告警之间的相关性类型按告警产生位置和原因的不同，大致可以归纳为相同、相反、同源三种类型。来自同一告警源（同一接口、模块或设备）具有相同告警描述的告警事件称为相同事件；来自同一告警源，具有相同的告警描述，但其中一个说明告警发生，另一个说明告警恢复的两个告警事件称之为相反事件；由同一告警源产生，但属于不同资源具有不同告警描述的告警事件称为同源事件。具体来说，在电力通信网络综合网管系统中，告警被划分为：过滤告警、频闪告警、根告警、衍生告警、独立告警五大类。告警相关性分析过程和模块结构分别如图 5-17 和图 5-18 所示。

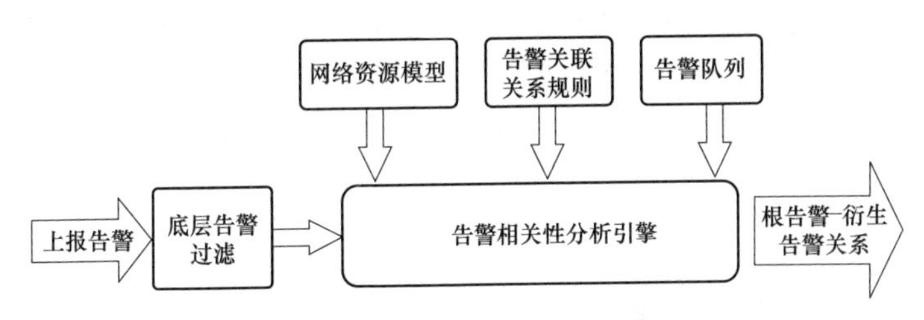

图 5-17　告警相关性分析过程

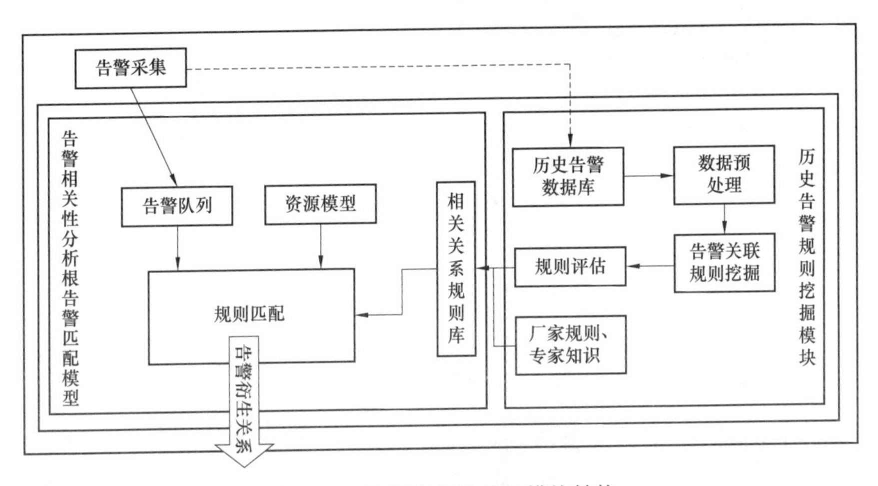

图 5-18　告警相关性分析模块结构

5.4.4 状态检修计划

通过对电力信息通信设备或者系统的检修数据、告警数据、台账等海量数据分析，可以获得检修分布情况、检修对业务的影响、检修作业耗时等设备检修影响概率，从而制订和优化检修工作计划。

信息网络的状态检修是指对数据通信设备进行状态评估，并通过设备日志记录进行分析诊断，推断数据通信设备当前的健康状况，以便及时安排检修的一种主动检修方式。其实现主要包含数据收集、状态评价、制定检修策略、制定检修计划等技术手段。由于监控中心（网管系统和日志系统）记录的数据信息对于设备状态检修计划数据的收集不够全面，因此，状态检修海量数据信息是通过网管和日志系统在线监测结合信息运维人员日常巡视维护来获取的，主要对本周期内数据通信设备（路由器）的投运年限、软硬件配置、外部环境、设备运行状态、运行资料等指标进行数据收集，由此来指导设备状态评价及检修计划制定。

结合电力通信设备海量数据采集及分析结果，充分掌握设备运行状态及变化趋势，了解设备可能发生故障的类型及概率，从而帮助网管人员准确地把握检修工作开展的时机，在设备发生故障前开展状态检修工作，最大限度地避免突发故障造成的业务中断事件发生。电力通信设备硬件健康度评估模型如图 5-19 所示。

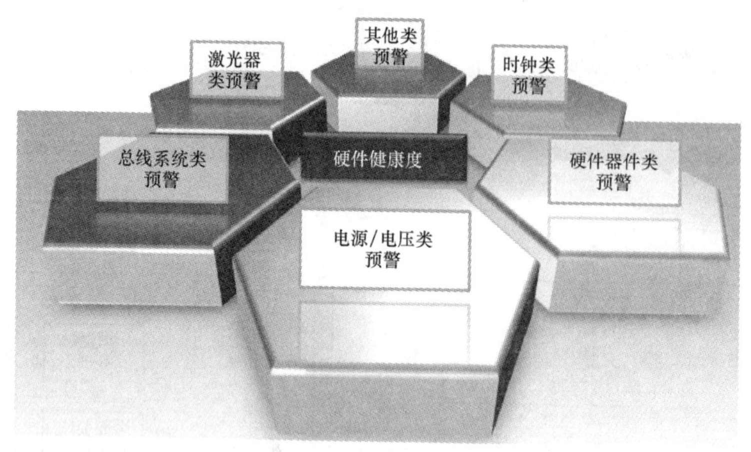

图 5-19 电力通信设备硬件健康度评估模型

5.4.5 故障点定位及故障原因分析

在电力通信网络中的告警数据一般被划分为：过滤告警、频闪告警、根告警、衍生告警、独立告警五大类。实时告警对运维人员分析定位故障具有很大的帮助。根据系统呈现的实时告警信息，网络维护人员可以及时地了解网络运行的

具体情况，做出准确的判断，以便在合理时间内使网络功能恢复正常。通常网络发生故障时，不仅发生故障的网络设备会产生告警，其他与其有依赖关系的网络设备也会产生相应的告警信息。

我们可以利用日志多维度算法，如图5-20所示，通过精细化定义多维特征（密度、种类、异常度、统计特性、人工经验等），通过聚类算法自学习历史特征行为，对异常行为进行检测，确定设备硬件和网络运行健康度。

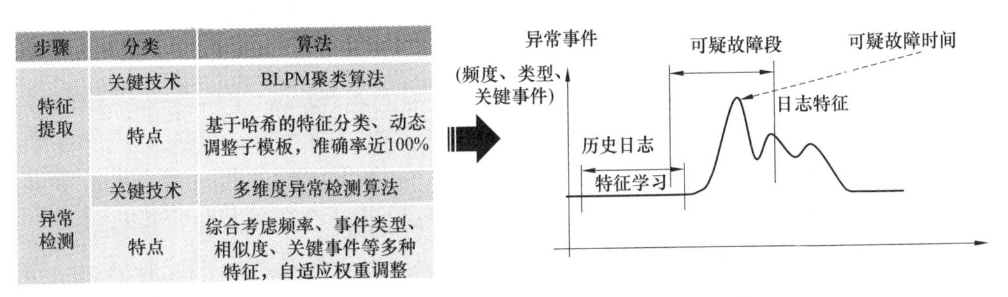

步骤	分类	算法
特征提取	关键技术	BLPM聚类算法
	特点	基于哈希的特征分类、动态调整子模板，准确率近100%
异常检测	关键技术	多维度异常检测算法
	特点	综合考虑频率、事件类型、相似度、关键事件等多种特征，自适应权重调整

图5-20　日志多维度算法

我们也可以根据电力通信传输设备的告警规则，建立庞大的数据库，在故障发生后，通过采集网管系统的运行日志、设备的运行事件和设备的告警信息开展告警数据与数据库信息的自动匹配。同时，结合故障发生后影响业务的路径信息，查找影响业务的公共路由及公共站点，自动化的锁定故障点并给出故障原因，为运维人员提供技术支撑，缩短故障定位的时间和故障处理时长。公共路径算法如图5-21所示。

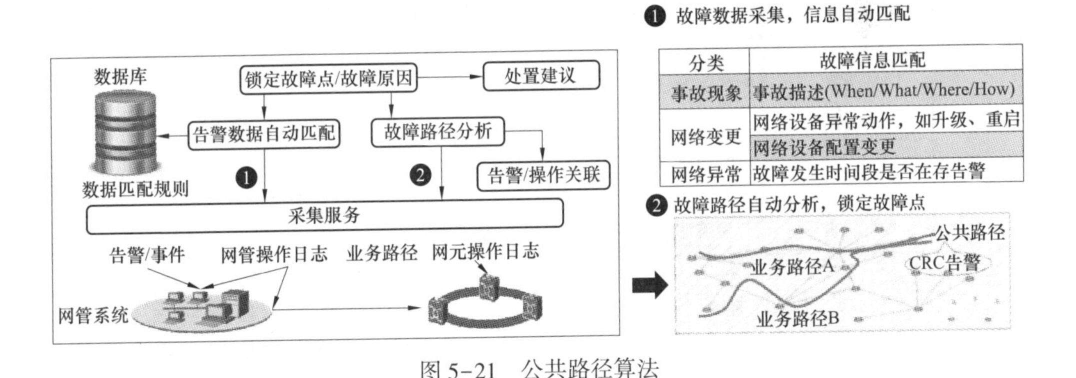

分类	故障信息匹配
事故现象	事故描述(When/What/Where/How)
网络变更	网络设备异常动作，如升级、重启
	网络设备配置变更
网络异常	故障发生时间段是否在存告警

图5-21　公共路径算法

5.4.6　电力通信网健康状态评估

电力通信业务主要有继电保护业务、安稳系统业务、调度自动化（SCADA）业务、调度电话业务、电能计量业务、广域相量测量（PMU）系统业务、保护信息管理系统业务、安稳控制管理系统业务、监测系统（光缆、一次设备、机房和环境等）业务、视频监视业务、财务营销等系统的管理信息业务、视频会议业务、行政管理信息业务和行政电话业务等管理类业务和生产类业务。随着电力自动化水平的不断提高，电力通信网在电力生产和调度中发挥的作用越来越重要。电力通信网运行的健康状态的实时监测与评估直接关系到电网的安全稳定运行，随着电力通信网络规模的不断扩大，通信网中需要控制和监测的数量信息量越来越大，运行维护人员对通信网运行状态的实时有效监控，对设备故障的快速准确判断越来越困难。

电力通信网的健康状态评估工作旨在对网络拓扑、业务、传输路径及设备等方面存在的风险隐患进行分析，通过量化及计算得出的业务损失和网络风险水平可以加强相应的安全防范措施。健康状态评估是一个多属性决策过程，一般步骤包括：确定评价指标并建立指标体系；确定指标权重；指标指数化；进行综合评价与结果分析。影响电力通信网可靠性的因素主要有工作环境因素、通信设备因素、网络结构因素、业务管理因素、人员管理因素、运维管理因素和其他不可控因素等几个方面，表 5-5 列出了影响电力通信网运行可靠性的相关因素。评估的方法有层次分析法、故障树分析法、模糊综合评判法等。

表 5-5　电力通信网可靠性影响因素

序号	影响因素	说明
1	工作环境因素	温湿度、电磁干扰、防尘、防雷接地、屏蔽情况等
2	通信设备因素	设备电路复杂性、MTBF 指标等
3	网络结构因素	网络拓扑结构合理性、双通道实现情况、节点成环情况、网络规模太大导致关键节点或链路故障影响面增大
4	网管因素	监控覆盖情况、告警准确率
5	运维管理因素	备品备件、应急预案、运行资料和测试设备的管理情况，定检完成情况
6	人员管理因素	职责培训、技能培训等
7	其他因素	人为破坏、突发事件和自然灾害等

在对电力通信网数据进行分析时，需要提取通信网络状态数据及业务安全数据（来自专业网管），包括网络拓扑、实时运行数据、网络告警信息、业务配置信息、资源使用信息等；通信设备硬件状态数据直接由通信设备中提取，包括设备板卡温度、设备光模块性能、设备电压、激光器性能、设备黑匣子数据等。以由 4 台设备组成的测试环境为例，网络拓扑图如图 5-22 所示，以测试通信系统健康指数为例，对通信网光传输设备运行数据进行分析，健康度评估系统测试此通信系统初始健康指数为 95 分，模拟光纤中断故障和支路板路障后，重新测试

后健康指数为 75 分，图 5-23 所示为所设计的电力通信网健康度评估结果示意图。运维人员可以定期的提取设备运行时间、运行日志和告警信息，实现自动化的网络健康评估，并依据评估结果中的扣分项，掌握网络运行的薄弱环境或存在隐患情况，及时开展状态检修工作。

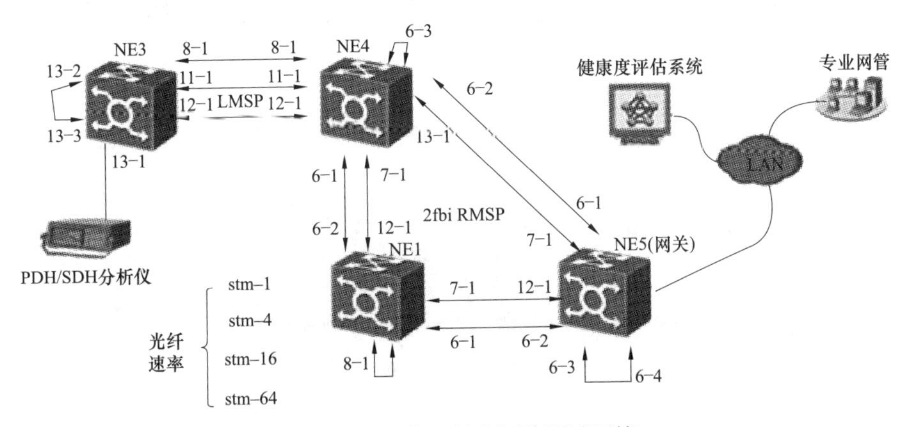

图 5-22　通信网健康评估测试环境

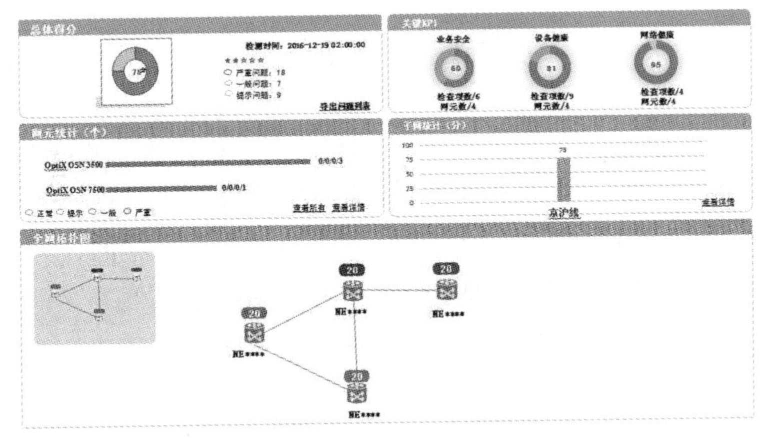

图 5-23　电力通信网健康度评估结果

5.4.7　设备运行故障统计分析

基于电力通信设备运行数据采集和处理分析，可实现系统运行状态分析、设备运行状态分析、设备故障仿真、故障风险统计、设备风险预警等功能。具体如下：

(1) 系统运行状态分析，如图 5-24 所示。通过定期采集电力通信设备的各项运行指标、技术参数、设备保护组配置情况、时钟配置情况和网管承载业务路由情况等信息，分析目前通信网络的运行状态和运行风险，给出通信网络的健康指数得分，标注扣分原因及整改建议，为运维人员提供有效的技术支持。

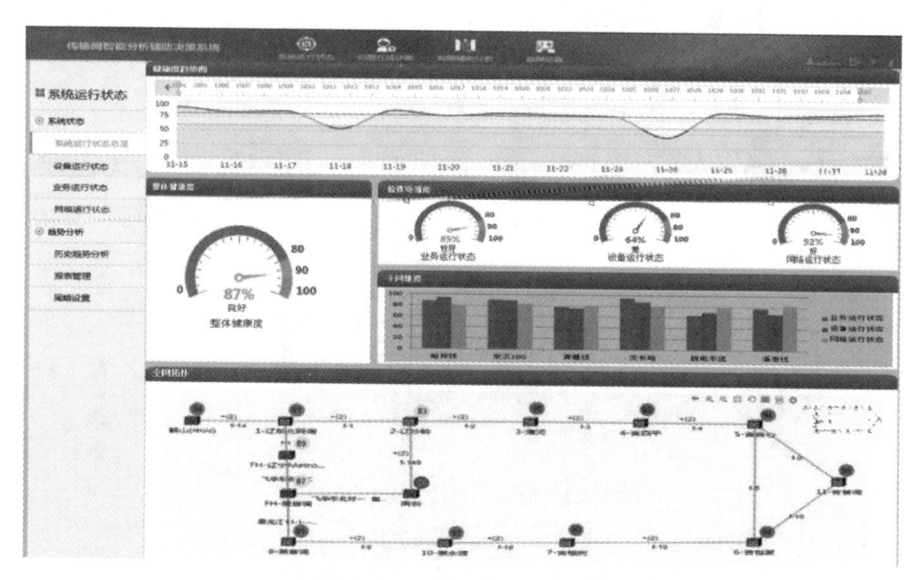

图 5-24　系统运行状态分析

（2）设备运行状态分析，如图 5-25 所示。通过提取电力通信设备“黑匣子”中记录的运行事件、电力通信设备各板件的运行参数、电力通信设备各电子器件的电压和温度值，结合设备运行时间和使用寿命等信息，综合判断目前设备运行的健康状态，给出设备运行的状态得分，并给出扣分原因及处理建议。

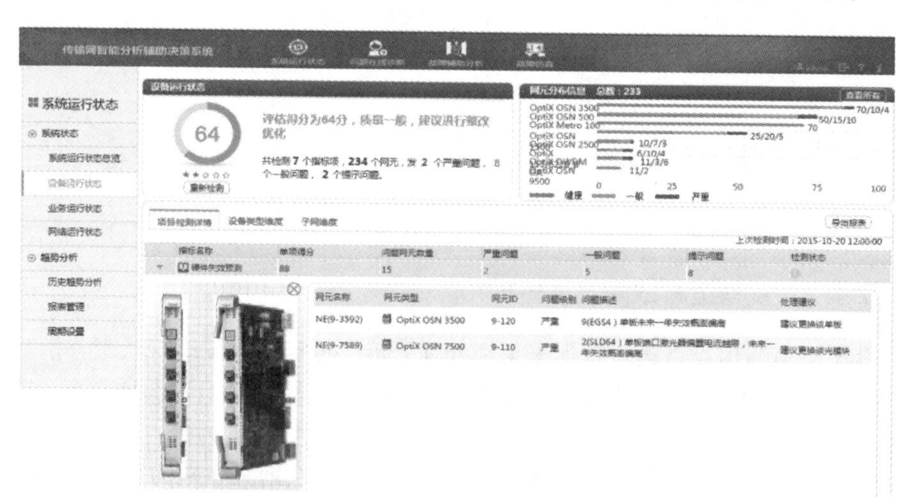

图 5-25　设备运行状态分析

(3) 故障风险统计分析，如图5-26所示。对采集到的电力通信设备各传输板卡及部件进行状态分析，结合板卡运行时长、生命周期和返修频率等信息，评估出设备各器件的故障发生概率及可能发生故障的时间点，为运维人员开展状态检修提供依据。

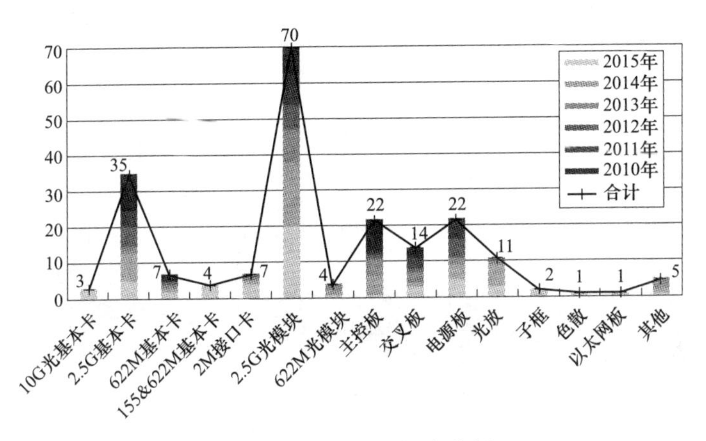

图5-26 设备运行状态分析

5.4.8 通信线路覆冰案例统计分析

随着我国交直流混合特高压电网的大规模建设发展，电力系统对电力通信提出更高可靠性要求。光纤复合架空地线OPGW（Optical Fiber Composite Overhead Ground Wire）属于电力通信特种架空光缆，由于OPGW具有架空地线的电气特性及通信传输功能特性优点，因此，在电网骨干通信系统中90%以上线路使用OPGW光缆，近年来在我国特高压电网建设中都采用OPGW作为架空地线。冻雨和覆冰对电力系统而言是一种危害性较强的自然现象，而光缆冬季的积雪和覆冰也严重威胁着电力通信系统安全稳定运行，近几年来，极端天气导致覆冰对OPGW产生的危害，严重威胁到线路的安全运行和电力通信的可靠性。例如，2008年初，我国南方大部分地区相继出现了持续的大范围灾害性冰雪天气，该天气影响范围广、强度大、持续时间长、涉及面广、危害程度大，给受灾地区的电力、交通、通信和人民生活带来了严重影响。据不完全统计，国家电网公司经营区域共有37个地市的545个县（区）、2706万用户受到影响。2015年11月下旬华北地区持续雨雪低温出现光缆严重覆冰，造成多条OPGW线路断线。

R经常被称为是“统计人员为统计人员开发的一种语言”。Ross Ihaka和Robert Gentleman于1995年在S语言中创造了开源语言R，目的是专注于提供更好和更人性化的方式做数据分析、统计和图形模型的语言。R语言有着简单而明显的吸引力优点，使用R语言，只需要短短的几行代码，你就可以在复杂的数据集中筛选，通过先进的建模函数处理数据，以及创建平整的图形来代表数字。R语言有很多包和随时可用的测试，可以提供必要的工具，快速启动和运行数量庞大的几乎任何类型的数据分析。R语言作为一个运维大数据解决方案的一部分，主要承担数据分析的引擎功能，如图5-27所示。

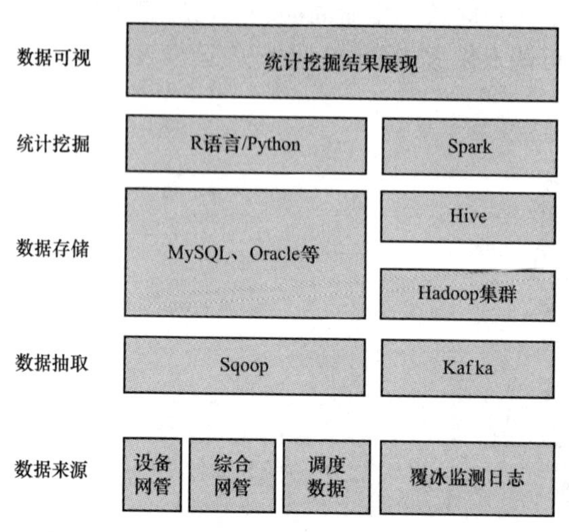

图5-27　电力通信系统覆冰信息统计分析架构

数据源：信息通信网管系统、信息运维综合管理系统（IMS）、调度管理系统（IDS）、自动化巡检系统、覆冰监测日志数据、气象数据等。随着新运维支撑系统的增加，集成的系统会更多。

数据抽取：数据抽取采用两种方式，Sqoop负责进行结构化数据的抽取，Kafka集群负责日志消息的抽取。

数据存储：数据存储主要采用Hadoop和Hive作为分布式的数据存储，MySQL作为结构化数据和元数据的存储。

统计挖掘：数据分析主要通过Spark和R语言进行，Spark基于弹性分布式数据集的内存计算技术，提供了流数据处理、数据挖掘、图计算等计算方式，具有较好的实时性。Spark和R语言提供了数据分析挖掘的算法库，提供了分类、聚类、统计分析等程序库。

数据可视化：数据可视化采用BI软件，支撑数据分析结构的可视化展现，提供饼图、柱图、折线图、地图、仪表盘等图形形式。

平台主要集成现有运维工具的数据，对数据进行融合加工、分析挖掘，促进数据融合共享，加快数据流动速度和使用的深度，促进运维工作效率和质量的提升。

（1）案例数据。鉴于OPGW对于电网运行的特殊性和重要性，一旦因覆冰而导致OPGW断线或支架失稳坍塌，将给电网运行造成严重故障和极大损失。随着特高压工程的全面建设，我国骨干通信网由多个独立的链状结构逐步发展成为纵横交错的网状网结构，成为支撑电网安全生产和国家电网公司信息化系统的一张重要实体网络。由于骨干通信网地理覆盖范围更广，受到雨雪冰冻灾害风险威胁必然增大，因此，有必要通过对通信线路覆冰历史数据开展特征分布统计分析，基于OPGW光缆覆冰历史记录数据，运用R语言开展数据分布模式统计分

析，总结历史经验规律，提出反事故的策略措施，降低通信网运行风险，保障电网一次生产安全稳定。

（2）覆冰情况区域统计。近年来，雨雪冰冻灾害呈现范围广、突发性、程度深、灾后恢复难等特点，雨雪冰冻灾害受局部微地形气候因素影响较大，具有显著的区域性分布特征。

覆冰线路地理空间分布模式：我国幅员辽阔，地理地形分布具有复杂、多样性特点，电力 OPGW 光缆覆冰现象具有一定的区域分布特征，表 5–5 是近几年电力系统骨干通信网覆冰区域历史数据案例，从表 5–6 可以看出，虽然每年 OPGW 光缆受雨雪冰冻灾害导致的覆冰区域不尽相同，但基本上每年冬季在四川、重庆、湖南 3 个区域都出现了光缆覆冰现象，这 3 个覆冰多发区域，需要各级通信调度机构重点监控。

表 5–6　　历史覆冰区域比较

序号	年度	覆冰区域
1	2011	四川、重庆、湖南
2	2012	四川、重庆、湖南、湖北、宁夏、新疆
3	2013	四川、重庆、湖南、湖北、浙江、福建

针对覆冰多发区域，通过 R 语言可视化统计对比 2011~2013 年以及 2015 年的覆冰线路数量，如图 5–28 所示，其中四川省线路历年覆冰 OPGW 光缆线路数最多，显著多于其他区域。

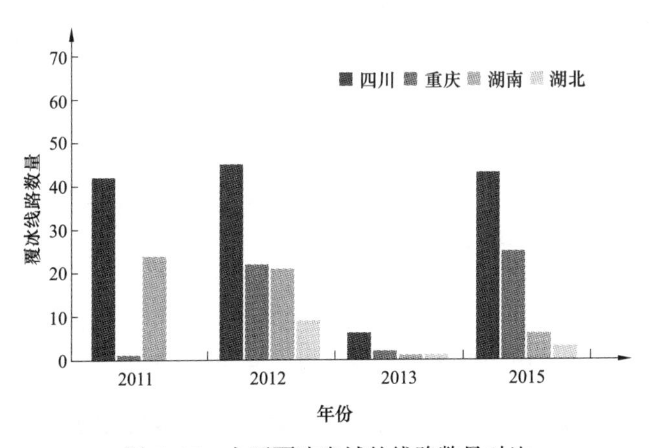

图 5–28　主要覆冰省域的线路数量对比

（3）各电压等级覆冰模式。在我国，OPGW 光缆主要在 800kV、500kV、220kV、110kV 电压等级线路上使用，特别是新建特高压交直流线路上被广泛采用。通过对比 2013 年、2015 年的覆冰 OPGW 光缆各电压等级数量情况，如图 5-29所示，2015 年度中 500kV 覆冰光缆数量远远多于其他电压等级，覆冰情况最为普遍、严重。

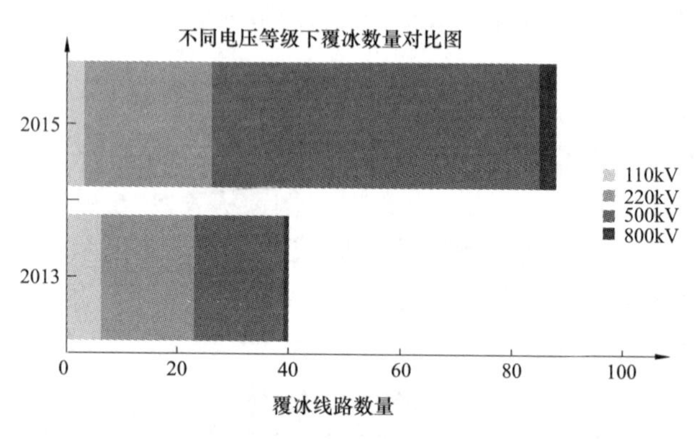

图 5-29　主要覆冰省域的线路数量对比

（4）覆冰季节性趋势模式分析。OPGW 光缆覆冰现象具有显著的季节性特征，一般受全国整体气候变化和区域地形气候条件共同影响，雨雪冰冻灾害易发期一般出现在 11 月下旬，在次年 2 月中下旬结束。图 5-30 所示为 2015 年部分区域光缆覆冰段数量趋势变化情况，图中曲线①为几个区域整体趋势变化，曲线②表示四川区域覆冰趋势情况，总体看，光缆线路覆冰数量最多的时间集中在 1 月中下旬和 2 月上旬之间。

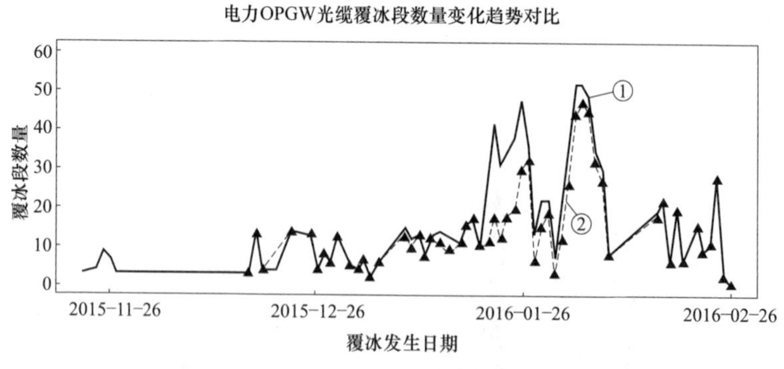

图 5-30　覆冰线路数量趋势变化情况图

（5）覆冰厚度相关性分析。线路覆冰的影响因素比较多，包括环境温度、风速、导线直径、覆冰时间等，有相关研究认为电力 OPGW 光缆覆冰的形成机理包含：环境温度在 0℃以下，使水能够冻结；空气湿度大于 80%，使空气中有足够的过冷却水滴；风速大于 2m/s，使过冷却水滴能够移动，这样就具备覆冰的条件。因此，在覆冰形成过程中，覆冰厚度趋势变化监测非常重要，同时需要分析相关因素与厚度变化的相关性程度。

覆冰厚度表征了光缆天气影响的严重性程度，通过覆冰厚度纪录数据特征分布，可以观察异常严重的覆冰现象，从而可以尽早启动预警，反事故措施和应急处置策略，避免危害扩大。2015 年受低温雨雪冰冻天气影响，四川、重庆、河北等地区发生通信线路覆冰现象，根据 2015 年冬季 OPGW 光缆覆冰厚度数据分布的箱线图分析（见图 5-31），次年 1 月下旬覆冰厚度异常数据较多，主要是 1 月温度为平均最低。但是超出光缆覆冰设计值最严重的情况发生在 11 月下旬华北区域，出现了 35mm 以上雾凇、雪凇现象，也导致了相关通信线路断线。

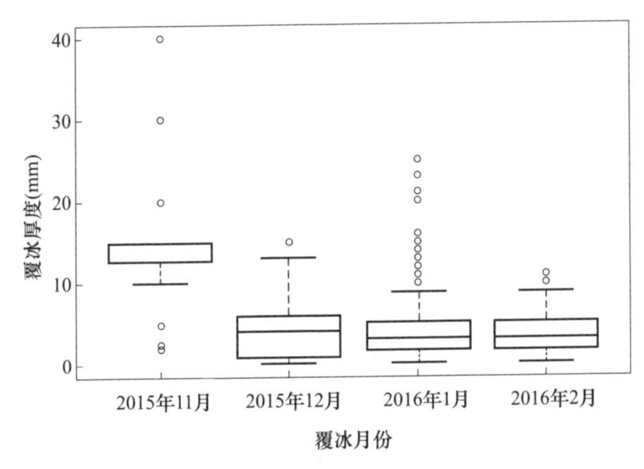

图 5-31　不同月份覆冰线路厚度变化情况图

根据覆冰厚度趋势来看，需要量化分析覆冰环境影响因子的相关程度。通过把 OPGW 光缆周边环境的温度、湿度、风力和覆冰厚度组成观测数据矩阵，通过变量之间的相关系数比较覆冰厚度的相关程度。

$$\rho_{x,\ y} = \mathrm{Corr}(x,\ y) = \frac{\mathrm{Cov}(x,\ y)}{\sigma_x \sigma_y} \tag{5-1}$$

通过 Pearson 相关系数公式［式（5-1）］计算出覆冰厚度与各影响因素相关因子的强弱关系。应用 R 统计语言的相关 cor 函数计算出相关系数矩阵，通过 corrgram 函数图形化系数比较图，如图 5-32 所示。

在图 5-32 中，右上半部分为电力光缆覆冰厚度与各类影响因素的相关性系数计算，右下半部分的相关椭圆颜色越深，涂色面积越大，意味着相关性越强。因此，除雪况作为核心因素外，光缆覆冰厚度受湿度、温度两类影响程度较大，其中温度影响更为显著一点，覆冰厚度与风力大小为负相关，为此对 OPGW 光缆微气象环境因素中的温湿度变化需要密切关注。

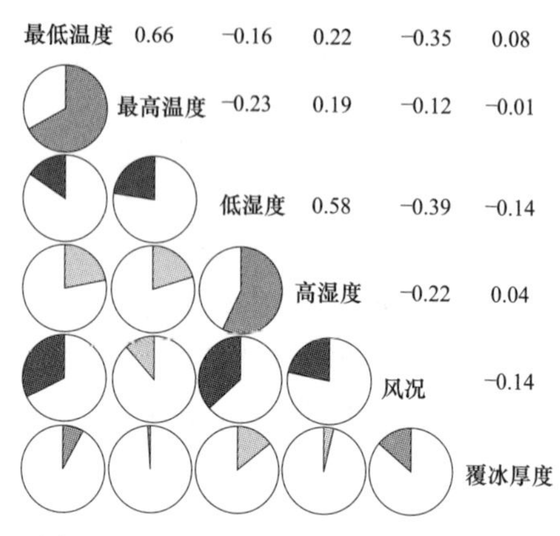

图 5-32 覆冰厚度影响因子相关系数图

5.4.9 设备故障综合案例分析

设备故障管理主要是对电力信息通信设备及环境各类告警状态实现实时采集和故障分析处理，统计分析所监控全网的告警，以及时掌握和排除全网运行中的各种故障。故障管理分析功能包括设备告警收集与显示、告警信息处理、故障定位分析、故障影响分析等功能。

1. 电力信息系统方面

电力行业电力信息系统种类繁多，造成网络规模越来越庞大，复杂程度也在不断地提高，网络管理的难度日益增加。当数据中心或者信息网络发生故障事件时，会产生大量的告警事件。一个设备的告警可能导致相关的设备工作不正常，从而发生连锁反应，产生多个告警，形成告警风暴。这不仅会使网络故障的诊断时延加大、造成故障被忽略或误判，而且还可能使网络管理系统瘫痪，影响网络的正常运营。而根据实践经验，大量的告警事件是相互关联的，其中许多告警是冗余的。因此，通过告警事件的标准化处理，对告警事件进行合并和转化，去除冗余告警，是网络监控系统需要解决的一个关键问题。其次，在通信信息网络这样的异构网络中，通常在一个网络系统里有多个不同厂商的设备，这些设备的告警信息，告警格式通常都是不一样的，这便对计算告警与故障之间的关联规则无形中创造了许多难题，为此必须对这些产生于通信信息网络不同网络的告警信息以一种统一的标准进行处理，提取出可靠的信息。

告警信息标准化处理主要包括三个步骤：告警解析标准化、告警信息标准化、告警定义标准化。

在数据处理中，在规模和复杂性之间往往会有一个权衡，于是 Python 成为一种折中方案。IPython notebook 和 NumPy 可以用作轻便工作的一种暂存器，而

Python 可以作为中等规模数据处理的强大工具。丰富的数据社区，也是 Python 的优势，因为它可以提供了大量的工具包和功能。

在通信信息网络中，通过告警信息的标准化处理流程，产生统一格式的告警信息。该格式反映了告警中的主要信息，从而达到通信信息网络相互理解的目的，为进一步的通信信息网络告警综合分析打下基础。表 5-7 为通信信息网络统一的告警格式定义。

表 5-7　　通信信息网络统一告警信息格式

序号	字段名称	说明
1	网管告警 ID	对告警的统一编码
2	告警解释	详细说明此告警的具体含义，产生原因等
3	告警类别	①设备告警；②性能告警
4	告警逻辑分类	分为处理器模块、输入输出模块、话务处理、计费系统、中继与传输、信令与 IP、操作维护、数据配置等告警逻辑类
5	告警逻辑子类	对告警逻辑分类进一步细分，如中央处理器故障、区域处理器故障等集团统一划分的告警逻辑子类
6	告警级别	（1）重大告警：设备全阻或业务全阻； （2）严重告警：可能设备全阻或可能业务全阻； （3）主要告警：设备局部故障或业务受影响； （4）次要告警：可能设备局部故障或可能业务受影响； （5）警告告警：设备性能下降或业务质量下降； （6）待定告警：对设备无影响或对业务无影响

2. 电力通信系统方面

若要对传输网及设备进行全面管理，首先从宏观上要掌握网络拓扑、设备数量及硬件配置等物理数据，方便管理，我们将网络中同一地区或属性相似的拓扑对象放到一个拓扑子网中显示，如图 5-33所示，系统统计各子网设备类型和设备数量，运维人员可全面掌握各子网的网络规模及设备类型。针对具体一台设备而言，以华为 OSN7500 为例，运维人员需要掌握的物理数据是处理板卡的以太网口、光口等端口使用情况，计算已配置业务的端口数目占网元总端口数目的百分比，若使用率过高则不利于业务扩展，系统会建议增加单板或升级到大容量业务单板。

通过以上分析我们可以创建数据中心 SDH 传输系统物理对象模型，如图 5-34所示。

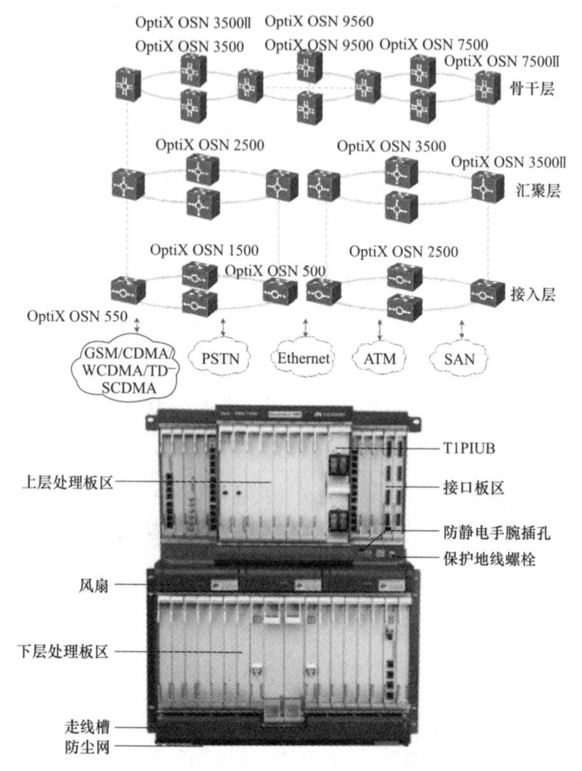

图 5-33　传输网络及设备物理对象

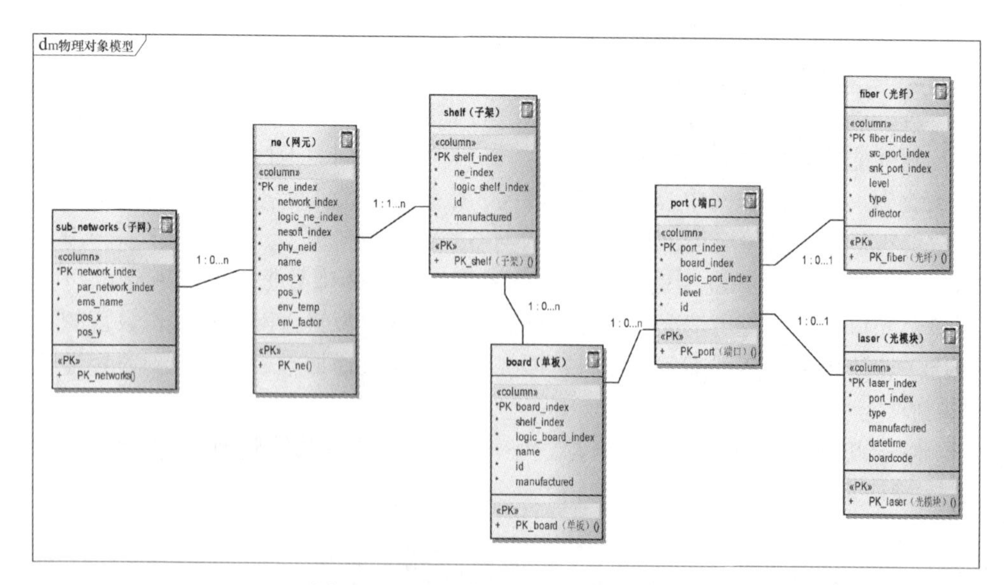

图 5-34　SDH 传输系统物理对象模型

其中 PK（primary key）表示主键，是数据库表格中每一行的索引，其中的比例表示关联关系，比如 sub_ networks 和 ne 的比例关系为 1 ：0…n，表示一个子网中有 0~n 个网元，网元个数是一个区间［0，n］。以网元 ne 及子架 shelf 数据库表为例：其中 ne_ index 字段表示物理网元索引，每一个新建的网元都与具体的物理设备对应，并有唯一的 ID 作为网元索引使用；logic_ ne_ index 表示对应的逻辑网元索引；pos_ x 字段表示网元在图形界面的 x 坐标值；shelf_ index 表示子架索引等。两者关系为 1；1…n，表示一个网元由 1~n 个子架构成。依此类推，SDH 传输系统物理对象在进行了逻辑抽象后，分别创建了子网、网元、子架、单板、端口、光纤、光模块的数据库表，这些抽象的数据库表根据物理关系进行逻辑对应后，就形成了通用的 SDH 物理对象模型。

5.5　小结

本章概述了电力信息通信系统运维大数据的采集技术和分析技术，详细介绍了大数据技术在电力信息通信系统内的应用场景，最后，列举了大数据分析的应用场景和典型案例。

参　考　文　献

[1] 车晨．国家电网公司电力通信网运行管理系统的设计与实现［D］．山东：山东大学，2016.

[2] 陈强，李纯阳，吴凯．大数据理念在电力信息网络管理中的应用［J］．电力信息与通信技术，2016，14（11）：40-45.

[3] 丁慧霞，赵百捷，杨储华，等．基于 FMECA 的电力通信网运行风险评估方法［J］．光网络，2017，(5)：5-8.

[4] 高鹏，王萍萍．电力通信信息化系统建设思路的探讨［J］．电力系统通信，2011，32（220)：26-29.

[5] 姜红红，张涛，赵新建，等．基于大数据的电力信息网络流量异常检测机制［J］．电信科学，2017，(3)：134-141.

[6] 何伟．光通信设备网管技术的研究［D］．北京：北京邮电大学，2014.

[7] 华为公司．扁鹊系统软件架构介绍［Z］．2015.

[8] 华为公司．OSS 资料直通车 U2000 总体介绍［Z］．2016.

[9] 黄涤．电力通信网告警相关性分析模块的设计与实现［D］．北京：北京邮电大学，2013.

[10] 李辉．通信运行管控系统在电力通信中的应用［J］．云南电力技术，2014，42（4)：37-38.

[11] 林炳花，林丽萍．大数据技术在电力通信网的应用分析［J］．电网技术，2017，20（10)：35-39.

[12] 刘平，国明，陈连栋，等．电力信息系统监控水平提升及指标体系完善［J］．电力信息

与通信技术，2015，13（8）：29-32.
[13] 刘毅．电力通信光传输网运行质量综合评估方法研究［D］．北京：华北电力大学，2017.
[14] 孟凡博．电力通信系统业务分类及运行方式的研究与应用［J］．东北电力技术，2014，（5）：49-51.
[15] 施健，刘益畅，巢玉坚，等．电力通信指标体系研究［J］．电力信息与通信技术，2013，11（12）：16-21.
[16] 宋莹．秦皇岛电力通信网综合监测系统设计实现［D］．北京：华北电力大学，2013.
[17] 宋媛，徐敬国，叶帆，等．电力通信系统的可靠性评估指标体系分析［J］．自动化与仪器仪表，2015，（2）：163-164.
[18] 宋紫玫．电力通信网指标统计分析子系统的设计与实现［D］．北京：北京邮电大学，2012.
[19] 陶鸿飞，孙艺新，吴国威，等．基于大数据和层次分析法的电力信息系统成熟度评估［J］．中国电力，2016，49（10）：114-118.
[20] 王江亭，靳丹，俞俊，等．基于大数据的电力信息通信预警技术研究［J］．电力信息与通信技术，2017，15（9）：64-69.
[21] 王志强，吴庆，张拯，等．基于异常分析的电力信息通信系统运维策略［J］．陕西电力，2014，44（4）：84-87.
[22] 谢小军．大数据处理技术下的电力通信网检修工作分析方法研究［J］．中国新通信，2018，（1）：3-4.
[23] 谢谊．电力信息系统监测平台的研究与应用［D］．北京：华北电力大学，2017.
[24] 杨海源．面向大数据的电力通信平台设计与实现［D］．吉林：吉林大学，2014.
[25] 杨志敏，吴斌，舒然．基于大数据处理技术的电力通信网检修工作分析方法［J］．电信科学，2015，（11）：1-8.
[26] 袁国泉，张明明，贺安鹰，等．电力信息通信运维资源模型研究与应用［J］．电力信息与通信技术，2014，12（9）：110-113.
[27] 苑莉娜．电力通信网运行指标分析系统的设计与实现［D］．北京：北京邮电大学，2013.
[28] 张书晨．电力通信网运行可靠性分析系统的设计与实现［D］．北京：华北电力大学，2014.
[29] 张艳．大数据时代下的电力通信网络评估［D］．南京：南京信息工程大学，2017.
[30] 周洁，翟旭，孟祥鹿．基于大数据分析的电力通信设备检修影响业务自动分析平台研究与应用［J］．山东工业技术，2016，（24）：180.
[31] 周静，熊素琴，苏斌．一种电力通信网络运行质量量化评估方法及应用［J］．电网技术，2012，36（9）：168-173.

第 6 章　人机对话及电力智能客服系统

本章导读

近年来，随着人机对话技术的发展，已出现一些成功的人机智能客服系统，有效降低了人工客服的劳动负担。电力企业的传统客户服务方式包括 95598 热线电话、营业厅人工服务窗口等渠道，这些客服方式存在通讯费、培训费、人力资源等成本，且会受到时间（无法提供 24h 服务）、场地（集中的客服办公场所）等条件的制约。随着企业客户量的增长，庞大的咨询需求往往让客服团队不堪重负。因此，在企业现代化、信息化、智能化发展的浪潮下，电力智能客服系统应运而生。本章围绕人机对话系统的实现，介绍自然语言理解、对话管理、对话生成等技术，并以用户办电业务为例，讨论一个可行的电力智能客服系统实现方案，为其他智能电力服务提供科学可靠的技术参考。

- **本章将学习以下内容：**

自然语言理解。

对话管理。

自然语言生成。

智能电力客服应用场景。

6.1　概述

电力企业的客户服务是企业服务的窗口，充当了企业与用电客户沟通联络的重要桥梁。在传统模式下，客户故障报修、业务咨询往往通过客服中心的人工语音客服（如 95598 客服电话）进行，客户办理业务需要在电力营业厅现场手工填写纸质材料，而传统营业厅对工作人员数量配置、业务素质、服务水平有较高要求，但是人工服务效率低，客户体验差，仅依靠人工面对面服务和营销的模式应对生产经营的压力越来越大。如何将传统的客户服务中心升级为“一站式”的客户感知和客户交互平台是摆在电力企业经营管理中的迫切问题，解决这个问题只有高效利用先进的科技手段，才能为客户提供更便捷、更智能、更优质的供电服务。

近年来，随着移动互联网、“互联网+”发展应用，供电企业针对客户用电服务开通了95598呼叫中心、实体营业厅、网上营业厅、掌上营业厅、微信、社会化服务、短信等服务渠道，越来越多的电力客户通过电力企业的微信公众号、网上营业厅及掌上营业厅等电子平台渠道故障报修、办理过户、缴费等基本业务。在大数据时代的影响下，随着售电市场逐步放开，将对电力客服业务管理提出更高的要求。目前，电力企业对各服务渠道的运营、业务受理、客户服务等分析研究还不够深入。在渠道集约化管理及降低服务成本的要求下，需要全面掌控和分析各个渠道利用及资源运营的情况，清晰各服务渠道的客户、业务及资源的分布和状况。

智能客服的目标之一就是准确快速回放投诉客户的感知及网络痕迹，并能够借助智能系统提供快速问题诊断和定位。因此，未来电力客服的智能化要以客户需求为驱动，以“互联网+人工智能”为牵引，以智能客服为桥梁，引入人脸识别、图像识别、自然语言理解、大数据等AI能力，把数据作为客服信息化的核心，实现更加全面的“互联网+客户服务”，包括用能咨询服务、用电行为数据服务、能效分析预测、节能服务，以及智能家居等用能服务；信息推送精准服务、停电精准管理、电动汽车智能服务等，全面提升服务质量，创新打造智能客服。

总体来看，大数据技术与人工智能技术相结合应用于智能客服，将为大规模客户提供个性化和差异化的服务能力，通过对客服数据的深度挖掘和建模分析，可有效提高电网企业的风险防控能力，能够对大规模数据分析建模，从而得出更加准确和预测性的结果。推动大数据与人工智能的融合应用，对改善企业内部管理、优化企业资源配置、提升企业客户体验、帮助企业发现市场机会、创新商业模式有重要作用。

6.2 人机口语对话系统

人机口语对话系统（Spoken Dialog System，SDS）的目标是让人能够通过自然语言的方式达到与计算机进行交互的目的，并帮助用户完成一些特定的需求。近年来，自然语言处理（Natural Language Processing，NLP）、机器学习（Machine Learning）尤其是深度学习（Deep Learning）技术的不断进步，推动人机口语对话系统逐渐从学术界走向工业界，并带来了巨大商业利益，因此，越来越受到工业界的青睐。例如，淘宝、中国移动等公司开发的智能客服能很好地解决大部分用户的业务问题，并且可以24h无间断地为客户服务，这样不仅节省了大量的人力成本，而且使得企业的业务运转更加高效。

人机口语对话系统的研究可以追溯到20世纪50年代，从图灵提出著名的图

灵测试开始，就标志着人工智能的研究拉开了序幕，同时人机口语对话系统的研究也从而展开。20 世纪 90 年代以来，在商业领域出现了一大批基于语音识别的对话系统，用户可以通过语音交互的方式与对话系统进行对话。但是这些对话系统的设计与实现都是基于简单的规则或模板匹配，比如机票预订系统，天气信息查询系统等。

目前，虚拟客服机器人无疑是人机口语对话系统的典型代表。其具有自然语言处理、语义分析和理解、知识构建和自学习能力，几乎支持所有的人机交互渠道，包括 IM、WEB、微博、微信、短信、手机 APP 等，能够通过文本、语音、多媒体等方式与客户正常交流，现已广泛应用于电信运营商、金融服务、电子政务和电子商务等领域。

机器学习是人工智能领域中最重要的技术之一，虚拟客服机器人也会运用机器学习部分相关技术，来提高答案的准确度，主要体现在未回答问题的自学习和已回答问题的智能质检中。智能虚拟客服机器人通过机器学习平台，对未回答的问题进行学习，提升机器人的问答匹配率，从而提高机器人运维效率；同时会对已回答问题进行分析，提升机器人问答质量，能够做到数据全量分析，从而提升机器人问答质检覆盖率。

当前，人机口语对话系统的实现方法不再是仅仅基于简单的规则或模板的匹配，而越来越多地探索采用统计学习模型来设计和实现。在效果上，这种基于统计模型的方法显著超越了之前基于简单的规则或模板的方法，也促使许多信息科技公司开始着手独立开发自己的人机口语对话系统，其中有面向闲聊的聊天机器人，也有面向具体任务的任务型对话系统，例如，苹果公司的 Siri、谷歌的 Google Now、脸谱公司的 Facebook Messenger，以及微软发布的“微软小冰”，这些产品正慢慢改变着人们的生活方式。

自然语言处理能力直接体现智能化的程度，随着服务场景复杂程度不断升级，要求智能交互的能力在更多复杂场景中也能准确识别，更好地替代人工来解决客户的问题。因此，随着深度学习和强化学习等算法的发展，采用深度学习模型来构建对话系统成为新的方向。应用深度学习需要解决两个关键问题，一是如何建立问题与答案的语义模型，即如何将问题与答案的本质信息用计算机能够理解的语义表示出来；二是如何实现问句与答案之间的相似度匹配。

对话系统与问答系统（question and answering，QA）的不同在于问答系统是根据用户的自然语言输入给出一个简洁的答案或者可能的答案列表，也就是说，问答系统一问一答之后就完成任务了。而口语对话系统的任务是在与用户交流的过程中逐步获取用户的真正需求，这个过程往往需要数轮对话，因此需要一个模块专门负责控制系统和用户的对话流程。口语对话系统涉及的研究领域非常广泛，典型的人机口语对话系统一般采用管道模型，将系统划分为若干子任务：语音识别、语音合成、语义理解、对话管理和自然语言生成。一个典型的口语对话系统的结构如图 6-1 所示。

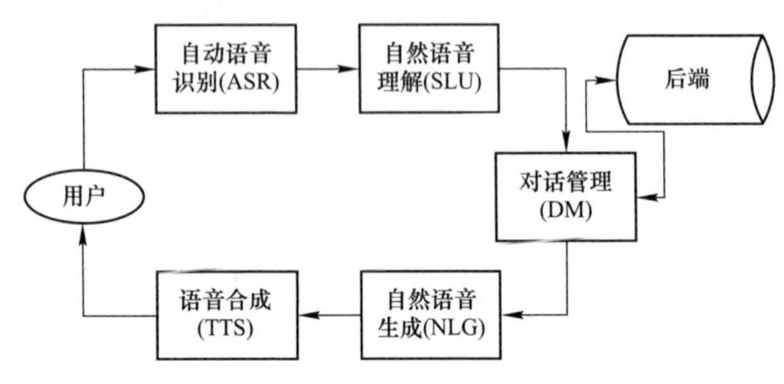

图 6-1　口语对话系统的典型结构

（1）自动语音识别（Automatic Speech Recognition，ASR）：将用户输入的语音信号转化成文本。

（2）自然语言理解（Spoken Language Understanding，SLU）：将 ASR 识别出来的文本通过自然语言处理（NLP）技术（例如，词切分、词性标注、实体识别等）进行分析。SLU 模块将 ASR 的识别结果映射成一个语义表示，这个语义表示一般会包含用户动作、关键实体等信息。

（3）后端（Back-end）：后端是实际上给用户提供信息的信息源，可能是数据库、因特网、具体服务等。

（4）对话管理（Dialogue Management，DM）：对话管理模块是整个口语对话系统的核心，负责协调所有模块的活动、控制对话流程、同外部应用打交道。对话管理模块根据 ASR/SLU 输出的语义表示和当前对话上下文（Dialogue Context）更新对话系统状态，进而决定该采取的下一个动作，并且同后端应用交互，将系统动作和信息输出给下个模块。因此，可以进一步将话管理模块分为两个部分：其一是对话模型模块或状态追踪（State Tracking）模块，负责跟踪和更新对话相关的信息来支持对话管理过程，例如，到当前位置用户所提到的信息和用户已经确认的信息；其二是动作生成（Action Generation）模块，该模块根据当前的对话状态决定下一个系统动作，动作一般包括提示用户输入更多信息、确认用户之前输入的信息、给用户输出信息。

（5）自然语言生成（Natural Language Generation，NLG）：模块的任务是将对话管理模块产生的系统动作转化成自然语言。例如，对话管理输出的动作为（action=informprice=300）（意为告知用户价格信息，具体值为 300 元），这个动作通过 NLG 之后输出一个自然语言句子，例如“它的价格是 300 元”。

（6）语音合成（Text to Speech，TTS）：将 NLG 模块生成的自然语言句子合成为语音信号返回给用户。

接下来的章节将重点介绍围绕自然语言文本构建人机对话的技术，包括自然语言理解、对话管理、自然语言生成，对于语音识别与语音合成模块，不予介绍。

6.3　自然语言理解

自然语言理解是对话系统和用户交互的第一个层面，在人机对话系统中具有十分重要的作用。机器只有准确地理解了用户想要表达的意思，才能做出正确的反应，进而为用户提供更好的服务。因此，自然语言理解的准确性在很大程度上决定了对话系统的整体性能。人机对话系统中的自然语言理解通常包括领域识别、意图识别及槽填充三个子任务。

（1）领域识别（Domain Classification）：在多领域的人机对话系统中，用户输入的语句可能属于不同的领域，例如，在旅游信息查询中，用户可能对天气情况、交通情况、景点信息都提出疑问，这三者属于三个不同领域的任务。为了能让系统更好地理解用户的语句输入，需要先判断用户输入的语句属于哪一个领域。

（2）意图识别（Intent Classification）：意图识别的任务是判断用户输入的语句是想要表达一个怎样的意图，这个语句是提出一个问题想要获得答案（ask），还是对机器的提问做出的回答（acknowledge），还是在表达一个需求（request）等。

（3）槽填充（Slot Filling）：槽填充的任务是提取用户输入语句中的关键信息，得到系统完成这个对话任务的关键信息，槽填充任务通常被视作一个序列标注问题进行研究。

自然语言理解通过这三个任务，将用户输入的语句解析成句子的语义表示，例如，“我想预订一个鸟巢附近的宾馆，明天入住”。语言理解模块会将这个句子解析成｛intent=请求，slot（loc=鸟巢附近，tdate=明天）｝的语义结构，将这种语义结构交给对话管理模块进行后续处理。

上述领域识别和意图识别，一般作为分类任务，将用户输入的对话映射到相应的领域标签和意图标签。传统的统计分类器通常需要人类专家制定一套特征模板，从用户输入中抽取相应的特征，再交由不同的分类器完成领域及意图分类。通常用户输入语句的意图候选值有多个（大于 2），这使得意图识别是一个多分类问题。随着神经网络，尤其是深度神经网络在语言模型、机器翻译等方面的成功应用，当前，采用深度学习进行对话意图识别也成为一个主流技术。同时，神经网络具有自动提取句子特征的功能，可以降低人类专家开展特征工程的成本。常用的对短文本和句子进行分类的深度学习模型有长短时神经网络（Long Short-

Term Memory，LSTM）、卷积神经网络（Convolutional Neural Network，CNN）以及改进的模型。

槽填充任务需要识别用户输入中的关键语义槽，通常被视作一个序列标注问题。传统的序列标注的方法通常有隐马尔可夫模型（Hidden Marcov Model，HMM）和条件随机场（Conditional Random Fields，CRF）等，已经被成功应用于自然语言处理中的分词、词性标注、命名实体识别等任务中。由于循环神经网络具有较强的序列表示和学习的能力，越来越多的学者尝试使用循环神经网络建模槽填充任务。

6.4 对话管理

对话管理模块负责从ASR/SLU模块接收输入、维护对话状态、与后端数据或应用交互、选择正确的系统动作、将输出传递给NLG/TTS模块，是口语对话系统的核心。目前的对话管理方法主要包括：基于有限状态自动机的方法、基于框架的方法、基于信息状态更新的方法、基于统计的方法。以下将逐一介绍这些方法。

6.4.1 基于有限状态自动机的对话管理

基于有限状态机（Finite State machine）的对话管理又被称为基于图（Graph based）的方法。这种方法把对话的流程预定义成一个有限状态自动机，在任意时刻系统总是处于状态转移图中的某个状态，系统所处的状态代表了系统将会提的问题，用户的回答相当于状态转移图中的弧，决定了状态之间的转移。预定义好的有限状态自动机决定了所有合法的对话，用户与系统的对话过程实际上就是状态转移图中的一条状态转移路径。

图6-2所示是基于有限状态自动机的“居民新装用电业务对话系统”的状态转移图。系统最终要获得的信息是出发城市、目的城市、出发日期，状态机的状态对应系统要提的问题，弧表示根据用户的响应转移到相应的状态。例如，在“确认家庭住址”状态，系统会向用户确认家庭住址，如果用户给出否定回答那么状态转移到“询问家庭住址”，如果用户给出肯定的回答那么状态转移到“询问联系电话”。根据状态转移图可知系统的对话流程是首先询问家庭住址、确认家庭住址、询问联系电话、确认联系电话、询问预约日期、最后确认预约日期。可以看出整个对话过程由系统主导，系统向用户提问一系列问题，如果用户提供的答案信息超过系统提问的问题，那么多余的信息会被忽略，例如，系统询问家庭住址的时候，用户同时回答了家庭住址和联系电话，那么系统会忽略联系电话这部分信息，然后转移到下个状态。

基于有限状态自动机的对话管理方法适用于结构化非常好的任务，这种方法

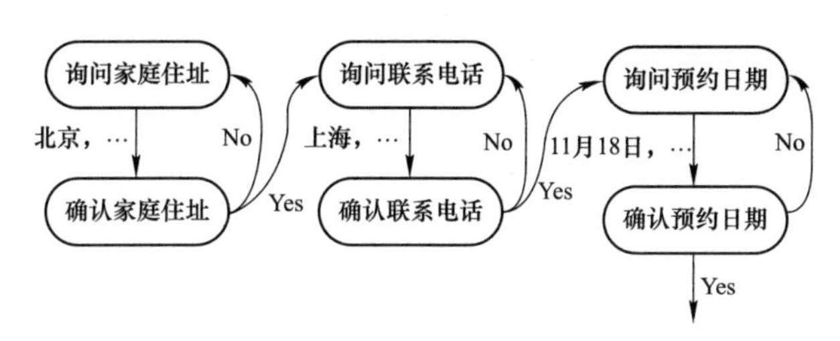

图6-2 居民新装用电业务系统的状态转移

的优点是结构简单，能够快速构建系统。在对话过程由系统主导（system initiative）条件下，系统知道用户针对每个问题的回答是什么，这意味着针对每次提问系统都可以设计特定的文法（Grammar）来支持语音识别和语义理解模块，提高语音识别和语义理解的性能。但是，采用这种方法会使得用户没有办法获得对话的主导权，无法主动去纠正系统的错误，并且无法引入设计对话系统时未考虑到的用户回答，会导致整个对话过程很死板不自然。

6.4.2 基于框架的对话管理

基于框架（Frame-based）的对话管理又被称基于槽填充（Slot-Filling）或基于表（Form-based）的方法。一般来说，将对话过程中需要获取的信息表示成一个或者多个框架，并且一个框架上有多个槽需要用户在对话过程中来填充。对话过程中系统通过针对某个槽向用户进行提问，但是允许用户回答其他槽的信息。

表6-1所示是采用基于框架的居民新装用电业务系统中所用到的槽，每个槽对应一个问题。从表6-1中可以看出该对话系统有三个槽需要填充：家庭住址、联系电话和预约日期，对话刚开始的时候三个槽的状态如表6-2所示，三个槽的取值都是未知，系统可以针对任意取值为“未知”的槽进行提问，具体的提问顺序取决于对话控制策略的设计。在对话进行到某个时刻之后槽的状态可能会变成表6-3的状态，此时取值为“未知”的槽只有“预约日期”，系统此时会针对出发日期进行提问，当所有必要的槽值都获取到之后就可以帮用户进行数据库查询。

表6-1 居民新装用电业务系统的框架

槽	问题
家庭住址	“请提供您的家庭住址。”
联系电话	“请留下您的联系电话”
预约日期	“您希望预约什么时候上门安装呢?”

表 6-2 初始槽状态

槽	槽值
家庭住址	未知
联系电话	未知
预约日期	未知

表 6-3 某个时刻的槽状态

槽	槽值
家庭住址	北京市西城××××
联系电话	010-6001××××
预约日期	未知

基于框架的对话管理的优点在于允许用户按任意的顺序和组合来填充槽，可以支持更加灵活的对话，可以处理过度信息回答（over information answer）。

6.4.3 基于信息状态更新的对话管理

基于信息状态更新（Information State Update，ISU）的对话管理方法。这种方法的核心思想是要找出对话中各个方面的信息、如何更新信息、如何控制更新过程。

对话过程中各方面的信息称为信息状态（Information State，IS），信息状态类似于基于框架的对话管理中的框架，但是信息状态中包含了更丰富的上下文信息来建模对话，包括系统和用户共享的信息、对话上下文、用户的信念、用户目标、用户模型、系统采取动作的议程等。基于 ISU 的对话管理中的信息状态和基于状态机的对话管理中的状态也有很大区别，由于信息状态不一定是有穷的（取决于建模的信息），所以信息状态可能无法看成状态机中的节点，信息状态的更新和下个对话动作的选择（根据更新规则和策略来更新状态）可能只依赖于信息状态的部分信息而不是全部信息。另外，可以很容易把状态机表示成信息状态，给状态机的状态编号后在信息状态中用一个寄存器来表示当前状态，对话动作集合不变，把状态机的状态转移表示成更新规则。

一般来说基于 ISU 的对话管理方法可以分成五个部分：信息组件、信息组件的形式化表示、对话行动、信息状态更新规则和规则使用策略。下面结合居民新装用电业务的任务，分别介绍这五个部分。

（1）信息组件（informational components）：信息组件和状态机中的状态节点不同，信息组件中还包含了和用户交互的时候会用到的组件，例如，用户模型、用户信念、用户目标、领域知识等。一般来说可以将这些组件分成两类，第一类

组件表示系统私有的信息，第二类组件表示系统和用户共享的信息。

(2) 形式化表示 (formal representations)：形式化表示指的是如何把信息组件进行抽象建模。根据任务的复杂程度，可以建模成简单的抽象数据结构，也可以建模成复杂的逻辑推理系统。

(3) 对话动作 (dialogue moves 或者 dialogue acts)：对话动作表示系统可以接收和发送的消息类型。对话动作用来触发信息状态的更新，系统和用户都有权利发起对话动作，最后信息状态的更新由更新策略和更新规则实现。例如，在上述“居民新装用电业务对话系统”中仅采用了两种对话动作提问 (ask) 和回答 (answer)。

(4) 更新规则 (update rules)：规则形式化描述了随着对话的进行信息状态的变化方式。每个规则都可以分成两个部分，第一个部分是规则执行的条件，这里的条件指的是信息状态应该满足的条件；第二个部分是规则执行的效果，指的是应用规则后信息状态如何变化。

(5) 更新策略 (update strategy)：更新策略指的是采用怎样的策略从当前满足条件的规则中选择一个规则来执行，一般来说采用怎样的规则策略对规则的设计有很大影响。

6.4.4 基于强化学习的对话管理模型

基于有限状态机、基于框架、基于 ISU 的对话管理方法应用在实际应用时需要人工设计对话的策略来控制对话流程，人工设计的策略往往依赖于人的经验，无法考虑到所有可能的情况，并且策略的可移植性差。近年来基于统计的对话管理方法成为研究热点，这种方法一般通过设定一定的优化目标然后应用统计方法来学习对话策略，相比于传统的人工设计对话策略方法这种方法优势在于以下几个方面：

(1) 数据驱动开发周期。

(2) 可证明的最优动作策略。

(3) 用精确的数学模型来建模动作选择。

(4) 有一定的泛化能力处理训练语料中未见过的状态。

(5) 减少开发和部署成本。

基于统计的对话管理方法可以分成两种：基于有监督学习 (Supervised Learning) 的方法和基于强化学习 (Reinforcement Learning，RL) 的方法。

2015 年，AlphaGo 在人机博弈领域取得了世人瞩目的成绩，进而引发了越来越多的学者们对于强化学习的关注，而基于深度神经网络近似求解 POMDP (Partially Observed Markov Decision Process) 模型的方法，也在人机口语对话领域得到了较好的应用。

6.5 自然语言生成

自然语言生成系统的好坏直接影响用户的使用体验，而语言流畅、语义准确地生成则是向用户高效传达信息的关键。因此，人机对话系统中的自然语言生成任务的目标包括了：语言流畅、语义准确、可扩展性、表达多样性。具体说来：

（1）语言流畅。希望 NLG 系统生成的句子是流畅的。这意味着 NLG 系统通过训练或预定义规则获取到语法信息，这样才能生成符合语法规范的句子。但是符合语法规范仅仅表示句子是合法的，能够为人所识别，要达到流畅，还需要符合人们的表达习惯。这就需要引入概率并在语料上进行信息统计或学习，从而获得各种语法规则的条件概率分布，使得系统倾向于生成常用的句子。

（2）语义准确。要求生成的句子能够准确表达输入的语义信息。不能遗漏或错误表达任何槽的信息。每个槽的信息应该被准确表达一次，不能重复，也不能出现一些输入中没有出现的槽的信息。

（3）易扩展性。这里的易扩展性包括两个方面：一方面，一个好的 NLG 系统，从源领域迁移到目标领域的过程中需要的人工干预或修改应当尽可能的少，包括规则的引入与修改，模型的调整等，以便于降低领域迁移成本。如果每迁移至一个新的领域就需要重新收集领域信息、语言学知识等，则无疑迁移性很差。另一方面，从源领域迁移目标领域时只需要较少的目标领域的标注数据就能达到较好的生成效果，这要求模型有着良好的设计，包含了特定的先验信息，能够有良好的泛化性。这能够避免在标注语料花费过多精力，从而使得系统更加实用。

（4）表达多样性。自然语言有着多样性表达的特性。针对同样的语义，可以有形式不同的文本来表达，即便对于特定的单词，也可以有其他同义词来表达同一语义。对于对话系统用户来讲，灵活多样的表达可以更好地帮助用户理解系统所传达的信息，同时也使得系统表现不再“呆板”、“机械”。

对于一个自然语言生成系统来说，首要关注语言流畅、语义准确，这也是生成系统的首要任务目标。

自然语言生成接收结构化表示的语义，输出符合语法的、流畅的、与输入语义一致的自然语言文本。早期的自然语言生成研究多采用管道模型，将其划分为几个不同阶段的子任务：

（1）内容选择，决定哪些内容要表达。

（2）句子规划，决定篇章及句子结构，进行句子融合、指代表述等。

（3）表层实现，决定选择什么样的词汇实现一个句子的表达。

早期基于规则的自然语言生成技术，在每个子任务上采用不同的语言学规则或领域知识，实现从输入语义到输出文本的转换。鉴于基于规则的自然语言生成系统存在的不足，近几年来，学者们开始了基于数据驱动的自然语言生成技术的研究，从浅层的统计机器学习模型，到深层神经网络模型，对语言生成过程中每个子任务的建模，以及多个子任务的联合建模，开展了相关研究。下面简要分述基于句法规则的自然语言生成技术及基于深度神经网络的自然语言生成技术。

6.5.1 基于句法规则的自然语言生成

基于句法规则的自然语言生成将自然语言生成任务视为自然语言理解任务的逆过程，即以要表述的语义项作为输入，以自然语言描述作为输出。一种最常用的方法是，使用PCFG（概率上下文无关文法）的符号运算特性来捕获语义与语言的对应关系，从而决定记录、属性甚至单词层面的对齐，最后再整合其他语言模型以保证输出语言的流畅性。并且该PCFG是可以利用数据进行训练的，这就使得该类方法具备了一定的随数据变化的灵活性。

上下文无关文法（Context Free Grammar，CFG）用来描述上下文无关语言，在乔姆斯基分层中被称为2型文法。而带有概率的上下文无关文法就是概率上下文无关文法（PCFG），一组具体的实例见表6-4。为了使其适宜于描述语义节点，可以在PCFG的非终止符中添加带有实际物理含义的槽标签节点。例如，表中的S（）表示文法树的根节点，*FS*表示尚未表达的属性集合或槽值集合，*st*表示开始符，f_i、f_j和f是属性变量，表示当前的属性类别，将不同的具体属性类别带入，便可以衍生出不同的非终结符。st表示开始符号，比如*FS*（st）表示属性集合的开始，如同句子的开始符一样，这是一个标志位。*F*表示当前需要表达的属性。w-1表示上一个单词，w表示当前单词。

表6-4　　上下文无关文法

序号	规则	概率
1	S（）→*FS*（st）	1
2	$FS(f_i) \to F(f_j, \mathrm{st})\ FS(f_j)$	$P(f_j \mid f_i)$
3	$FS(f_i) \to F(f_j, \mathrm{st})$	$P(f_j \mid f_i)$
4	$F(f, w-1) \to W(f, w)\ F(f, w)$	$P(w \mid w-1, f)$
5	$F(f, w-1) \to W(f, w)$	$P(w \mid w-1, f)$
6	$W(f, w) \to w$	1

可以看到，在规则中除了包含了属性的序列关系，也包括了单词的序列关系。单词的序列关系可以看作是在原有模型上一个额外的隐马尔科夫模型。规则1~3操作内容选择，规则4~6操作内容表述。并且这些规则直觉上给出了属性之间、单词之间的二元关系。规则中的非终结符是大写的，代表着生成过程的中间状态。终结符是小写的，代表着生成过程最终产生的单词。所有的非终结符除

了 S 之外，都有一个或两个作为约束的特征。其中 st 表示开始，表示这是同一记录内首个属性，或者同一属性内首个单词。

重排序过程通常是对于每个输入产生多个候选输出，这样就能够利用其他模型对这些候选进行打分，筛选出打分高的作为最终输出，这样就可以结合多个模型的优势。N 元语法是建立在马尔可夫模型上的一种概率语法。对于句子来说，它的出现的概率可以表示为句子开始符的先验概率，乘以特定字符在其上文字符序列条件下出现的条件概率。先验概率可以通过对大量语料中该词出现的频率统计而获得，一般句子开始符的先验概率为 1。特定字符在其上文字符序列出现的条件概率表示上文字符序列已经确定的条件下出现该特定字符的概率。这里存在一个假设，即一个单词出现的概率仅仅依赖于出现在它前面的若干个单词，这个假设就是马尔科夫假设，因此本质上是一个 n 元语法模型。

虽然上述基于句法规则的自然语言生成方法一定程度地解决了表述生硬、通用性差等问题，但由于其在内容选择、语义对齐、句法规则获取等方面，仍需要人类专家的干预，因此具有一定的局限性。

6.5.2 基于循环神经网络的自然语言生成

基于循环神经网络的自然语言生成模型，首先对输入的语义项进行编码，在解码器端，采用长短时记忆网络（Long Short Term Memory，LSTM）逐一生成不同时刻候选词汇的概率分布，最后通过合理的抽样技术，得到词汇序列，即构成对输入语义项的自然语言描述。

一个简单的基于 LSTM 的自然语言生成模型如图 6-3 所示。

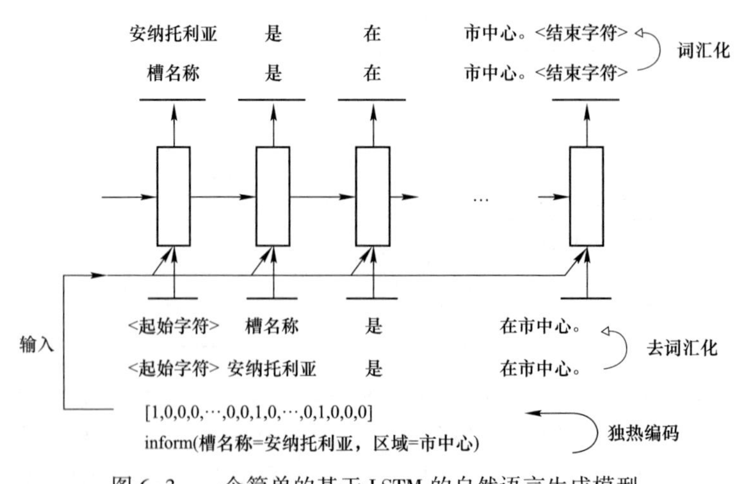

图 6-3　一个简单的基于 LSTM 的自然语言生成模型

虽然循环神经网络可以较好地建模上下文依赖关系，但由于每个时刻生成的词仅依赖于其上一时刻的隐层状态，导致其语义控制能力较差。对于自然语言生成任务，要求生成的句子要准确地描述输入的语义信息，避免槽重复、槽值错误或槽值丢失的表述。因此，需要增强循环神经网络的语义控制能力，以保证解码生成的句子与输入的槽信息在语义层面一致。为了达到上述要求，需要在解码器端添加一种语义控制机制，以确保输出和输入的语义一致。因此，LSTM 解码器的每一个时刻，除了接收来自上一时刻的隐藏层状态外，还接收来自解码器历史状态的语义控制。

针对以上问题，学者们主要开展了两方面的改进：

①采用类注意力（attention）机制进行语义对齐，以增强循环神经网路的语义控制能力；②对输入语义槽和槽值进行两个层次的编码，一层对语义槽进行编码，并将其作为语义控制信息，对句子结构进行全局规划，另一层对槽值进行编码，基于 attention 产生的读取权重，在每个时刻有侧重地表述具体槽值，从整体上确保所有的槽值被正确且灵活地表述。进而，针对生成的候选句子，进行重排序，从多方面进一步提升生成句子的质量。

表 6-5 展示了基于上述模型在两个不同的数据集上生成的样例：RoboCup 是一个足球自动解说的生成，DSTC2 是一个餐饮领域人机对话系统中的自然语言自动生成。以第三行为例，即“slotacttype=inform，slotarea=centre”，可以看到模型生成的样例则在保证了语义正确的情况下表达具有一定的多变性，将“centre”表达为了“central”“center”。

表 6-5　　生成样例

DataSet	Input	Output
RoboCup	动作类型=踢，球员槽=紫方 10 号	“紫方 10 号射门”，“紫方 10 号踢球”
RoboCup	动作类型=传球，运动员槽=紫方 9 号，运动员槽=紫方 6 号	“紫方 9 号传给了紫方 6 号”，“紫方 9 号踢给了紫方 6 号”
DSTC2	动作类型槽=信息，位置槽=市中心	“市中心”，“在城市中心”，“城中心”
DSTC2	动作类型槽=信息，食物槽=中餐，槽类型=restaurant	“我想了解有中餐提供的餐馆”，“我需要一个有中餐提供的餐馆”

6.6　电力智能客服应用场景

6.6.1　电力营业厅智能服务

电力营业厅智能化系统与营销业务应用系统和国家电网电力客服知识库进行挂接整合，对既有的业务报装、业务变更、业务扩容、信息查询等业务办理流程进行智能化改造，通过智能信息录入、数字化签名、智能数据采集、智能语音录入和智能机器人实现绿色业扩报装、业务工单智能语音录入、用户档案信息智能采集和机器人智能问答等功能。

电力营业厅智能化服务系统通过手写平板电脑、图像信息采集设备、语音录入识别设备及智能查询机器人等软硬件设施，分别实现了业扩报装电子表单和无纸化填单、图像信息自动提取和扫描、语音自动识别信息输入及营业厅机器人交互等多项创新。

基于语义理解技术和智能知识库构成，拆解复杂的、多步骤的、多可能性的答案或配置流程，以人机对答方式为线上客户提供电力知识解答。

6.6.2 客服机器人

客服机器人是在大规模知识处理基础上发展起来的一项应用，适用大规模知识处理、自然语言理解、知识管理、自动问答系统、推理等技术行业。智能客服不仅为企业提供了细粒度知识管理技术，还为企业与海量用户之间的沟通建立了一种基于自然语言的快捷有效的技术手段和提供精益化管理所需的统计分析信息。

客服机器人的核心是大数据知识库，大数据知识库通过网络把所有可能遇到的问题及故障排除方法集合到大数据知识库里，IT 客服通过大数据知识库自动收集类似问题和问法，匹配相似问法自动学习，提升智能问答准确率，结合客户的选择和 IT 客服的智能判断，自动补充和完善系统不具备的知识库词条，快速完成自我学习。

结合了客服机器人、在线人工客服，自动识别用户信息，按照故障等级分配、优先分配等多种智能分配方式，确保客户可以在第一时间被匹配到最合适的客服接待，大大提升体验的满意度与用户黏性。当遇到客服机器人遇到无法解答的问题时，会自主切换到人工客服处理，同时也具备学习功能，有效处理重复问题故障。该系统还提供语音智能识别功能，能快速查询问题及时给出问题处理方案。同时客服机器人可提供手机 APP、Web 页面访问方式，大大改善了用户故障申报的局限性。

6.6.3 客服语音服务质量管理分析

语音服务监听是实现电网客服呼叫中心监控和督导的重要方法，一般在电网客服呼叫中心内部进行。监听方法一般有随机采样监听、电话录音监听、现场服务指挥等方法。这类方法不仅可以有效提高语音服务透明度，同时也可为监督用电业务受理人员的服务、分析服务中各类存在的问题提供相应的数据与信息源。此外，通过管理者亲身参与，可以让其充分了解客户代表服务的难度以及为保证服务品质所做出的努力等。

电话录音监听即通过电话录音系统对用电业务受理人员与电力客户的通话进行全过程录音，并对录音数据进行统一存储，电网客服呼叫中心监听人员通过随机方式将部分录音进行分析，以此确定用电业务受理人员的服务质量。

未来，引用更多的大数据技术，建立客户标签库，不断加快电力客户画像工作进程；还可以引进智能语音识别技术，强化话务服务全程质量管控。同时，建设人工智能平台，通过人脸识别、人像识别、语音识别等手段，把平台搭建起来，让各个业务基于人工智能平台进行使用。

6.6.4 客服工单分析

客户诉求分散在客服日常业务工单中。用电业务的发展离不开数据的支撑，随着营销信息化工作的全面快速推动，客户用电基础信息不断完善，用电信息采集范围和采集成功率逐步扩大提高，用电信息采集数据、电费数据、客服数据等营销业务数据向海量规模发展，大数据特征日益明显，合理开发利用这些海量数据，可以为管理者提供明确的数据依据支撑。

在故障报修直派流程背景下，现有的故障服务热点分散在不同类型的客服工单中，不能集中反映当前供电服务的热点问题，同时客服工单依赖人工统计分析，服务热点问题的发现与处理存在较大的延迟与滞后，且人工统计分析不够全面，看待问题的观点具有局限性。本次分析研究将开展故障报修工单所引发的供电服务风险分析和预测，挖掘客户故障报修服务诉求与热点，实现故障报修服务的事前管控。

通过对受理文本内容的识别，根据客户的描述将故障报修分类进行细化，对故障报修受理工单的时段进行挖掘分析，查找出不同月份各时间段故障报修业务趋势。分析热词及热词条词频，掌握客户故障报修诉求。通过将“计划停电”数据和“ 故障报修”数据进行关联分析，快速分析出“计划停电”客户在故障报修工单中占比。

采用大数据分析研究相关常用技术手段，整合客服业务支持系统中的报修业务工单信息，并结合工单受理文本信息、处理内容文本信息、停电信息等多维度数据，通过大数据分析技术对其进行预处理、清洗，并利用数据挖掘聚类、分类、关联规则等算法工具，围绕分析主题构建分析模型，完成数据的深度挖掘分析，并对结果进行可视化呈现。运用关联规则的算法，分析故障报修、投诉举报等工单中热词的关联关系，了解客户各类诉求的内在因素。

深入工单受理内容，挖掘客户的真实诉求与申报原因，展开所引发的供电服务风险分析和预测，挖掘客户故障报修服务诉求与热点，以实现故障报修服务的事前管控和事中追踪，从而有效缓解故障报修服务压力，扩展服务深度，提升服

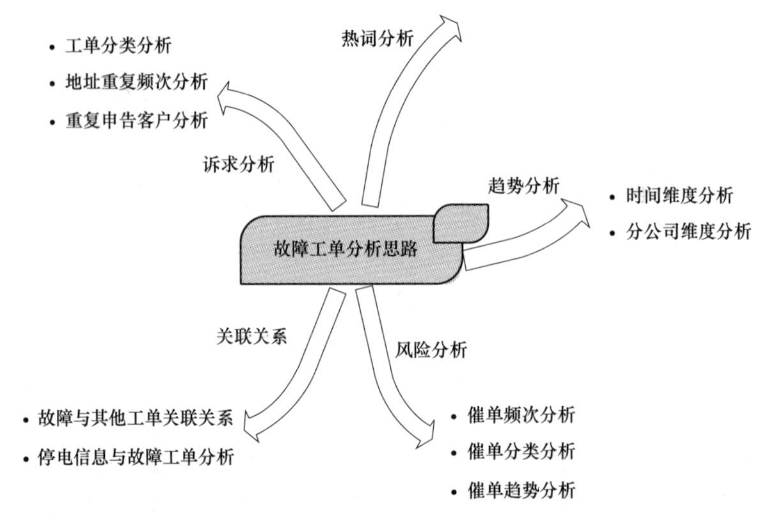

图 6-4　电力客服工单分析

务精度，不断强化客户服务中心的服务管理水平。

6.6.5　面向客户服务的停电分析

（1）辅助较大范围停电预判决策。分析发现，对于突发故障、临时检修、自然灾害等配网故障停电易突发区域大面积停电，会触发电力话务突增，甚至可能导致群体性电力投诉事件，造成比较恶劣的社会影响。通过技术手段及时、快速主动定位故障点、自动分析停电影响范围，从而可以减少其危害程度，及时响应突发事件应急预案。

（2）提升停电效应风险预测能力。通过可预知的气象、负荷数据，建立未来一段时间内故障停电风险预测模型，实现可动态模型算法自动校准，提升停电风险辅助支撑能力。

6.6.6　语音呼叫数据统计分析

电网客服呼叫中心作为电网客服的重要平台，业务信息内容丰富，停电信息、故障报修和供电质量投诉反映了电网的供电能力。

开通系统应用后关键环节就是如何确保各类电力服务指标达到相关数据，也就是电网客服的质量管理问题。电网客服呼叫中心的数据统计分析一般通过用电业务受理人员的通话记录和具体派工单为基础开展。通话记录反映了电网客服呼叫中心的整体工作量和运营质量，具体派工单反映了客户的需求以及详细用电问题，以及故障抢修等环节的处理过程。

根据呼叫中心的历史数据进行建模、分析，构建出话务数据业务的变化趋

势；然后智能客服系统采用高峰增员、低峰减员、实时预警等规则对客服人员进行自动编排。

6.7　电力智能客服系统构建

随着电力企业经营范围和市场占有量的不断增加，传统以呼叫中心为主的客户服务体系所存在的弊端也在日益凸显，很难有效地满足电力企业生存和发展的需要，使得很多电力企业服务窗口都在纷纷寻求服务效率高的新型提供服务的模式。

6.7.1　客服大数据平台

电力智能客服大数据平台主要解决“数据孤岛”问题，大数据平台作为客服领域全类型、全时间、全业务维度数据的汇集中心，为各类分析应用提供完备的数据资源、统一的运行环境和高效的分析计算能力。平台功能提供统一的数据抽取、处理、存储、计算、挖掘、分析、展现服务，如图6-5所示。

6.7.2　智能客服系统架构

智能客服系统聚焦于智能语音识别领域，应用自然语言理解等技术，实现人与机器的交互，为用电客户提供智能语音自助服务，为员工提供非结构化数据转录服务，解决业务咨询、业务查询、业务办理、营销推荐、满意度回访、广告宣传等对外客户服务应用场景。改变传统营业厅的单向被动服务模式，以主动服务、互动服务、智能服务和全时服务为设计原则，满足用户在新时代下随时使用电力服务的需求，提升电力服务响应效率及服务品质。

智能客服系统主要由业务应用和能力平台两部分组成，如图6-6所示。其中业务应用作为前端，对外提供在线智能客服服务，对内提供语音的商业智能分析。能力平台作为后端，主要解决语音合成、语音识别、自然语言理解、会话流程控制等功能，并在后台开展智能质检、运营分析等服务。通过获取语音文件、客户服务过程中的用户信息、查询信息、交互信息、报修信息、报装信息等，进行专项性业务分析，形成运营决策优化的关键数据，从而帮助提升营业厅客服系统运营效率。

6.7.3　客服机器人设计

本节将介绍一个具体的电力智能客服系统的应用场景及演示系统的实现方案。接下来将会从系统设计背景、需求分析、体系结构、接口设计等方面进行介绍。

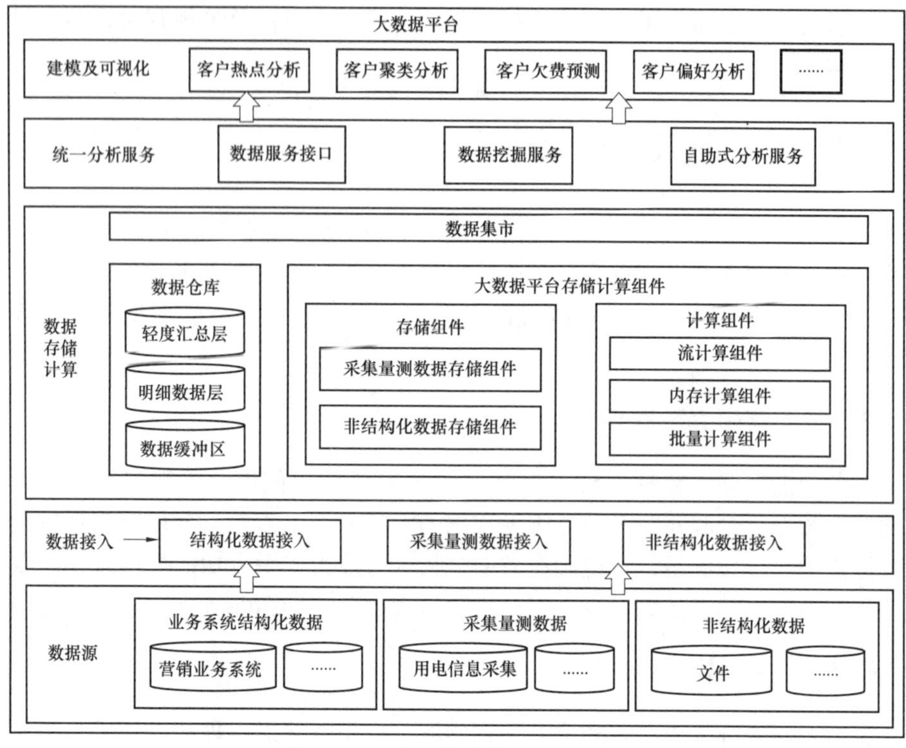

图 6-5　电力客服大数据平台架构

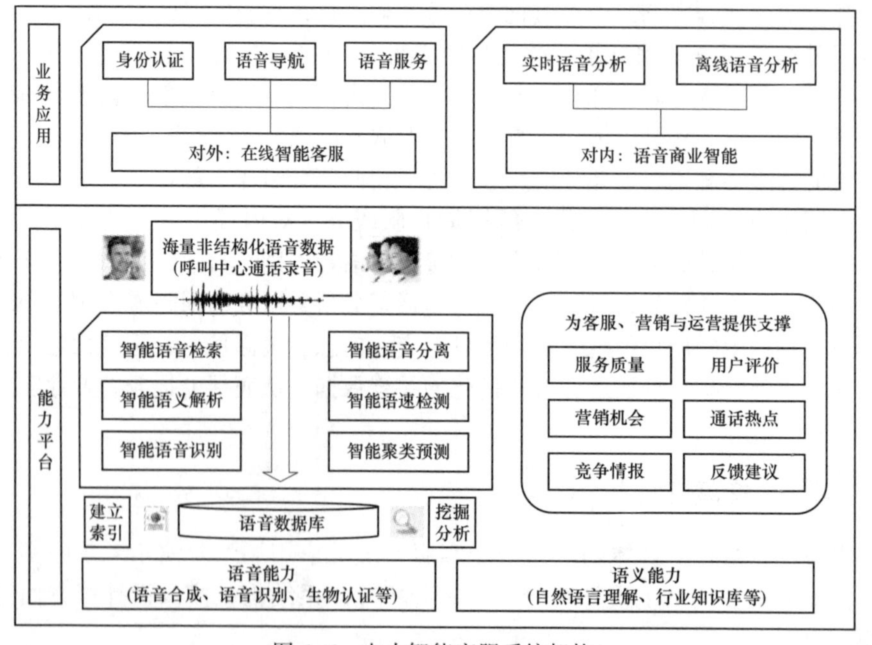

图 6-6　电力智能客服系统架构

（1）客服机器人需求与结构设计。以用户办电业务为例，构建一个人机对话系统。该系统中，系统需要通过与用户的交互过程获得用户的办电类型、住址、电话、预约日期、所需材料等，完成用户的办电申请。这就要求客服机器人需要在每轮对话中理解用户输入的每一个信息，然后根据当前的对话状态，产生一个对话行为，可以表示向用户询问特定的信息，也可以向用户传达特定信息。而自然语言生成模块则负责将对话行为描述为一个自然语言文本，返回给用户。同时，为保障电力客服业务及时准确高效完成，要求具有全业务、全天候、全渠道、全媒体、高效率的系统特性，如图 6-7 所示。

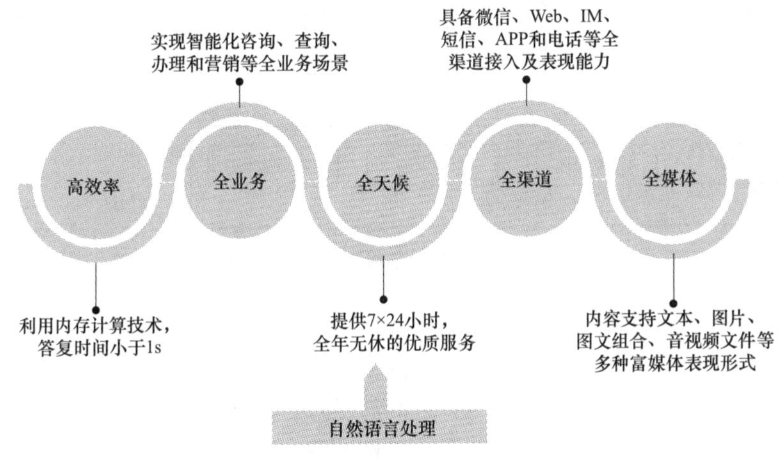

图 6-7　电力客服需求

通过需求分析可以得到系统从逻辑上可以分为三层结构：数据层、逻辑层和界面层。界面层用于接收用户的输入并将系统的输出进行展示；逻辑层分离用户交互界面和数据，并完成主要的功能，具体包括自然语言理解、对话管理和自然语言生成；数据层存储训练模型的数据。系统的体系结构如图 6-8 所示。

随着通讯软件的不断开发和利用，电力行业客服中心所面对的客户咨询方式也在不断地增多，如 QQ、微信以及短信等咨询方式都逐渐被客户运用到电力业务的咨询中，与此同时，客户咨询的问题也逐渐变得专业化和客观化，如果我们不能有效地建立电力行业的智能机器人业务知识库，那么就会面临着客户所咨询的问题得不到及时、准确、高效解答的问题，继而降低智能机器人服务的精准度和可靠性。对此，我们还可以根据智能机器人服务区域的不同、服务时效的不同以及服务人群的不同等建立完善的电力系统只能机器人知识库，从而有效地提高智能机器人在电力企业客服领域的服务质量。

（2）客服机器人接口设计与定义。为了便于用户访问，演示系统采用 BS 架构开发，Web 应用服务器使用 tomcat 技术，开发语言采用 java。如图 6-9 所示，

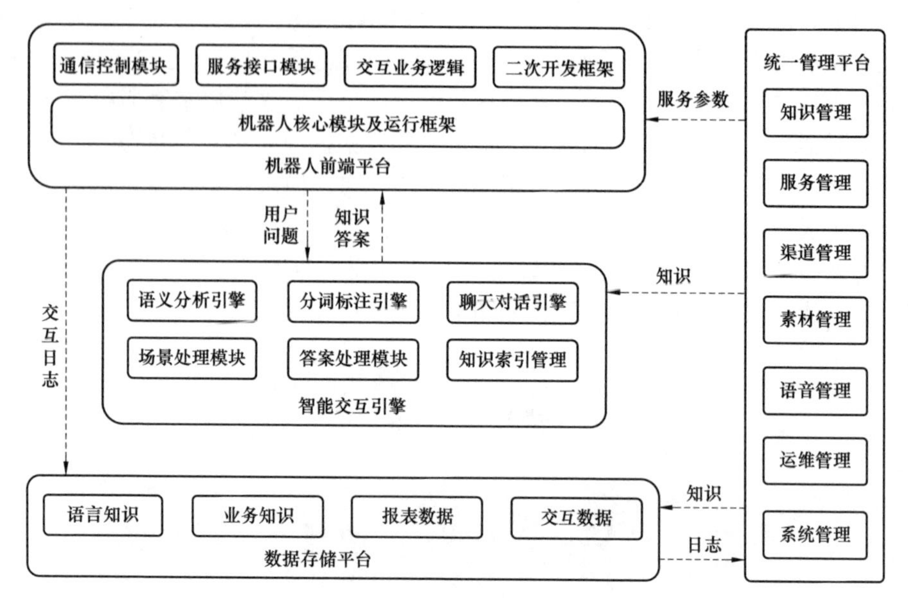

图 6-8　智能服务机器人系统架构

整个对话系统包括四部分：Web 页面、SLU（口语理解）、对话管理、NLG（Natural Language Generation，自然语言生成）。Web 页面负责接收并显示用户会话，逻辑处理放在服务器端，每一次的会话都需经过 SLU、对话管理与 NLG。下面详细讲述所涉及的数据结构与每个模块的处理流程。

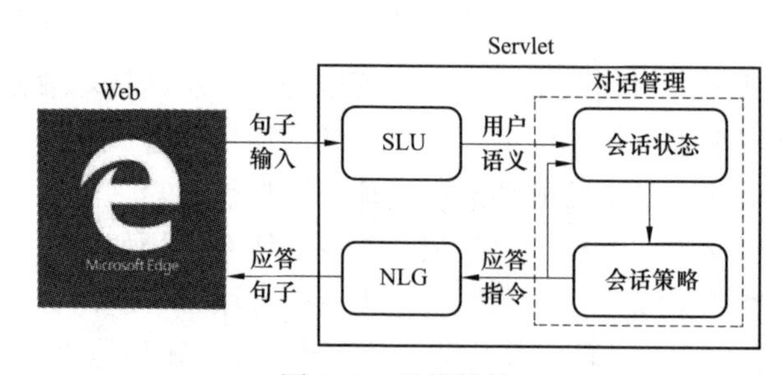

图 6-9　系统结构

对话系统中的核心数据结构就是任务属性，而任务属性也是对话管理模块会话状态的基础数据结构，相关数据字典描述见表 6-6。其中的意图表征了该指令或该句子在上下文的对话中扮演什么样的角色，比如，conf（确认）表示确认上文表达的属性信息是对的（一般用于用户肯定对话系统对句子的理解），req（询问）表示询问某个特定的属性信息，hello 表示系统应该向用户打招呼，done 表示当前系统已经获取了足够的用户信息，可以结束会话了，inf 表示系统向用户陈述系统已经掌握的属性信息。

表 6-6　　任务属性的数据字典

数据项	数据含义	数据类型	数据范围	样例值
意图	用户的对话目的	枚举类型	有限个枚举值	req（询问）
办电类型	办电用户的类型	枚举类型	有限个枚举值	个人低压用户
地址	办电用户的地址	字符串类型	合法地名字符串	北京市朝阳区 11 号
日期	预约的办理日期	字符串	合法日期字符串	12 月 26 号
电话	办电用户的电话	整型数	合法电话正整型数	62280000
材料	申请办电所需材料	枚举类型	有限个枚举值	个人有效身份证

1）Web 模块。主要负责提供用户输入框、展示对话系统应答、展示历史对话记录、展示对话过程中系统已经从用户输入中获知的任务属性信息。页面逻辑采用 JavaScript 脚本实现，主要负责用户点击发送输入按钮时的触发事件。用户点击发送按钮时，首先在历史对话记录显示组件中添加对于用户当前输入显示，然后将用户的当前输入发送到服务器端，同时绑定一个匿名回调函数。该回调函数会在服务器端返回信息的时候起作用，主要功能是在历史对话记录显示组件中添加服务器端返回的系统应答，并且根据服务器返回信息中的状态信息更新页面视图中的任务属性信息。具体流程如图 6-10 所示。

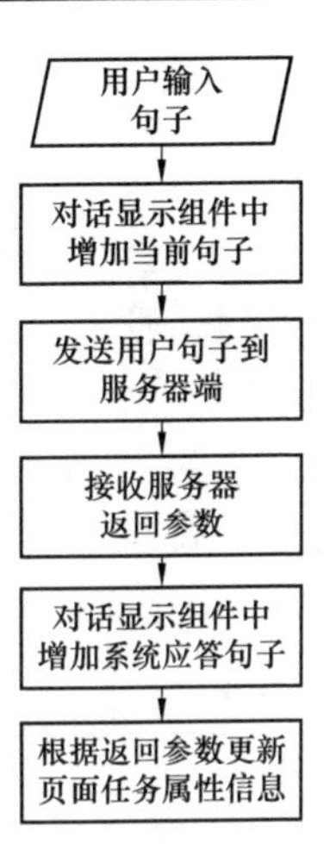

图 6-10　Web 处理用户输入流程

Web 调用接口即 Web 与服务器端的交互接口定义见表 6-7。

表 6-7　　Web 调用接口定义

方法名	方法描述	请求参数	响应参数
sendUtter	将用户输入的句子发送到服务器	utterance（句子）	sentence（系统应答）、slots（任务属性信息）

2）SLU 模块。自然语言理解部分是对话核心的第一部分，主要是将服务器端接收到的用户句子，解析为具体的槽值或任务属性信息，以便于后续的逻辑处理。由于只有用户办电一个领域信息，因此这里的 SLU 模块这里主要完成两个任务，一个任务是对于每个输入的句子解析出该句子的意图，即用户表达的句子是在肯定系统之前解析出的任务属性（conf），还是在向系统表达新的任务属性信息（inf）。另一个任务是对于用户输入的句子，解析出其中的具体的任务属性信息，例如识别并提取出用户输入中包括的用户地址信息。尽管这里以“用户办电”为领域，但为了保证系统的领域可扩展性，设计一个可以处理跨领域的 SLU 模块，具体流程如图 6-11 所示。

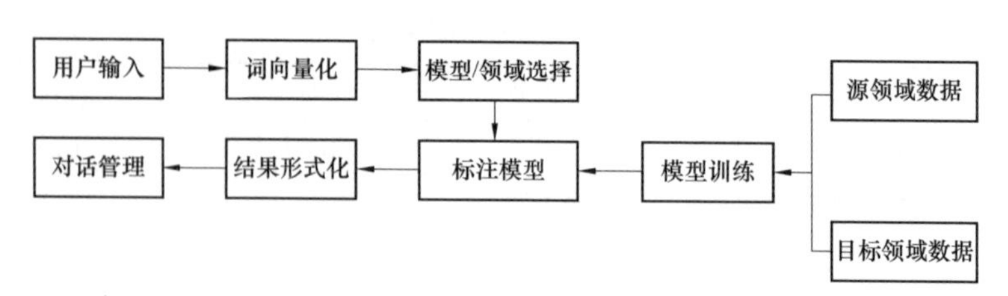

图 6-11　语言理解模块处理流程

SLU 调用接口即服务端系统调用 SLU 的接口见表 6-8。

表 6-8　SLU 调用接口定义

方法名	方法描述	请求参数	响应参数
sluParse	解析句子为意图与任务属性	utterance（句子） session（Web 会话）	intent（意图）、slots（任务属性信息）

3）对话管理。该模块主要是维护当前的会话状态更新，并根据当前的会话状态发出响应指令。这里的会话状态即任务属性信息是否被获取、是否被确认。由于这里的对话管理任务相对简单，所以采用马尔可夫决策过程（Markov Decision Process，MDP）模型来进行决策。主要处理流程如图 6-12 所示。

系统调用对话管理模块的接口定义见表 6-9。

表 6-9　对话管理调用接口定义

方法名	方法描述	请求参数	响应参数
dmMDP	维护会话状态，决策会话指令	session（Web 会话）	action（应答指令）

4）NLG。这里的自然语言生成模块使用改进的 LSTM 生成模型，将对话管理给出应答指令转换为应答句子。比如将确认指令“成模型，（预约日期 = 12 月 26 日）”转成句子“您预约的时间为 12 月 26 日，对吗？”。NLG 模块的处理流程如图 6-13 所示。

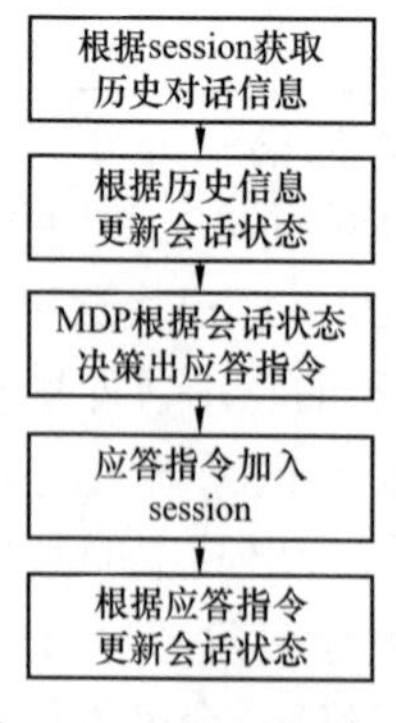

图 6-12　对话管理流程

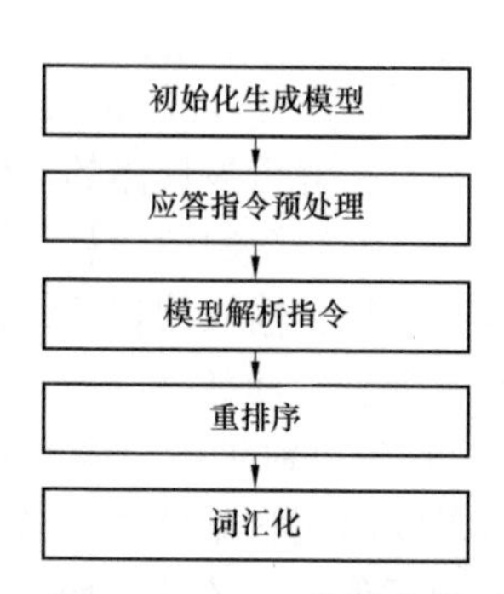

图 6-13　NLG 处理流程

系统调用 NLG 的接口定义见表 6-10。

表 6-10 NLG 调用接口定义

方法名	方法描述	请求参数	响应参数
nlgLSTM	翻译指令到句子	action（应答指令）	sentence（应答句子）

为了有效地提高智能机器人在电力行业客服中心运行时的服务质量，我们在智能机器人内部设置了语音分析系统，使智能机器人可以全面地掌握呼叫平台的运行情况，并通过定义相应指标的方式，分析客户的通话时长和重复来电次数等信息，对于长时间占用咨询平台、反复拨打骚扰电话等不良的咨询方式进行有效地遏制。与此同时，智能机器人开展深度 AI 分析，建立了相应的统计分析软件，对服务活动中出现的转人工量、个人业务办理量、关键词使用量，以及客户咨询业务内容出现次数等信息进行准确的统计分析，并定期将统计分析的结果输送到机器人管理平台，为智能机器人的改进提供有利的参考依据，如图 6-14 所示。

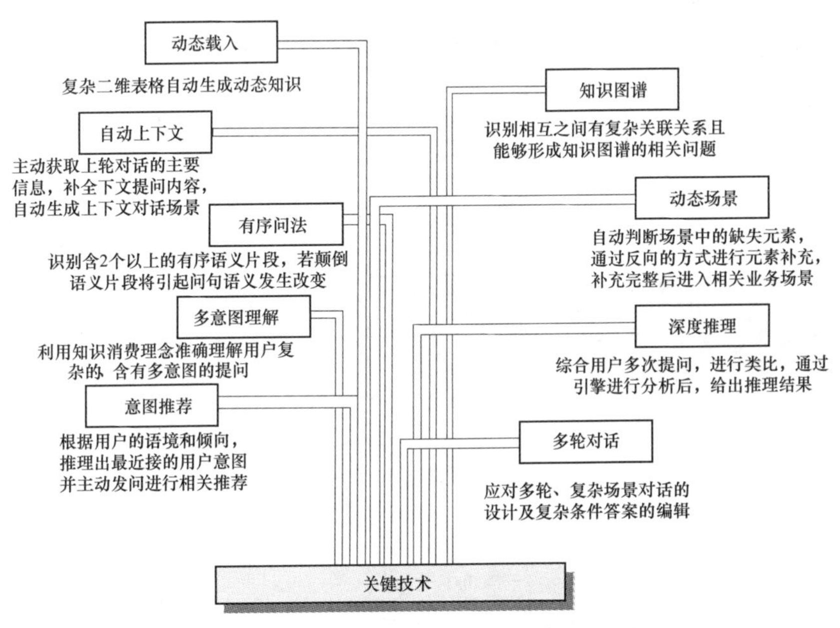

图 6-14 电力智能客服系统关键技术

6.7.4 客服知识图谱构建

(1) 知识图谱的概念。知识图谱（Knowledge Graph）是显示知识发展进程与结构关系的一系列各种不同的图形，用可视化技术描述知识资源及其载体，挖掘、分析、构建、绘制和显示知识及它们之间的相互联系。在智能客服系统中，知识图谱是知识的元素组合和逻辑联系结构，每一个知识图谱包括对象、条件、属性、参数 4 个元素，其中对象与属性可决定一个知识图谱的结构，条件与参数可决定一个知识图谱的实例化。一个知识图谱可以有多个实例化结果，实例化结果与传统知识库中的“知识”概念相似，每个实例化结果对应一个标准答案。

（2）构建知识图谱。根据对象、属性两个元素完成一个知识图谱的构建，步骤如下：

1）根据知识领域对原始知识进行分类，如营业厅类、电价类知识等，以部分营业厅类知识为例，包括“营业厅在什么地方?”“营业厅的电话号码?”“营业厅办理过户业务要带什么资料?”“营业厅办理业务能不能预约?”等。

2）确定同类问题的对象，如步骤 1 中问题的对象为“营业厅”。

3）确定对象的属性列表，如对象“营业厅”的属性包括“地址”“电话”“业务”等。

4）检索对象的全部属性，确定所有下级属性，如属性“业务”的下级属性包括“资料”“预约方式”等。

5）重复步骤 4 直至不存在下级属性。

构建知识图谱如图 6-15 所示。

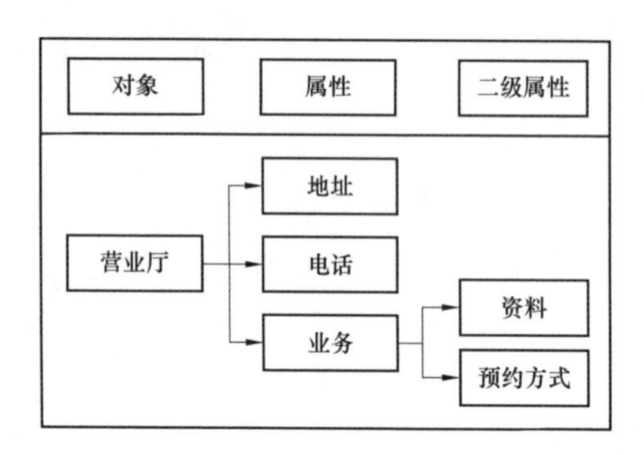

图 6-15　构建知识图谱

实例化过程如下：

1）确定待实例化对象，如“营业厅”。

2）设置条件，完成对象的实例化，如条件为“北京”，得到对象实例“北京前门营业厅”。

3）确定待实例化属性，如“电话”。

4）设置参数，完成属性的实例化，如参数为“移动”，此时对象实例为“北京前门营业厅”，属性实例为“移动电话”。

5）为属性实例设置标准答案，如“*****”。

以上完成了一个对象及其属性的实例化，同一个对象可拥有多个属性实例，

如对象实例“北京前门营业厅”的属性实例可包括“移动电话”“固定电话”等。

(3) 基于知识图谱的智能问答。基于知识图谱的答案搜索首先需要进行中文分词，根据中文分词结果从知识库中搜索匹配。实例化知识图谱如图 6-16 所示。

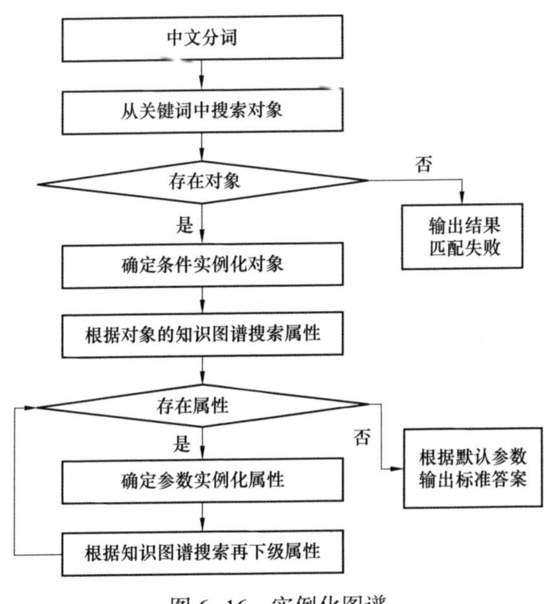

图 6-16　实例化图谱

6.8　小结

智能客服系统已经在诸多商业领域取得了广泛应用，在很大程度上降低了服务成本，提升了服务的智能化程度。针对当前人工电力客服系统存在的成本昂贵、服务质量难以评价等问题，本章系统介绍了人机口语对话技术，并以电力客服中的用户办电业务为例，讨论了如何构建电力智能客服系统，为其他电力客服业务提供技术参考。

参 考 文 献

[1] 王迪，侯宁，段楚婷．开放环境下交行智能机器人创新应用探析 [J]．经济管理，2016，(20).

[2] 施金四，蔡华艳，陈育欣，等．智能机器人在电力行业客服中心的应用研究 [J]．电子测试，2017，(13)：133-133.

[3] 丁烨．基于本体的中文问答系统中问句的语义理解 [D]．广西：广西师范大学，2014.

[4] 刘晓强．基于领域本体的客服问答系统的设计与实现 [D]．山东：青岛大学，2016.

[5] 郭磊．基于领域本体中文自动问答系统相关技术的研究与实现［D］．上海：华东理工大学，2013.
[6] 朱频频，张旭东．人工智能在智能客服领域的应用［J］．信息技术与标准化，2017，(11).
[7] 文博．面向智能客服机器人的交互式问句理解研究［D］．黑龙江：哈尔滨工业大学工学硕士学位论文，2014.
[8] 摆明威．基于用户行为分析及快速定位的智能化网络支撑客服系统的设计与应用［D］．南京：南京邮电大学硕士论文，2015.
[9] 游斓，周雅倩，黄萱菁，等． 基于最大熵模型的 QA 系统置信度评分算法［J］．软件学报，2005，16（8）：1407-1414.
[10] 秦兵，刘挺，王洋，等．基于常问问题集的中文问答系统研究［J］．哈尔滨工业大学学报，2003，35（10）：1179-1182.
[11] 伍大勇，张宇，刘挺．中文交互式问答用户问题相关检测研究［J］．中文信息学报，2010，24（3）：11-18.
[12] De Boni M，Manandhar S. Implementing Clarification Dialogues in Open Domain Question Answering［J］. Natural Language Engineering，2005，11（4）：343-361.
[13] 王泽江，李敏，吴斌． 组合参考框架下场景空间关系的自然语言描述［J］．电子设计工程，2016，24（8）：127-130.
[14] Yang F，Feng J，Di Fabbrizio G. A Data Driven Approach to Relevancy Recognition for Contextual Question Answering［C］. Proceedings of the Interactive Question Answering Workshop at HLT-NAACL 2006. Association for Computational Linguistics，2006：33-40.
[15] 周永梅，陶红，陈姣姣，等．自动问答系统中的句子相似度算法的研究［J］．计算机技术与发展，2012，22（5）：75-78.
[16] 骆正华，樊孝忠，夏天．基于结构化问句实例的自动问答系统［J］．微电子学与计算机，2005，22（7）：151-155.
[17] 郭小冰，黄小花，蒋海霞．大数据在 95598 故障报修工单分析中的应用［J］．电力需求侧管理，2016，18（6）：57-59.
[18] 李玮．电网客服呼叫中心及其运营管理分析［J］．现代工业经济和信息化，2016，(4)：91-92.
[19] 程慧，李建芬，付龙，等．基于 95598 大数据挖掘的系统设计及研究［J］．电力大数据，2017，20（9）：57-59.
[20] 张爽，景伟强，罗欣，等．基于大数据的 95598 优质服务管理创新与实践［J］．电力需求侧管理，2017，19（5）：52-54.
[21] 梁哲辉，袁超，刘巍林，等．基于大数据技术的电力客服渠道全景智慧视图［J］．自动化与仪器仪表，2018，(3)：161-164.
[22] 曹广山，陈昇波．智能客服中大数据技术应用的探讨［J］．数据通信，2016，(12)：59-64.
[23] 艾渊．浅论基于大数据的客服机器人系统研究［J］．电子世界，2017，(17)：103.
[24] 吴子辰，陈鑫，王磊，等．基于大数据分析的智能客服系统研究与设计［J］．企业技术

开发，2016，35（12）：84-87.

[25] 赵永良，付鑫．大数据与智能客服的融合应用实例［J］．供用电，2018，35（6）：72-76.

[26] 黄翊凇．构建基于大数据的客服人员精细匹配客户接线话务系统研究［J］．广西通信技术，2015，（2）：16-20.

第 7 章　新能源大数据应用

本章导读

随着我国新能源持续迅猛发展，如何应用大数据等新技术提高新能源开发利用和安全经济运行水平，已成为新能源企业和电网企业共同关注的问题。新能源从规划、建设到运行产生了大量异构多源的数据，其数据源类型丰富，数据规模和特点符合大数据的各项特征。通过运用大数据分析技术，可在新能源规划、设备运维、功率预测、运行消纳等多方面提供决策支持。

- **本章将学习以下内容：**

新能源发展概述。

新能源数据及其特征分析。

新能源大数据典型应用。

7.1　概述

新能源目前没有统一的定义，通常是指传统能源之外的各种能源形式，主要包括：风能、太阳能、生物质能、地热能和海洋能等，本章主要指风力发电和光伏发电。作为引导未来经济社会发展重要力量的国家战略性新兴产业，新能源对于推动能源生产和消费革命、治理雾霾、保护环境，实现人类社会可持续发展具有重要意义。近年来，在国家政策强有力的支持下，我国新能源发展取得了举世瞩目的成就，已成为世界新能源第一大国。截至 2018 年年底，我国风电装机容量达到 184GW，太阳能发电容量达到 174GW。“十二五”期间，我国风力发电、太阳能发电装机容量年均增速 34%、178%。在部分省份和地区，风电装机比例占统调装机比例已超过 50%，接近甚至超过欧洲风电发达国家水平。

伴随着新能源快速发展，新能源发展所面临的问题和挑战日益突出。我国新能源大规模、高集中开发和远距离、高电压输送问题，呈现出与国外风力发电发展显著不同的特点，由此带来的电网技术和经济问题尤为突出，更为复杂。受电源装机、调峰能力、送出通道等因素影响，局部电网接纳清洁能源的能力已超极限，新能源消纳问题相对突出。由于风力、光伏受天气发电具有较强的随机性和

间歇性，且出力多具有反调峰特性，发电功率预测难度大，电网需要留有更多的备用电源和调峰容量，大规模接入电网后电网运行挑战增大。由于新能源消纳空间不断减小，新能源补贴减少等政策调整，新能源企业需要更加注重建设、设备运维等自身管理，提高企业自身生产经营水平。

在风电场、光伏电站的建设选址、设计以及运行监测、设备维护等过程中都存在有海量、多源、异构、复杂、增长迅速的各类数据。利用大数据技术挖掘上述海量数据的价值，将有效支撑新能源更加安全高效经济运行，减少新能源企业运营成本，增强盈利能力，提高企业市场竞争力。也将推动新能源行业的建设、生产运行、经营管理等各业务领域的创新与变革，推动新能源技术进步及新能源稳定并网，在落实国家新能源发展战略中发挥重要技术支撑作用。

7.2 新能源基本知识

风能和太阳能是清洁的可再生能源，风力发电和光伏发电是风能和太阳能利用的主要形式，也是目前可再生能源中除水能以外的技术最成熟、最具规模化开发条件和商业化发展前景的发电形式之一。

就风力发电而言，其原动力是风，风电机组和风电场的输出功率是由风的特性决定的，丰富的风能资源是大规模发展风电的前提条件。就光伏发电而言，丰富的太阳能资源是光伏发电的前提。风光资源评价对科学开发利用风能、太阳能资源至关重要，也是新能源建设规划、工程项目选址、利用方式选择的前提和基础。在新能源场站建设前期，经过宏观选址、风光资源测量评价等过程。特别是资源测量评价，对设备选型、微观选址和发电量等影响较大，是新能源开发最重要的前期工作。

无论是风电场还是光伏电站，一般配置风电（光伏）/升压站监控系统、自动有功控制（AGC 子站）、自动电压控制系统（AVC 子站）、风（光）功率预测系统、同步向量测量系统（PMU）、电能计量系统等自动化系统以及时间同步、二次安全防护设备，数据网、通信系统等，如图 7-1 所示。其中：

（1）风电场（光伏电站）监控系统（NCS）。采集和下发风电机组的运行数据及指令，主要功能为风电机组（群）（光伏阵列）集控监视和控制，可以实现发电单元的运行监视、启停及调整、功率控制、故障判断及分析。

（2）升压站监控系统。由站控层、间隔层及过程层（网络设备）构成的开放式结构，主要由服务器、测控装置、远动装置、微机五防装置及交换机、路由器等设备组成，主要功能为对变电站设备稳态运行进行实施监视、控制、故障分析等，同时实现远动信息的采集、处理和上传调度。

（3）自动有功/无功控制子站。是调度机构对风电场（光伏电站）有功无功

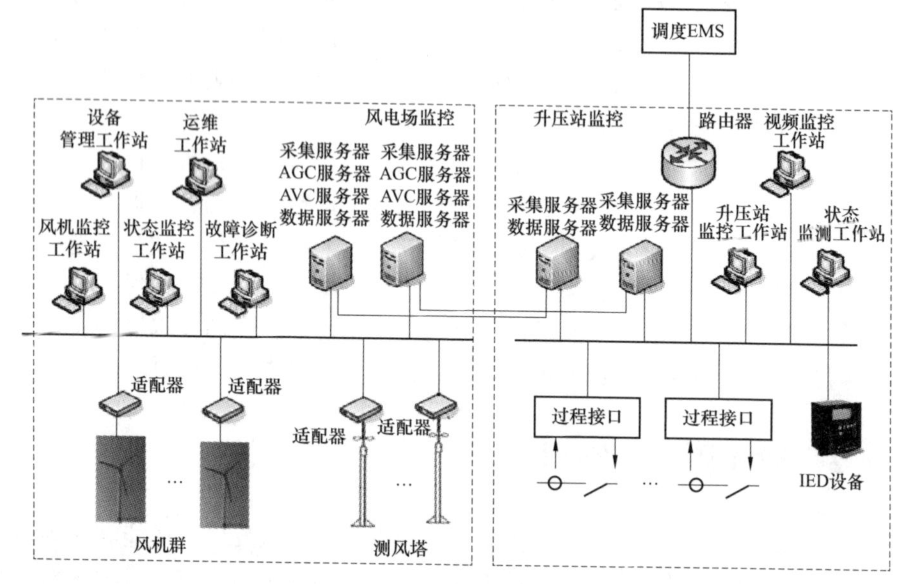

图 7-1　典型风电场自动化系统

自动实时控制的执行端。获取场站相关子系统信息并转发给调度端，同时接收调度端控制指令下达给发电单元或无功补偿装置执行，实现风电场（光伏电站）有功功率和无功功率的连续调节和协调控制。

（4）风电（光伏发电）功率预测系统。由测风（光）设备、预测系统、气象数据源等组成，采用统计和物理相结合的预测模型，实现超短期、短期等不同时段风电（光伏发电）功率预测。

其主要流程是首先通过数值天气预报技术对未来时刻的气象要素如风速、风向、温度、近地面向下短波辐射通量等进行预测，然后利用气象要素的预测结果，通过物理的或统计的方法得到风电/光功率的预测值。数值天气预报数据功率预测误差引入的重要原因之一。

图 7-2 所示为一个典型光伏电站连接图。

（5）同步向量测量系统（PMU）。主要包括系统类量测、节点类量测和支路量测。系统类量测主要是系统的频率和频率偏差。节点类主要是风电场各电压等级的母线，一般包括并网点、35/10kV 中压母线。测量内容包括三相相电压及其相位、正序电压及其相位等。支路量测主要采集对象是风电场送出线路、各台主变压器、无功补偿装置、汇集线路。测量内容主要包括三相电流及其相位、正序电流及其相位、有功、无功等。

（6）电能计量系统。由电能表、通信设备、远方电量终端等组成，通过在风电场各节点电能表对有功电量、无功电量及尖峰平谷等数据进行采集后传输至电

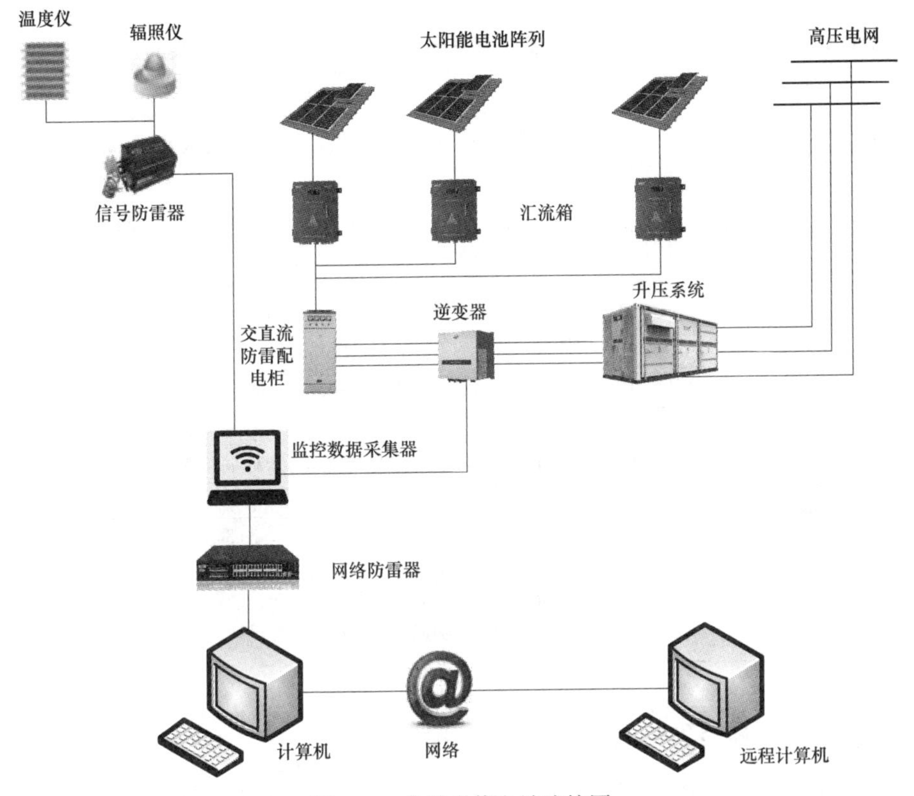

图 7-2　典型光伏电站连接图

量终端，由电量终端将电量数据进行统计、存储、计算后，将带时标的数据传输至调度或营销主站。

7.3　新能源大数据

7.3.1　数据类型

一个典型的风电场或光伏电站在规划、选址、设计、建设、运维等不同阶段都要收集和产生各类数据。这些数据信息往往分散于风机或光伏制造商、场站业主、设计单位、系统运营商、运维服务商、电网调度机构等诸多环节。主要数据来源包括测风塔、辐照仪，场站监控系统和调度自动化系统，也包括风机机舱、塔筒、太阳能发电单元、配变电设备等安装的监控视频数据等非结构化数据。大体上可以分为资源环境类、基础台账类、实时量测类、非实时应用类等数据类型。

表 7-1 为风电场的典型数据。

表 7-1　　　　风电场典型数据

序号	数据类别	具体数据
1	非实时应用类	风电场区域内 10km 范围地势变化数据和风电场区域内 20km 范围内粗糙度数据
2	资源环境类	测风塔 10、30、50、70m 及以上高程（轮毂高度）的风速、风向、气温和气压，测风塔坐标信息
3	基础台账类	风电场：归属集团、所在市（区）、占地面积、并网电压等级、并网点、并网期数、经度、纬度、设计容量、实际并网容量
		风电机组：坐标信息、理论功率曲线、性能参数等
		无功补偿装置：设备类型、生产厂家、产品型号、感性容量（Mvar）、容性容量（Mvar）、动态响应时间（ms）、控制策略、跟踪点电压等级（kV）、电压采集点位置等
4	实时量测类	升压站：线路、变压器高低压侧的有功、无功、电流； 风电场：全场总加出力曲线、全场功率预测曲线、全场电量数据； 汇集线：每条汇集线的有功、无功和电流； 风电机组：有功、无功出力，电流，机舱风速，运行状态

7.3.2　数据特征

新能源场站数据内容丰富。这些数据来自于不同系统具有多源、多类型，海量、异构、复杂度高等特点。除静态基础数据，各类动态数据随着新能源场站运行持续快速增长，数据来源、种类、规模都有了极大的扩充和丰富。数据彼此之间有一定的关联性，不完全独立，结构复杂、数据量很大，彼此之间存在着复杂的关系，蕴含潜在丰富的安全生产、经济运行信息，具有巨大的挖掘和利用价值。从大数据应用角度分析，具有以下典型特征：

（1）数据来源广泛。每个新能源场站数据可能来源于场站监控系统、功率预测系统、电量采集系统等多个子系统，除生产运营过程中实时产生的生产数据外，还有从场站外部传送进来的气象数据以及风机和光伏设备厂商提供的性能参数等，呈现出多源、异构的特点。

（2）数据体量大。新能源场站设备类型众多，包括风电机组或光伏逆变器、无功补偿装置、升压站一、二次设备、气象监测设备、故障录波设备等，场站内众多的设备产生了大量运行数据，数据维度多。由于数据的实时性强，运行中实时产生的量测类数据均为秒级，PMU 数据达到毫秒级，海量数据在时间维度上的累积更能体现大数据的规模。

（3）价值密度低。在新能源场站的运行过程中，所采集的绝大部分数据都是正常数据，而对分析设备状态有用的数据可能仅仅是秒级的异常数据，因此，对这些数据的有效利用需要长期的数据积累和关联分析。但是这些少量的异常数据是设备状态检修的最重要依据，基于这些数据开展新能源场站设备运维状态检修，可以提高设备可用率和发电量，对电网调度运行以及对用户社会经济具有巨大的价值。譬如，综合分析设备运行历史数据、设备检修数据等，科学合理安排发电单元等设备检修工作，提高电网设备状态评价的及时性和准确性，将降低企业检修成本，为提高设备可用率和发电量提供保障。

（4）应用价值高。新能源各类数据之间的关联性强，集成所有数据进行全面分析产生的结果具有很大的经济和社会价值。譬如，测风数据对合理进行风电场选址和运行至关重要，通过大量测风数据的收集、整理、分析、计算，可以分析风电场选址、发电设备选型和产能利用情况，是风电场项目立项和经济效益评估的基础。

7.4　新能源数据价值挖掘

7.4.1　基本思想

如上所述，新能源数据具备典型的大数据特征。大数据的核心和本质是应用、算法、数据和平台 4 个要素的有机结合。大数据价值挖掘源于数据的规模效应，当数据量足够大时，其价值能够随之得到足够的放大。以新能源建设运营全过程产生的海量数据为基础，用具体的应用数据作为驱动，以算法、工具和平台作为支撑，最终将发现的知识和信息用到实践中去，从而提供量化、合理、可行、能够产生巨大价值的信息。

大数据环境下的数据挖掘方法研究主要有以下几种模式：第一，采用“以大化小”的思想，将大数据化成为“小数据”，这里的小数据是指将大数据经过预处理，包括抽样、清洗、去除冗余等方法；第二，从大数据的角度研究聚类、关联等数据挖掘算法，从算法本身进行研究，例如，考虑数据挖掘中数据属性的多样性选择等；第三，将传统的数据挖掘算法进行并行化处理。

与其他领域的大数据应用类似，挖掘新能源数据价值的关键点在于数据预处理、挖掘模型算法和结果展示。挖掘模型算法也就是借助多种数据分析手段从海量数据中解析出模型以及数据间潜在关系的过程，这种模型和关系可以形成对决策和预测有用的知识。

7.4.2　数据质量问题及其治理

高质量的数据对于数据分析和价值挖掘至关重要。在大数据应用中，数据质量不高是影响大数据应用成效的一个重要问题。由于管理和技术原因，在海量的新能源数据中，数据质量治理是一项难题。

以新能源运行相关数据为例，数据质量存在的主要问题有：

（1）新能源台账数据管理粗放，机组、测风塔、气象站、站内开关等部分参数未采集维护或存在不规范问题。

（2）新能源单机数据，升压站、汇集线相关的常规运行数据通过远动系统采集上传，存在数据传输环节过多、数据质量差等问题；新能源运行数据繁杂，基础数据的台账和运行数据均未实现分类管理，尚未形成有效的分析数据源。

（3）基础运行数据质量缺少多源校核手段，无可依托的数据修复策略实现数据质量的自主提升，导致数据质量较差不足以支撑数据应用价值的深度挖掘。

（4）新能源场站并网检测及涉网性能检测中发现的硬件设备或其他存在运行安全风险的影响因素信息缺乏有效管理，对新能源场站并网考核及调控中心优先调度自评价的历史考评结果缺少必要分析，无法根据历史经验为新能源场站稳定运行提供指导帮助。

针对新能源运行数据变量类型多、数量巨大的特点，需要多维度开展数据校验处理，基本流程如图 7-3 所示。包括数据标准化处理、异常数据辨识和异常数据重构：

（1）数据标准化处理。将跨平台多类型新能源运行数据在时间和空间坐标进行对齐，并按照统一要求进行规范化处理，包括数据格式、分辨率和颗粒度等，以构建规范的新能源运行数据库。

（2）异常数据辨识。分别基于数据基本规律、时间规律和空间规律三个层级串行开展：

1）从基本规律角度采用工程化方法辨识数据序列中空值、越限和不刷新数据。

2）从时间规律角度基于时间序列连续性判断数据序列中波动较大的数据为异常数据。

3）从空间规律角度基于多源数据相关性判断数据序列中不满足映射关系的数据为异常数据。

（3）异常数据重构。在对各类新能源机组运行数据进行异常数据重构时，分别按照数据单点异常、多点异常和连续异常三个类别并行开展：

1）对于单点异常，采用常量填充、均值填充等方法进行工程化重构。

2）对于多点异常，采用基于时间序列连续性的预测方法重构异常数据。

3）对于连续异常，基于多源数据相关性的回归方法重构异常数据。

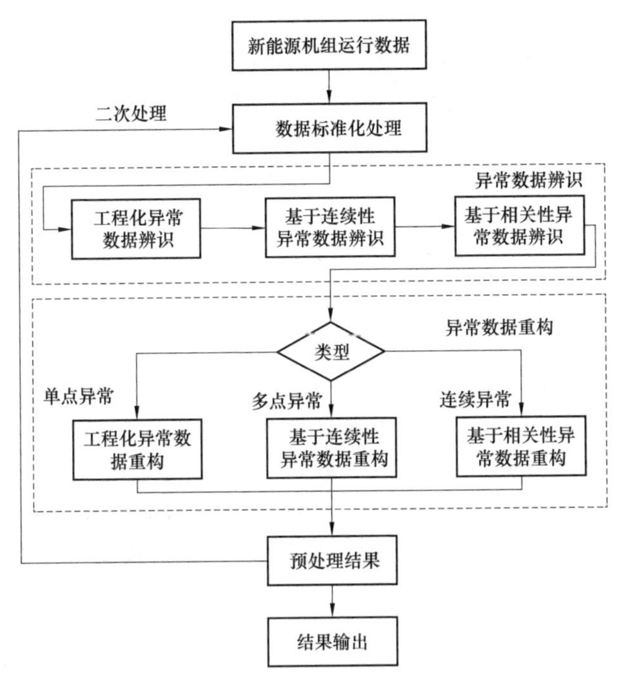

图 7-3 多维度数据校验基本流程

7.4.3 典型应用场景

无论是新能源企业还是电网调度部门，都已认识到新能源数据背后隐含的价值。以具体的应用为驱动，大数据技术应用和平台建设在新能源开发建设、运维检修、调度运行、经营管理等各环节均得到实践。

在新能源开发建设阶段，大数据技术有助于电力企业基础设施选址、建设的决策。例如，丹麦风电公司 VESTAS 计划将全球天气系统数据与公司发电机数据结合，利用气温、气压、空气湿度、空气沉淀物、风向、风速等数据以及公司历史数据，通过使用超级计算机及大数据模型解决方案，来支持其风力发电机的选址，以充分利用风速、风力、气流等因素达到最大发电量，并减少能源成本。

在新能源运行阶段，可利用大数据预测方法建立高精度天气大数据预测模型，对微观区域云层、降雨量、风速、风向、气压和温度等实现快速和精准预报。以风电为例，从风电场历史大量数据进行挖掘，利用天气预报数据、历史风速、历史功率及机组运行状态等影响风电功率因素建立风电功率预测的大数据模型，以风速、功率或天气预报数据作为模型的输入，结合风电场机组的设备状态及运行工况，预测风电场未来的有功功率。结合天气预报大数据建模技术将有助于提高风能资源的利用效率和风电场的运行效益，实现更加精确的风电功率预测，有助于电网消纳更多风电，应对大规模风电对电网功率平衡挑战，促进风电健康发展。同样的通过大数据方法的天气预测结果，结合官方发布数据、发电池组特性和海量历史数据，实时光伏发电功率的大数据精准预测。

还可应用聚类分析方法，将不同天气类型的平均发电功率之间的倍率关系映射为一个天气类型指数，利用光伏电站的历史日电量数据和天气类型指数对所建立的线性回归方程进行训练，训练后的模型用以预测光伏电站的短期日电量，可以预测不同天气类型下一天日电量，在各种天气类型下有较准确的预测能力和较强的适用性。

在新能源运营管理方面，通过大数据分析，可实现对生产过程、设备状态、企业经营等综合分析，为企业管理和决策提供数据支持。譬如，建立包括风机厂家、风机型号对应的大数据，实现故障代码、故障时风机状态（正常停机、故障停机、仍在运行等）、故障分类（偏航系统故障、变桨系统故障、齿轮箱故障、液压系统故障、PLC 控制系统故障、主轴故障、发电机系统故障、电网侧故障、变频器系统故障等）等各类缺陷故障数据聚类分析。通过对风电机组的历史故障进行分析，可以发现风电机组存在的设计缺陷、共性缺陷。

7.5 应用案例解析

7.5.1 风电设备异常预测

风电机组的故障率会随着运行时间的加长而不断升高，这就需要对机组主要部件的故障做好预防工作。目前，风电业主广泛采用数据采集与监控（SCADA）系统监测风电机组及其部件的运行状态，然而，SCADA 系统的监测项目针对各自监控的对象，仅仅依靠对监测数据设置阈值来进行越限报警，而且在线监测信息量大、采集数据点密，传统的监控系统难以满足海量监测数据的在线处理需求。因此，如何通过风电机组状态监测大数据进行快速有效地机组设备异常预测成为新的课题。以下介绍一种结合 Hadoop 批处理技术和 BP 神经网络状态参数模型的风电机组异常预测方法。其基本思想是，使用 Hadoop 平台存储海量历史状态监测数据，依据选取的状态参数，实现基于 BP 神经网络的异常预测算法，然后使用 MapReduce 对预测模型进行训练。

（1）技术架构。基于 Hadoop 集群，运用 MapReduce 框架，设计数据采集层、存储层、分析层、应用层等 4 个模块。

1）数据采集层。主要包括风电设备的状态监测数据、天气数据、地理信息

数据等生产运行管理数据。这些数据来源不一、模态各异，而且存在大量的重复数据。对异常数据和重复数据的清除工作后，使用Sqoop等大数据连接器技术传输到分布式数据库或者文件系统中，Sqoop在传输数据时会自动对其格式进行标准化的调整，减少了人为的序列/反序列化操作。

2）存储层。采用HBase、Hive等分布式数据库作为存储介质。这些分布式数据库都具有高容错率和高吞吐量的特点，可以很好地满足海量历史监测数据的存储要求，并且适用于数据的批处理访问模式。

3）分析层。集成有训练好的BP神经网络预测模型，基于SCADA状态监测数据、天气数据以及地理信息数据，应用大数据分析技术进行风电设备的异常状态预测。基于MapReduce框架的BP神经网络并行化运行方式，可以并行的对训练样本进行批量训练，大大地提升模型的精度和运行速度。

4）应用层。使用训练好的异常预测模型，结合在线输入的监测数据，进而获得状态参数的预测值，计算模型输出值与实际监测值的残差，当残差发生剧烈波动时，判断风电设备的运行状态出现异常。

（2）风电机组异常预测模型处理。BP神经网络是一种按误差反向传播算法训练的多层前馈网络，在各个领域得到了广泛的应用，它能够很好地表示任意的非线性映射关系，而无需事前了解描述这种映射关系的数学方程。BP神经网络使用最速下降法，通过不断调整网络的权值和阀值来使网络的误差平方和最小。为了运用并行运算的方法来减少算法运行时间，对BP神经网络算法的MapReduce并行化方法，在Map阶段对每个权值的变化量进行计算并输出，然后在Reduce阶段对各个权值的总变化量进行统计，之后再统一调整权值，并且使用批处理的方式进行训练。

（3）风电机组异常预测。受风速的波动变化和天气的季节性变化影响，风电机组的运行环境经常发生剧烈的动态变化，因而需要在不同的运行工况之间进行频繁地切换，导致设备状态监测数据的幅值在正常运行状态下也会发生较大的变化，这意味着不能根据幅值的大小来判断机组的运行安全程度。而目前主流的做法都是采用阀值报警的方法，即如果监测信号达到了报警阈值，则判断机组的运行状态出现异常，这导致了很多漏报和误报的情况发生。为了提高风电设备异常预测的精确度，采用了残差分析的方式对机组的运行状态进行判断具体过程如下：

1）选取风电机组正常运行状态下的SCADA数据，经过预处理得到可用的监测数据，然后将这些数据按一定的比例划分为训练数据和测试数据。

2）训练数据经过归一化处理后，选取风速、齿轮箱油温、机舱振动传感器X、机舱振动传感器Y，机舱振动有效值和发电机转速等6个状态参数为模型的输入参数，对BP神经网络模型进行训练，直到模型的输出值误差达到理想的范围。

3）用预测模型对目标参数进行预测，与实际值对比，获得残差，如果残差没有超过阈值，则判断状态正常。

7.5.2 风电场群功率升尺度预测

风电与常规电源不同，具有很大的随机性、间歇性和不可控性。随着风电装机容量的不断增加，给电网调度运行带来新的问题，由于风电的反调峰特性，电网的调峰也面临越来越大的压力。风电发达国家的经验表明，将风功率预测纳入日前计划和实时平衡，是缓解电网调度压力，降低系统备用容量和提高风电接纳能力的有效手段之一。

目前，对于区域风电场群的功率预测，主要采用的技术路线为简单累加法，即将区域内所有风电场的功率预测数据进行累加，作为整个区域的风电功率预测。但这种方法存在明显的局限性，如：①对于数据条件不完备的风电场，难以建立准确的单风电场功率预测模型；②新并网风电场在并网初期尚未建立预测系统，则不存在单风电场预测功率。简单累加法的准确率依赖于单风电场的功率预测精度，若区域内存在一定数量的风电场预测精度过低，则会对区域功率预测结果造成较大影响。

为了提升风电场群功率预测精度，基于已有的风电场运行和预测的海量数据，对数据进行经验正交（EOF）分解和层次聚类，并对单点预测结果进行升尺度，就可较准确地预测出整个区域的风电出力。

区域风电场群功率升尺度预测方法实施步骤如下：

（1）基于某区域内风电场历史风电功率数据，采用 EOF 分解和层次聚类法，将需要预测的较大地理区域划分为若干个子区域。

（2）在每个子区域中选择一个风电场为代表风电场。

（3）将每个代表风电场的功率预测值升尺度到其对应的子区域。

（4）将子区域的风电功率预测值相加得到整个区域的风电出力值。

其中，海量的历史风电功率数据是基础，通过对数据进行 EOF 分解，得到能够反映该风电场空间特征的空间向量，再选取方差贡献率较高的空间向量，作为层次聚类的输入数据，最后根据层次聚类的结果得到该区域的子区域划分方法，详细计算流程如图 7-4 所示。

使用区域风电场群功率升尺度预测方法，可以使电网调度部门在仅有部分风电场完成风电功率预测功能的基础上实现风电功率的全网预测，从而依据全网预测的结果制定次日发电计划，在全网范围内优化电网调度方式。

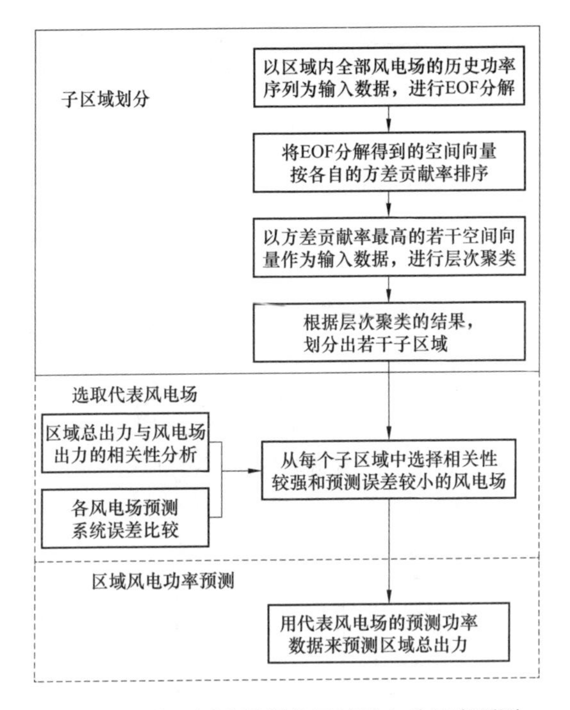

图 7-4　基于历史数据的区域风电升尺度预测

7.5.3　新能源受阻电量成分分析与消纳提升

新能源限电多种影响因素并存，且主导因素不断变化，消纳情况复杂。受外送通道容量不足、电网调峰困难等因素影响，不同程度出现弃风、弃光现象（弃风、弃光是指由于电网或电站自身原因，风电场或光伏电站无法正常发电或发电出力受限的现象）。

将对新能源发电的管理从场站级向单台机组延伸，从海量数据管理和挖掘、新能源调度运行管理优化、新能源发电企业对标管理、关键发电设备运行分析四个方面促进新能源消纳。如图 7-5 所示。

（1）数据的质量控制。实时采集的数据量庞大、数据种类多，原始数据含有缺失、错误、重复和噪声等各类问题，这对数据的进一步挖掘和应用带来了挑战。因此，在数据上传后必须进行错误数据的识别、筛选与恢复。

数据校验按照“先自校验、后互校验”的顺序和“风速>有功>状态”分级校验的原则，逐步分类筛选出错误数据，具体如图 7-6 所示。

对于问题数据，通常有如下四种问题类型：缺数、死数、错数、逻辑错误。针对每一类问题，系统有针对性地自动修正和质量控制。

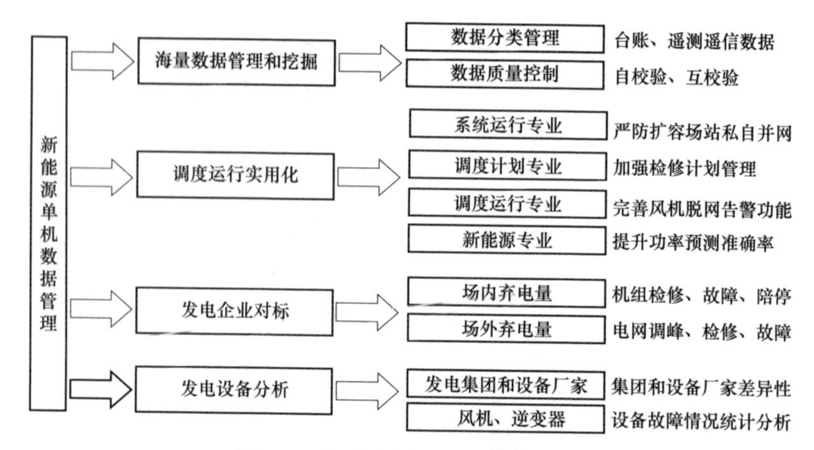

图 7-5　新能源单机数据深化应用

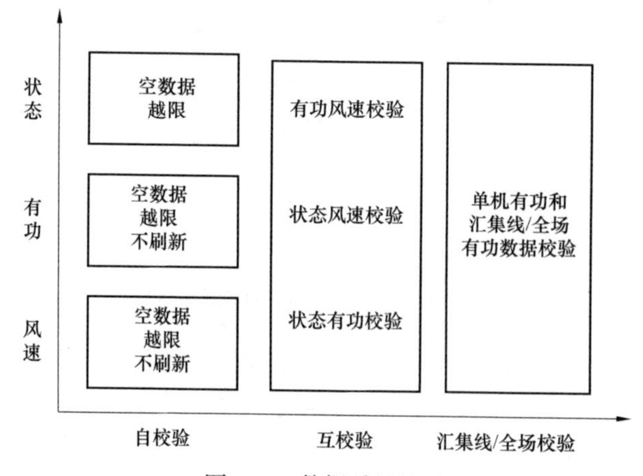

图 7-6　数据质量校验

1）缺数：某一时间点或一段时间内的数据缺失。

2）死数：连续 1h 数据不发生变化即判定为死数。

3）错数：数据超出合理范围判定为错数。风速的合理范围为 0～60m/s，小时平均风速的合理范围为 0～40m/s；风向的合理范围为 0～360°；气压的变化范围为 500～1100hPa；湿度的合理范围 0～100%RH；温度的合理范围−40～60℃。功率的合理范围为：单机额定功率×10%，单机额定功率×110%。

4）逻辑错误：测风塔风能资源监测数据应保持一致性，70、50m 和 30m 相邻高度小时平均风速差值小于 2m/s，测风塔相同层高相邻时间的风速差小于 20m/s；风机出力总加与汇集线、全场出力的偏差不超过额定容量的 10%；基于风电机组机舱风速的风功率曲线外推，计算出的有功出力与风机实际出力之间偏

差不超过额定容量的 10%。

(2) 应用场景。

1) 受阻电量分析。根据海量新能源数据，可以对场外、场内不同原因导致的受阻电量进行分类统计，识别制约新能源消纳的主导因素。场外受阻原因包括通道受限、调峰受限、外送设备检修和故障；场内受阻原因包括场站内发电设备检修、故障和输变电设备停运导致的发电设备陪停。

以风电受阻电量分析为例，根据电量损失原因，将风电机组的运行状态分为“正常发电”“场内受阻”和“场外受阻”三类。

① 正常发电——待风、发电。

② 场内受阻——计划停运、非计划停运、场内受累陪停。

③ 场外受阻——调度限电降额、调度停运备用、场外受累停备。

基于以上对风电机组状态的归类，根据实际风电机组运行数据，可以计算风电场场外和场内受阻电量，如图 7-7 所示。

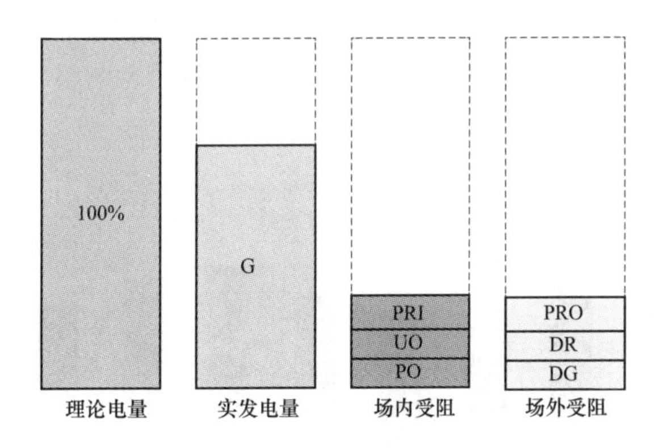

图 7-7　受阻电量成分分析

G—发电；DG—降额发电；PO—计划停机；UO—非计划停机；
DR—调度停运；PRI—场内陪停；PRO—场外陪停

场内弃电量的大小是衡量新能源发电企业运行管理水平的重要指标，如果场内弃电量较大，表明新能源发电企业及所属场站的设备运维管理水平较差。依托海量新能源单机数据，可以细化分析弃风、弃光电量的不同原因，将场内弃电量占总弃电量的比例作为新能源发电企业的对标指标，依据该指标定期对新能源发电企业进行排序，并定期公布相关指标，以此促进发电企业提升运行管理水平。

以某风电场为例，如图 7-8 所示，2016 年该风电场弃风电量 0.65 亿 kWh，较 2015 年增加 0.32 亿 kWh。由于该地区 2016 年调峰限电问题进一步加剧，因此该风电场场外受阻电量主要发生在从2015年11月到2016年2月的供热期，尤其是2月份最为明显。该风电场场内弃风0.17亿kWh，占总弃风电量的比例为26%，这表明场内原因导致了该场四分之一的电量损失，场站的运行管理水平亟待提升。

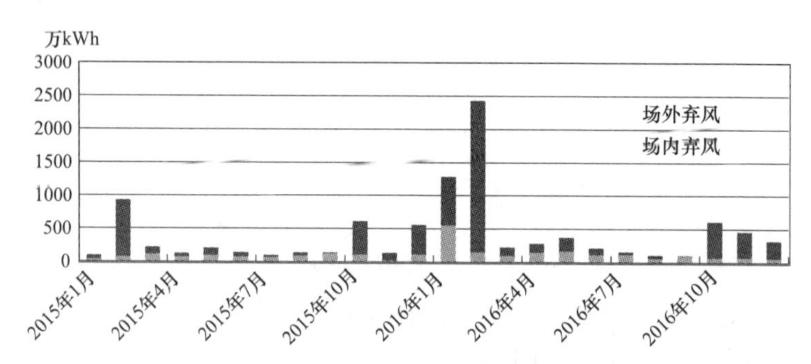

图7-8　某风电场2015~2016年逐月弃风电量情况

基于海量单机信息，开展整机厂家层面的机组发电可靠性对比分析，可揭示不同整机厂家的运行水平。2016年下半年某地区不同风电整机厂家机组可用率如图7-9所示。

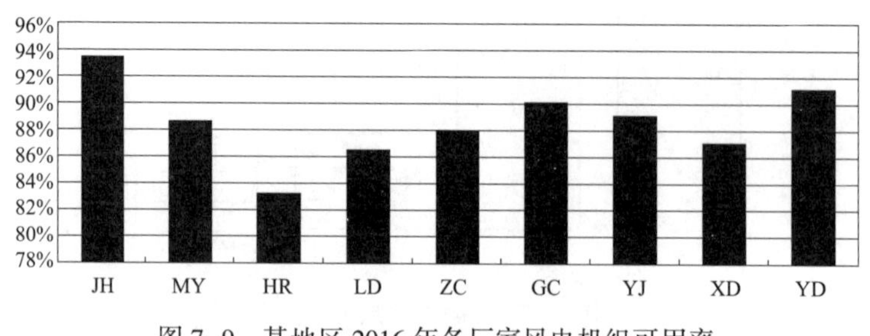

图7-9　某地区2016年各厂家风电机组可用率

2）风电机组运行层面。以某风电场为例，开展2016年7~12月半年内各类运行时间统计分析，见表7-2。该风电场发电时间约占总时间的59.8%，因7~8月变电站停电检修造成机组的陪停，陪停时间约占总时间的13.1%；由于数据乱码或缺失时间指由于数据乱码或空值导致机组状态无法判断的时间，约占总时间的4.1%；其他原因待机时间指机组处于正常停机状态，但此时风速大于机组启动风速（3m/s），小于机组大风停机风速（25m/s），约占总时间的7.6%；例行维护时间包括日常维护时间和定期维护时间，约占总时间的1.6%；统计期间，共发生引起机组停机的故障711次，故障时间包含故障维持时间和故障检修时间，约占总时间的4.7%。

表 7-2　　某风电场 2016 年 7~12 月运行时间分析

序号	运行状态	累计持续时间（h）	占比（%）
1	发电时间	2641	59. 8
2	陪停时间	578	13. 1
3	风速原因待机	406	9. 2
4	其他原因待机	336	7. 6
5	数据乱码或缺失	181	4. 1
6	故障停机	208	4. 7
7	例行维护停机	71	1. 6

3）关键部件运行层面。通过分析，可以精细化统计风电机组主要部件故障对弃风电量的影响，从而揭示设备运行的薄弱环节。表 7-3 为某风电场 2016 年风电机组主要部件弃风电量统计结果。

表 7-3　　某风电场 2016 年风电机组主要部件故障引起的弃风电量

序号	风电机组部件	弃电量（万 kWh）	占比（%）
1	变桨系统	414. 2	47. 5
2	发电机系统	165. 7	19. 0
3	主轴系统	88. 1	10. 1
4	电气控制系统	78. 5	9. 0
5	变频系统	41. 9	4. 8
6	齿轮箱系统	25. 3	2. 9
7	其他	20. 1	2. 3
8	风轮系统	12. 2	1. 4
9	偏航系统	9. 6	1. 1
10	风速仪/风向标	6. 8	0. 78
11	传感器系统	6. 0	0. 69
12	液压系统	2. 7	0. 31
13	刹车系统	0. 2	0. 02

在该风电场由风电机组主要部件引起的弃风电量中，由变桨系统故障导致的弃风电量最多，占比 46. 46%，其次是发电机系统，占比 19. 02%，主轴系统和电气控制系统故障也引起较多的电量损失，分别占比 10. 09%和 8. 99%，这四个子系统故障导致的电量损失占总电量损失的比例达到 86%。将这些分析结果反馈给新能源场站，就可以指导场站的运行维护，提升运维管理水平，深挖消纳潜力。

7.6 小结

本章首先介绍了新能源发展的概况及基本知识，分析了新能源大数据的特点，讨论了数据质量控制等问题，对新能源大数据的应用场景进行综述。针对大数据技术在设备缺陷运维、风功率预测以及基于新能源单机的消纳分析等典型应用从不同角度进行了解析。

参考文献

[1] 李琼慧，王彩霞. 新能源发展关键问题研究 [J]. 中国电力，2015，48（1）：33.
[2] 陈国平，李明节，许涛，等. 关于新能源发展的技术瓶颈研究 [J]. 中国电机工程学报，2017，37（1）：20.
[3] 国家电网公司.《风电调度信息管理规范》和《光伏发电调度信息管理规范》.
[4] 刘元议，肖祥武，向春波. 电力大数据在发电企业中的应用场景分析 [J]. 电气时代，(6)：21.
[5] 王海江. 基于大数据的新能源远程集中管控解决方案 [J]. 科技展望，2017，(5).
[6] 孙文磊，王立彬，申洪涛，等. 基于大数据分析的光伏发电系统日电量预测方法 [J]. 电力大数据，2017，20（9）：63-64.
[7] 张慧亭，王坚，凌卫青. 大数据分析技术在风电设备异常预测中的应用 [J]. 电脑知识与技术，2017，13（3）：245-246.
[8] 刘树仁，宋亚奇，朱永利. 基于 Hadoop 的智能电网状态监测数据存储研究 [J]. 计算机科学，2013，40（1）：81-84.
[9] 张东霞，苗新，刘丽平，等. 智能电网大数据技术发展研究 [J]. 中国电机工程学报，2015，35（1）：2-12.
[10] 刘德伟，郭剑波，黄越辉，等. 基于风电功率概率预测和运行风险约束的含风电场电力系统动态经济调度 [J]. 中国电机工程学报，2013，33（16）：9-15.
[11] 董存，李明节，范高锋，等. 基于时序生产模拟的新能源年度消纳能力计算方法及其应用 [J]. 中国电力，2015，48（12）：166-172.
[12] 中国电力企业联合会. 2016 年全国电力工业统计快报 [R]. 北京：中国电力企业联合会，2016.
[13] 裴哲义，王彩霞，和青，等. 对中国新能源消纳问题的分析与建议 [J]. 中国电力，2016，49（11）：1-7.
[14] 李国栋，李庚银，严宇，等. 新能源跨省区消纳交易方式研究与应用分析 [J]. 中国电力，2017，50（4）：39-44.
[15] 曹石亚，李琼慧，黄碧斌，等. 光伏发电技术经济分析及发展预测 [J]. 中国电力，2012，45（8）：69-73.
[16] 赵良，白建华，辛颂旭，等. 中国可再生能源发展路径研究 [J]. 中国电力，2016，49

(1)：178-184.

[17] 曾博，杨雍琦，段金辉，等. 新能源电力系统中需求侧响应关键问题及未来研究展望［J］. 电力系统自动化，2015，39（17）：10-18.

[18] 赵俊博，张葛祥，等. 含新能源电力系统状态估计研究现状和展望［J］. 电力自动化设备，2014，34（5）：pp. 7-19.

[19] 杨经纬，张宁，王毅，等. 面向可再生能源消纳的多能源系统：述评与展望［J］. 电力系统自动化，2018，42（4）：11-24.

[20] 曹军威，袁仲达，明阳阳，等. 能源互联网大数据分析技术综述［J］. 南方电网技术，2015，9（11）：1-12.

[21] 李立浧，张勇军，陈泽兴，等. 智能电网与能源网融合的模式及其发展前景［J］. 电力系统自动化，2016，40（11）：1-9.

[22] 葛亚明. 应对新能源发电接入的江苏电网调度运行技术研究［D］. 北京：华北电力大学，2015：1-69.

[23] 曾博，杨雍琦，段金辉，等. 新能源电力系统中需求侧响应关键问题及未来研究展望［J］. 电力系统自动化，2015，39（17）：10-18.

[24] 孙霏. 协同新能源发展的电网调度与优化运行研究［D］. 北京：华北电力大学，2016：1-46.

[25] 彭波，陈旭，董晓明，等. 协同新能源发展的电网规划关键技术研究［J］. 南方电网技术，2014，8（3）：1-7.

[26] 王尤嘉，鲁宗相，乔颖，等. 基于特征聚类的区域风电短期功率统计升尺度预测［J］. 电网技术，2017，41（5）：1383-1389.

[27] 孙荣富，王东升，丁华杰，等. 风电消纳全生产过程评价方法［J］. 电网技术，2017，41（9）：2777-2783.